如實
理解愛！

成為帶給生命幸福感的 **動物溝通師**

呆呆教我的生命課程

我父母走得都非常快，加上沒住一起，我幾乎沒有陪著他們走過那段臨死過程。而這個經驗卻是一隻叫做呆呆的貓給我的。

呆呆是八年前小妹舉家移住美國時交給我的。那時她六歲，毛絨絨、短腳、微胖的身影，可愛極了；不愛人抱，但喜歡在我工作時窩躺在附近陪我；出門、回來開門時，牠總會在門口喵喵叫，送別與迎接。這樣的身影與行為，都成了一幕幕的日常。

有一陣子了，發現呆呆盤裡飼料剩好多，吃得少卻大量喝水，沒如常的大便，只有小便不斷。剛開始懷疑是不是牙齒出問題？於是在家人的合作下，硬把呆呆抓進貓籠中，帶去給獸醫看。呆呆一路上驚恐又無奈的哀叫著，我也只能整路安慰牠一下就好！

醫生詢問完狀況後，說先抽血、驗血、全身檢查吧！漫長的數小時等候，結果出來了，是一張列出滿滿項目的報告。醫生說，基本上都沒問題，只有腎有點弱，但這是老貓常有的毛病。那，會是牙口問題嗎？我問。醫生否認回道：沒問題呀！

當天便開了一大包藥給我，這包是要用灌的，而那罐要用注射的。醫生仔細的交待，我卻聽得心裡發毛——難道呆呆晚年都得靠藥物生活了？

看診回來第一天，為了餵藥，人貓大戰數回合，精疲力竭。呆呆於是躲著我。

真的要這麼過晚年嗎？照驗血結果，呆呆並沒病，牠只是老。老，需要來延長壽命嗎？這是呆呆想要的嗎？如果我是牠，我會想要這樣的晚年生活嗎？不！我不會想要用藥來延長壽命。

我自問自答、天人交戰後，下了決定。讓呆呆順其自然吧！不強迫餵藥後，呆呆便又靠了過來。可是，牠的食慾一直沒起色，從原來的粒飼料，換成軟罐頭、軟飼料，但牠總是吃那麼一點點，有時甚至聞一聞就走了。罐頭口味一換再換，就是沒有起色。

因此，呆呆的行動愈來愈緩慢了，睡覺時間增多了。每天幫牠梳毛，總是刷下一大把一大把的毛；沒吃的牠，卻仍每天大便一小條，一直到完全沒

有了。家人說，牠這是在清身體。

看牠的大小便成了我的日常，我在閱讀呆呆的生命訊息。抱起牠愈來愈輕的軀殼，彷彿隨時就要飄走了。

我只能眼睜睜看著一個生命流逝，和身軀肉體的消蝕，卻無奈完全使不上力。於是，我開始自我懷疑，當初幫呆呆做的決定是對的嗎？我想起父親臨終插管是我決定拔掉的，但至今仍會自我懷疑當初自己做對了嗎？

就在這樣的不確定、強大自我懷疑的煎熬下，有天手機突然跳出柔穎的Facebook，好像在提醒我可以找她聊聊！對呀，我怎麼忘了我有一位動物溝通師朋友呢？馬上透Facebook詢問她，很快的，她答應我和呆呆溝通看看。

柔穎在電話那頭轉述她和呆呆的溝通內容，語氣輕柔得像是呆呆在和我說話。

呆呆：「我沒想到你對我即將離去會這麼難過，看來我得好好處理道別。你的決定是對的，我不想一直看醫師、吃藥……」

聽到這裡，懸念、焦慮著的一顆心，才緩緩放了下來，更清楚接下來要做的，就是把握最後這一段路，讓我們好好相處、好好道別！

每天，我跟呆呆說謝謝，感謝牠這幾年的陪伴，願牠一路好走。就這樣，過了一個禮拜，呆呆走了。難過仍有而想念仍在，但少了許多遺憾和沉重的自我懷疑。原來，這就是「好好道別」呀。我想，從柔穎的動物溝通技巧中，我學到了一門生命課程！

非常共時性的，就在此時，柔穎與許太太出書了。透過《如實理解愛！成為帶給生命幸福感的動物溝通師》的文字引導，一項項練習題讓我心中不斷湧出：啊，原來可以這麼做呀！如果之前就有這本書，面對呆呆的生命習題，我會處理得更好。

如同書中開宗明義的說，願這本書成為開啟自我、探尋內在與萬物連結大門的樞紐，帶給所有讀者更多來自萬物的祝福，以及感受生命給予的愛。

有了這本書，我可以勇敢的再次邀請毛小孩進入我的生活中，有了這本書，我一定會做得更好！

黃盛璘

臺灣首位園藝治療師

渴望愛與被愛的同時，
我願成為更好的人類

我開始從事動物溝通至今的十年間，人們對於動物溝通的熟悉度，已經從稀缺的奇談，發展成為民間顯學。飼主想要與自家毛孩進行對話的動機，從一般性的聊天談八卦，到身體感受、人不懂（不能接受）的行為、醫療決策，甚至於情感滿溢的離世溝通。毛孩涉入人類的情感越深，想連結牠的動機就越強烈，也十足反應在動物溝通的蓬勃發展上。

過去我長年將動物溝通服務於高齡至安寧的寵物家庭，我明白家屬與毛孩的情誼越深，人承受的情感衝擊就越大。人們抱著「即使我深陷無助但也不想錯過你心聲」的承擔心境與老毛孩對話，與動物交織起的濃密情感幻化作語言，每每讓我深受感動。

動物溝通讓愛的體驗具象化，我們渴望自己的用心被珍視，也渴望來自動物的無條件的愛。在充分愛與被愛的同時，即使面臨困境，也能護著被溫暖著的心，來面對人生的挫折和挑戰，這是動物神奇療癒的地方。

我也因為動物溝通的關係，探索了不少動物獨特的觀點，那不單純像是拿著 iPhone 跟 Siri 聊天鬧著好玩：活在當下的沉著、打開五感充分投入生活，都常提醒我從快節奏的大腦，回歸簡單恬淡的心感受。

動物溝通如此美好，那是不是全然毫無副作用呢？如果使用不慎，確實還是有的。我看過人們沉浸在與動物語言「相同」時，卻忘記動物是一個獨立個體的「相異」。

我看過人不斷對動物放送「告訴我你現在正在想什麼」，卻完全無視動物當下的肢體表達，也忽略自己高張的情緒語調、十足壓迫的肢體動作，正傳達出跟大腦意識完全相反的訊息，卻渾然不覺。這種不一致，會讓牠困惑。

我看過離世溝通表述永恆的愛，被誤解成跨越生死界線的令牌，反覆要求「更新近況」使人脫離現實，哀悼和調適無法展開，也失去了溫柔陪同自己的契機。當情成為了執，會令牠難受。

我還看過人將控制的意圖帶進動物溝通裡，同樣的說服與命令習氣，只是換成了時下時髦的心電感應。當對話失去傾聽與理解的空間，會讓牠無奈。

因為渴望愛與被愛，所以想學動物溝通，與毛孩更親近。剛入門肯定會花許多時間磨練技巧，這是一個很容易見樹不見林的階段，但我鼓勵你，無論如何，請將動物溝通的守則與想創造正向關係的初衷持守在心──這是對我們自己與對毛孩的雙重保護。

許太太與柔穎，用她們豐富的教學經驗將動物溝通拆解成單元，提供詳盡踏實的引導與練習，書中毫不藏私，適合處在全光譜的學習者。願每一個踏上動物溝通道途的我們，拓展技巧也洗練心性，因著對動物朋友的平等心，成為更好的人類。

張婉柔

安寧緩和獸醫師 CHPV ／作者／動物溝通行者

著有《寵物終老前，還能為心愛的牠做什麼 末期寵物的心情安寧照護指南》，麥浩斯出版

我的生活幾乎都有同伴動物的陪伴，兒時家中除了有小狗，還短暫養過一隻兔子。出社會後成了貓奴，牠們帶給我許多溫馨美好的時刻，也教會我對生命的態度，甚至讓我更進一步認識自己，看見自我提升的機會。

因緣際會接觸了動物溝通，讓我一頭栽入這真情交流的領域。我深刻體會到，因為愛，我們願意去傾聽、理解牠，我們願意去支持、尊重牠；因為愛，我們珍視這段關係，看見相伴過程中每一刻的喜悅，最後帶著祝福，好好說再見。

我永遠不會忘記還是菜鳥時，最初練習溝通的幾個動物所傳給我的感受。一隻年邁的黃金獵犬Sophie讓我親身體會牠對家人那要滿出來的愛，搭配著像氣球般一顆顆不斷浮起的視覺感，和牠在同一頻率的當下，直接體會這份情感，我的眼淚嘩啦嘩啦流下來。

身為動物溝通師，在每個溝通案子裡，收穫最大的總是自己。動物是活在當下的高手，牠們那份單純是這麼有智慧，和牠們交流更促使我步出人類習慣的觀點，用牠們的視角看世界。

資深兔子小王子說：「做事慢慢來，別急，心急也沒用。以我來說，要往哪裡去之前先看清楚，想好再去。」到彼岸的小狗米漿說：「對於一切變動要臣服與接納。」吉娃娃米咕栗說：「要好好去付出愛和學習愛，那是生命的目的。好好把握人生，把握生命，用心去體驗珍貴的生命。」

只要一個人願意靜下來，放開主見和立場去全然傾聽、細膩感受對方，理解動物的心聲並不難；而真切與動物照顧者溝通，同理與支持照顧者的情緒與難處，探究問題的核心，才是功夫和修養的展現，也是一個動物溝通者最需要琢磨之處。

在教學的路上，曾經有人問我，這麼熱愛推廣動物溝通，難道不怕培養出更多競爭對手嗎？我笑著回答：「我們不也因為能與動物進行更深層的交流，而想對牠們更好嗎？我很期待世界上每一個人都會動物溝通，這樣動物們就能得到更多關注和善待了！」

很感謝有機會跟好搭檔柔穎一起寫書，深入分享動物溝通各層次的美好；感謝插畫家 Yoga 的創意與才華；感謝編輯斯韻和麥浩斯團隊的專業與用心。

願人們的心靈日漸豐盛、幸福，願地球上所有動物們得到更多尊重和更美麗的生活。

書不盡言，言不盡意，邀請你回到最單純寧靜之處，和動物以心相會。

許太太與貓（劉怡德）

我們都在生命與萬物交融的連結裡，習修愛的功課。

「為什麼蚊子總是不太會叮咬你？蝴蝶和昆蟲總會安心停靠在你的手邊？」這是真實生活中，與我接觸的朋友們常對我好奇提問的話。學習動物溝通，也能與昆蟲和睦相處！

生命總在你我帶著開放的心與順應自然的當下，引領自身前進。

踏入動物溝通的接案與教學，緣起於多年前某個因緣聚合的安排。未進入動物溝通服務的領域前，我已從事身心靈工作，作為能量訊息傳遞者與心靈療癒十餘年，因為朋友的委託和離世毛孩的主動連結，推動我走向動物溝通這充滿感動與溫暖的旅程。

對於生命與「無條件的愛」，在轉眼幾年裡我跳脫了以人出發的角度與視角，跨越不同物種生命的感受，去理解去體會。我親身接案，以溝通者視角陪伴每位飼主與毛孩，走進動物溝通教學，陪伴新手學員面對學習中的困難與自我挑戰。

喚醒沉睡的心靈能力，只需要簡單、循序漸進的鍛鍊。

多數人都有渴望與自家寵物和萬物連結的心，但因成長中的學習、經驗或習性，塵封我們本能連結萬物的心靈能力。冥冥之中，一切似乎自有安排，讓我有機會將自我鍛鍊心靈能力的方式、溝通接案的核心態度與技巧，和新手溝通會面臨的狀態、質疑與階段性問題，有效益的、系統化的透過本書，讓讀者輕鬆閱讀就能打開對動物溝通的理解。

心靈的安定，能為生活創造最佳的健康效益。

決定撰寫這本書時，正逢臺灣新冠疫情爆發，集體意識的氛圍瀰漫許多恐懼、不安和緊張。學習動物溝通和成為溝通者的路途中，在初期就需要有意識去面對不熟悉、不確定的心理狀態，如此更強化了我們鍛鍊心靈、穩定力量的重要性。過程中，我們第一時間要學習的，就是順應自然。

將動物溝通的點滴智慧帶入生活，每個人都具有超越頭腦限制的創造力。

「心靈通訊」是一個越用力、越想要，就越收不到靈感、收不到訊號的運作方式，是與我們從小到大的習慣極為不同的運作與認知。

著手寫書時，我與許太太之間有相同的默契與信念——必須將書中提及的方法與觀念，貫徹執行於生活與寫書中的自己。兩年來，有時會面臨到沒有靈感、還未整合想法或打開電腦螢幕卻完全沒有頭緒的窘境，也學習到安住放鬆、選擇回到內在，尊重、觀照、等待自己，等待靈感湧現當下去迎接，保持輕鬆愉悅的心情與真誠認真的態度，將書如期、如實的完成。

愛需要藉由智慧與尊重的翅膀，才得以飛翔。

循序漸進，才能真正體會到溝通的核心意義，不只是為了傳達訊息（相同的語言）；我們常常忽略的是，如何尊重和理解對方的感受？溝通的同時，你我是否準備好、也願意花時間去了解對方的心情與想法？

成為一個尊重自我、他人及物種生命的溝通管道，我們能為世界帶來的，不僅只在動物溝通中傳遞訊息，而是更多的愛與和諧。懷抱這樣的心意，自然會在互動與關係中產生潛移默化的改善。

無論此時的你，是想學習動物溝通或是純粹喜歡閱讀的讀者，希望你能藉由閱讀過程，學會在自我成長與重要關係中，達成健康與和諧的循環。

生命可以被時間量化，唯有愛不行。

學習動物溝通的路上，我們有幸參與許多毛孩與飼主真誠的生命故事，甚至去觸碰他們的生死離別、面對無常的不捨；但也因為如此，過程中我們不再只停留於人類視角認知，觸碰靈魂安在的彼岸世界時，透過毛孩總能讓我們看見無限可能，聆聽萬物的相遇與約定，理解生命有限，卻能用愛無限延續。

願這本書成為開啟自我、探尋內在與萬物連結大門的樞紐，帶給所有讀者更多來自萬物的祝福，以及感受生命給予的愛。

陳柔穎（阿佛柔）

Contents

Chapter 1 如何學習動物溝通

「靜不下來」是初學者最常見的隱憂，別擔心，走神是很正常的！
練習的目的不只要讓自己放鬆，如果觀察到走神，再輕輕把自己
拉回來，繼續靜心。

Chapter

2

溝通技巧的鍛鍊

想成為動物溝通師,是因為覺得動物很單純,接觸動物就不用與人類費神的溝通或工作?踏入動物溝通的領域,你會發現,在溝通中有聆聽飼主與支持飼主的需要。

Chapter
3

探索生命的可能

儘管哀痛像海浪般不斷襲來，仍然很高興和親愛的你有最後的相聚。不論是人或毛孩，能「善終」是一件多麼幸福美好的事！

Chapter

4

覺察每個當下

覺察就像在黑暗中拿著一盞燈，照見種種情緒與想法，不再無明的摸索，不再被無意識的黑暗淹沒。

Chapter
5

如實看見自己與表達

能否做到「如實陳述」，無關動物溝通能力的好壞，而是與生活經驗中個人慣性運作模式和內在道德有關。

Chapter
6

穩定的自我成長

許多想學習動物溝通的人，常在一開始就帶著質疑的心情，擔心真的可以學會嗎？萬一學不會怎麼辦？這些擔憂成為一種限制，也凸顯了缺乏自我肯定的能力。

動物溝通也能影響世界

藉由學習動物溝通，我們不只拉近與同伴動物的距離，也能更加
同理生活在世界各地的每一種動物，牠們的生命也值得被重視。

Chapter
8

讓愛與幸福無限延續

愛不只是自己喜歡的樣態，更多的是去接納對方本來的樣子，就好像我們喜愛毛孩的單純、可愛，也會面臨牠搗蛋闖禍的時候。生命種種的過程，都在提醒著你我如何學習去愛。

Hi，我是Lucy，我和貓、狗生活在一起，
我常常在想，如果能聽懂牠們的心聲，那就太酷了！
我思考很久，決定帶著滿心的好奇，
踏上學習動物溝通的旅程，期待能和牠們更沒有距離的相處。

你跟我一樣好奇嗎？
請跟著我，讓我們一起學習吧！Let's go!

Chapter

1

如何學習動物溝通

人們習慣用身體的外在感官與世界的一切互動，用頭腦和理性來思考、判斷。動物溝通是使用人們本來就具備的心靈能力進行內在心靈交流，感其所感，知其所知。

學習動物溝通即是重拾內在心靈交流的本能，回到如孩童般的單純。

1
為什麼要學習動物溝通？

你是否曾望著同伴動物的雙眼，心裡想著：「親愛的，你在想什麼？」、「為什麼你一直這麼做？」、「和我一起生活的感覺如何？有什麼想告訴我的嗎？」。

我們處於一個成長的世代，人類文明更是急速躍進，過往在人類世界裡，許多產業的發展目的是創造人類社會的便利性，而在這樣的訴求中，自然環境與包羅萬象、豐富多彩的生命體，卻在快速開發下被破壞、大量消失，地球物種生存的空間也被剝奪。近幾年來，隨著資訊快速交流，人們開始關注整體地球環境、友善動物、關懷瀕臨絕種的動物；此外，為了更了解距離自己最近的動物——毛孩的想法，動物溝通產業也開始蓬勃發展。

喜愛動物可以說是人類的天性，自古以來動物就和人類生活在一起。早期人類社會與動物的共生方式與現在大不相同，當時基於生活所需，飼養牛隻是為了協助務農，馬匹、駱駝成為運輸的工具，即便是被圈養的狗兒，也可能是為了狩獵和守門等功能性考量而融入人類社會。

就在短短幾十年中，這樣的關係開始產生微妙的變化。動物和人類住在一起後，成為同伴動物，超越了僅是圈養的層次，人類與性格較溫和的犬類、貓科動物，成為相伴生活的情感依附關係，甚至擁有家人般的核心情誼。

越來越多人養寵物或毛小孩，牠們就像家人一般，與我們親密相伴，帶來許多快樂，時時都能感受到牠們無限的溫暖、無條件的愛與忠誠。對許多工作忙碌的人來說，下班回到家有一個可愛的小東西等著自己，是一件多麼幸福的事！彷彿見到牠(註)、摸摸牠，煩惱和壓力都消失了。同伴動物不只是一起生活的夥伴，我們還渴求多了解牠一些、和牠進行更深層的交流與情感層面的觸動。

隨著時代變遷，同伴動物在家庭結構中的身分、定位也隨之提升，照顧者們從只給予「生存照護」進展至開始「關懷」，甚至意識到需要「尊重」毛孩的情緒與心理需求。這份轉變對於生為人類的我們而言，是一種提升愛與智慧的進程。

因為這些毛孩，我們開始願意從另一個生命物種的觀點去學習尊重與愛，開始想深入了解彼此的關係，甚至為牠學習動物溝通，走向探索生命、向內探索自己、學習去愛與被愛的智慧之旅。

這本書想帶給你所有關於動物心靈溝通的重要觀念，以及簡單容易執行的練習方法，除了動物溝通的技術，也有支持你在動物溝通、甚至在人生道路上穩定成長的自我照護方式。

（註）我們認為動物與人類平等，本書使用「牠」是為了與人類分別，幫助閱讀上的理解。

我想認識與學習動物溝通的原因或動機是什麼？
請記錄下來。這將是支持你持續走在這條路上的動力。

....

....

....

2
動物溝通的本質

深入了解動物溝通之前，不妨思考一下，我們和動物或同伴動物的關係是什麼？
什麼原因讓你想要和牠透過心靈交流互動？你的出發點或初衷是什麼？

有些人聽到毛孩喵喵叫或汪汪叫的時候，很想知道牠在想什麼；有些人則是因
為毛孩身體出問題、年老病衰，捨不得毛孩受苦，希望能再為牠做些什麼；也
有許多時候是毛孩出現讓照顧者感到困擾的行為，才希望透過動物溝通來了解
毛孩的看法或需求。

無論原因或初衷為何，相信我們都是因為愛牠，所以想和牠交流；想透過心靈
交流傾聽彼此的心聲，理解雙方的想法和感受，讓雙方的心更加靠近。

愛、理解、傾聽是動物溝通的本質

首先，我們需要先了解動物溝通的本質，就是愛、理解與傾聽。

⦿ 何謂「愛」？

我是依照自己的喜歡去表達對對方的愛，
還是我是真正尊重對方的喜愛，以他喜歡的方式去愛。

⦿ 何謂「理解」？

我透過自己的視角去感受對方的一切，
還是我以對方的視角去深深體會他的感受。

⦿ 何謂「傾聽」？

我透過「滿杯」的態度認為我已經完全了解對方，
還是我以「空杯」的心境允許對方全然傾訴。

我想聽懂你說什麼

人類依賴語言建構大部分的事物，似乎將溝通立基於「能聽懂彼此的語言，就能進行對話」，可是在生活中、在關係裡，有時候語言才是創造誤解的開端。許多人以語言表達心情或想法的能力有待加強，進而衍生出「溝通藝術技巧」這門學問。所以，究竟何謂溝通？而我們期待透過溝通真實傳遞的初衷為何？

無論是同伴、飼寵、朋友、夫妻等任何關係，我們願意去對何種特質的對象表達自己的心情與感受？我們又基於什麼樣的心情立場想了解對方的心意？「理解」與「傾聽」是在任何關係形式裡都至關重要的核心態度。

學習動物溝通能培養同理心，同理心是深入感知和傾聽的過程，我們常以為自己有在聽，卻不常帶著願意理解的心同理聆聽。大多人聆聽是為了回應，甚至為了反駁，很少人聆聽是為了理解。當我們放下自己的觀點，認真進入對方的感知世界，敏銳的感覺他的內在感受和情緒，不提出評論，試著從他的視角來看他的世界，如此一來，他的行為和感受都具有意義，才能真正理解他。

溝通不是為了要改變對方，而是找到雙方都可以理解的平衡點。彼此之間最遙遠的距離，莫過於堅持自己的想法，卻忽略對方的感受與想法，即使近在身旁，卻好似千里之遙。若是能在一個被傾聽的過程中，理解與體諒彼此，有溫度的同理且不偏頗任一方，這樣的立足點必能在溝通中創造出正向的意願與調整的可能。

細膩的感知能被雙向傳達

3
動物溝通是什麼？

學習動物心靈溝通，是一個培養安靜的內在、進而去感知超越感官知覺的過程。當心處在寧靜、專注又開放的狀態，自然能接收到動物的訊息，與動物進行心與心的傳遞、接收。

心和腦

進入主題之前，讓我們先談談心（感受）和腦（理智）。

心（感受）向來是我們人類的本能。你是否曾發生過這些經驗：才想到某人，他就馬上傳訊息過來；正要打電話給某人，他也同時想到你或收到他的來電；走進辦公室或某個空間，沒有任何人開口說話，你卻覺得氣氛不太一樣；路上與陌生人擦肩而過，立刻有種感覺，覺得他哪裡怪怪的，或好像發生了什麼事情。感受能力較為細膩的人能覺察身邊人的情緒、感受，甚至正在想什麼。動物溝通就是這些內心感應的強化與放大。

動物與動物之間沒有語言，牠們的交流除了肢體動作以外，很大一部分是透過意識的心電感應或心靈感應。不同種類的動物之間，自古以來一直以這種最自

感受 vs. 理智

然、本能且基礎的能力來互動；對動物來說，憑藉直覺與周遭各類生物溝通交流是極為自然且正常的事情，是不言而喻的本能。

人類和所有的動物、植物、大自然本是一體，共同享有這美麗的地球。心靈感應也是人類與生俱來的能力，對於長期待在自然環境裡的人來說，與生機盎然的大自然溝通是理所當然的事。

如果你看過電影《風中奇緣》，女主角寶嘉康蒂是一位美洲原住民，她跟隨四季變遷，在樹林間感受大自然的律動、各種動物的心情，自在生活於天地之間。土地、大地對原住民來說，是一切的根源，是文化的起源，他們與土地、山、水有深度的連結，常處在平衡與和諧之中，不需要刻意，自然便能感受到大地的節奏、生命的韻律和動物的心思。

近代，以分析與歸納為基礎的大腦思維開始主宰人類，在這崇尚理智和邏輯思考、講求效率和速度的年代，居住在城市裡的人們腦袋過於活躍，切斷與大自然的連結，失去原本應該與天地萬物緊密相連的整體性，脫離了天然的本性。

以「有用的」或「有效的」為前提的社會裡，我們從小所受的教育和所處的環境鼓勵發展頭腦（理智），學校教的科目大多被認為是有用或實用的，透過反覆記憶、推理，著重在知識面。那些被認為無用或不實用的感受性教育，例如音樂、繪畫、各類型的藝術等，到了考前衝刺時經常很遺憾的被犧牲了。

心（感受）和腦（理智）的地位，如同左手和右手一樣重要，彼此不相衝突，兩者運用得宜能達到加成效果。可惜的是，過度重視腦（理智），導致人們習慣眼見為憑，認為看得見摸得著才是真實的、實際的，也因此錯失許多內在的感受和聲音。每當有一種感受升起，我們可能不自覺用邏輯來分析和批評這個感受，甚至告訴自己不該有這個感覺，然後壓抑它，好讓習慣的大腦邏輯作主。

現代人的生活節奏又快又忙，使我們身不由己習慣向外尋找刺激，努力填滿每一刻。忙碌追尋時，逐漸忘記那份單純、自在的安靜，遠離內在的平安和滿足。當我們過於依賴肉身與外界互動——用眼睛看、耳朵聽、鼻子聞、嘴巴嚐、用手或身體觸碰，透過身體來感知一切，會變得難以切換到安靜的狀態來聆聽內在聲音。有如習慣吃重口味食物的人，無法立即嚐出食物原本細膩單純的味道。這麼一來，人類天生具備能細膩感受一切的本能，就像鮮少使用的肌肉般慢慢退化了。

與動物心靈溝通時，好比切換頻道，把慣用的肉體接收方式（外在的五感六覺）轉換到內在，加強心與感受的練習。所以，學習與動物心靈溝通，就是學習使用內在的心靈能力進行感覺和互動。

總而言之，動物溝通是人類與生俱來的能力，過程不使用身體感官，而是透過意念與動物的心靈連結，有如心電感應般，以內在的畫面、聲音、言語、氣味、嚐或觸感來互動，交換想法、心情和感受，進行內在的交流。

接下來，邀請你細心品味書中各章節的介紹與案例，你將對動物溝通有更多層次的認識。

Q 與動物心靈溝通的科學原理是什麼？

A 用科學的角度來看心靈溝通，就一定要提到「量子物理學」，這是目前最適合用來解釋動物心靈溝通現象的科學理論。然而，隨著人類科技日新月異，也許在不久的將來會出現更完整的理論，我們先別排除其他的可能性。

看到「物理學」這三個字，是不是讓你感到有點緊張呢？別擔心，讓我們用最淺白的方式說明。

人類透過感官（眼、耳、鼻、舌、身）所認識的世界形象，一向堅實又穩固，看得見、摸得著，是我們習以為常的物質世界。古典物理學裡，萬物最基礎的組成中，最微小的單位是原子，因此以前的科學家把重點放在原子核的實體上。隨著科技發達，經過複雜的實驗，近期的科學家認知到，用來解釋宏觀世界的古典物理學，卻無法解釋微觀世界的量子物理學。

科學家們發現，原子絕大多部分是真空的，那些多達99.99999％真空的部分就是能量，只有0.00001％是物質，實質上它幾乎可說是「一無所有」，但卻包含了一切。這也說明這個世界有形的一切都不是實體物質，而是由非物質、相互連結的能量信息場所組成，撼動了我們一向熟知的、認為堅實的世界。

人類透過「量子糾纏」來和量子能量信息場相互連結。科學實驗中，當兩個粒子以某種方式配對進行初始連結，就會一直聯繫在一起，刺激其中一個粒子時，該粒子出現的反應會立刻出現在另一個粒子上，彼此影響，即便它們之間相隔遙遠。

既然我們也是由原子粒子所構成，身體是能量與信息的組織模式，我們也連結到超出物理時空維度的量子信息場，表示彼此也都間接以超越時間和空間的方式連接著，與量子場中的一切合而為一。你、我到所有的生命、物質都有特定的、帶有信息的能量模式；你不僅僅是形體，你用身體和頭腦來表達不同心靈層次的意識型態，你的想法和感受都是能量，因此，心靈的波動會即時改變能量信息特徵，相互牽引和影響。

量子物理學解釋萬物以超越時間和空間的量子信息場連接著，而所有的想法和感受都是能量，也就說明了，即使動物身處在千里之外，只要透過意念去連結彼此，就能達到量子糾纏的即時相通狀態，即刻感知彼此，進行意念交流。

對動物溝通的錯誤期待和正確認知

● 強化關係

動物溝通最終的目的是促進照顧者和同伴動物之間的關係，藉由動物溝通師的心靈溝通能力，讓照顧者和毛孩交流心情、想法，表達對彼此的關懷和愛，雙方傳達最深的情感，使彼此的關係更加親近緊密。

正因為如此，動物溝通不應該成為一種提出單方面要求的方法，希望一方完成另一方的某種期待（例如要求動物停止某種問題行為）。動物溝通師不是許願池，委託的照顧者不應該將溝通者看作阿拉丁神燈，認為既然溝通者能聽懂動物的話，就應該讓動物做到他的要求。如果動物出現某些行為問題，溝通師的角色應該是理解牠行為背後的想法、原因、感受、需求，而非單方面要求牠停止這個行為，畢竟牠能聽懂照顧者的要求和期待，但是聽得懂卻做不到。

● 症狀理解

動物溝通師能在溝通時感覺動物當下的身體感受，可能是舒服的放鬆自在感，或不舒服的痠麻脹痛，以及得到動物描述牠的身體狀況。千萬要注意！動物的健康狀況必須經由合格的獸醫師診斷，動物溝通師沒有學習過動物醫療專業，絕對不能給予診斷，只能將這些感受和動物的描述轉達給照顧者參考，請照顧者帶動物去獸醫院檢查。如果照顧者和獸醫師願意以開放的心來看待動物溝通，動物溝通的確有機會促進動物的健康，幫助動物的福祉。

● 失蹤協尋

與動物連線時，可以感覺到動物的心情、環境、處境，來引導走失的動物回家，或描述動物身處的環境給照顧者，讓照顧者去尋找。失蹤協尋是一份極為困難的工作，需要天時地利人和，最好能在動物走失的72小時內溝通以增加找到的機會。動物只能描述此刻牠身處的環境，無法提供地址、路名，再加上走丟的毛孩心情慌張、恐懼不安，基於動物自我保護的生存本能，牠會跑動，很難被要求待在定點等待救援。除此之外，動物本身的表達能力也是關鍵，如果表達能力弱、話說不清楚、影像不穩定，這些都會使得協尋難上加難。

溝通師不僅要面對慌張的失蹤動物，當心愛的寵物走失，照顧者傷心、恐慌、急切希望牠趕快回家的心情可想而知，這些情緒對溝通師也是一種壓力。所以，走失協尋這份沉重的工作並不適合初學者，唯有具備豐富的溝通經驗，對溝通動物的習性有深入認識，以及擁有最重要的、相當穩定的內在才能勝任。

尋找走失動物的心態，也不宜認定找回是成功，沒找回是失敗。往往人們認定找回才是協尋成功，然而協尋之中可能有很多狀況，例如動物已經被人帶走了，沒辦法靠自己或他人協助回到家，或已經被人領養、收留了。透過溝通的過程，溝通師應該專心協助動物安住於現況，協助照顧者和毛孩理解狀況就是溝通的專業之一。

尋找不同種類的動物有不同的技巧和方法，並非一個模式套用全部。如果走失的是貓，通常會往比較隱密的地方躲藏；狗的特性比較願意靠近人，容易在明亮處，很少待在一個定點，會經常移動；鳥容易被有同類的地方吸引。失蹤協尋時，溝通師必須清楚掌握走失動物的特質和特性，才能給予合適的對應。

動物溝通是尋找走失毛孩的方式之一，照顧者不能完全倚賴這個方法，真正促成動物被找回的往往是照顧者多管齊下的努力：親自去室外尋找，去路上張貼失蹤告示，在地方網路社群公告，請更多人幫忙留意，這些都能提高動物被找回的機率。

柔穎的經驗
某次協尋對象是一隻小鸚鵡，與牠連結時強烈感受到牠平常生活不關籠子、很親人，對人類有很高的信賴度，所以認為鸚鵡靠自己飛回家的成功機率渺茫，最容易且可能成功的方式是透過人協助牠回家。因此，溝通時，我先請照顧者在家周圍和地方社群大量公告鸚鵡失蹤，請人們看到鸚鵡時與他聯絡。我再與鸚鵡確認牠的生命跡象和活動力是穩定的，

● 離世溝通

人以意念和動物的心靈或意識連結，進行溝通互動，而心靈或意識並非肉身，所以不受肉身的限制，自然在身體衰亡後仍能與之連結。與離世的動物溝通是學習認識生命的大好機會，看見處在靈魂樣貌的牠們對於生命的宏觀視野。許多人誤以為離世動物溝通和傳統或民間信仰找乩身通靈是一樣的，其實不然。動物溝通者除了傳遞雙方的訊息和情感，能夠引導照顧者走出悲傷才是優秀的動物溝通師所展現的價值。第三章針對這個主題有詳細的介紹。

請牠先去有人的明亮處，才有機會被人看見，增加回家的機會，也告訴牠家人一直在努力尋找牠。我能感受到牠想要回家的渴望，依照牠親人的特質，再次鼓勵牠去找人幫忙。最後小鸚鵡飛到某個路人的汽車裡，車主依照牠的腳環聯絡上照顧者，讓牠成功回家。

4
如何學習動物溝通

動物溝通要做得好,必須要學習把習慣向外的注意力轉向內在,學習觀照自己內在細微的感受。越能夠觀照自己、感覺自己,越容易進入內在的感覺模式。

進行動物溝通前,該如何讓自己準備好?如果用一句話來形容進行動物溝通的狀態,那便是「寧靜、專注、開放的心」。一個人的身心若能處於這種狀態,與動物進行心靈交流就不困難了。

從「外在」練習寧靜與專注

● 寧靜

當我們以慣用的身體(五種感官)與外在互動、接受一切的刺激時,進入安靜的內在對許多人來說不是一件輕鬆有趣的事情。不習慣靜心的人,總會和自己對抗,感到不習慣、耐不住、覺得無聊,在內心小宇宙上演許多戲碼,沒多久便棄械投降。此時要求自己閉上雙眼坐著不動,可能如坐針氈,造成反效果。

從日常生活開始，練習把心放慢，即是柔順舒服的開始。當你發現自己坐不住，就順乎身體的感覺，不要勉強自己坐著，改為「動態靜心」就是很棒的方法。動態靜心也是所謂的動態禪，經由專注在身體的活動，讓心慢下來，然後進入內心安靜的狀態。

仔細回想一下，你在做什麼事情或處在哪裡時較能感到內心安靜呢？忙碌的生活當中，一天下來，你的心在哪些時刻比較安靜？也許是喝杯咖啡時，也許是洗澡時，或是回到家摸摸毛孩時。如果你有慢跑的習慣，不知道你有沒有發現，跑著跑著，雖然身體要出力活動，雙腿得努力前進，腦袋裡卻沒有特別思考什麼；有些人是在做瑜伽、氣功、澆花，甚至洗碗時感到放空；也有人是在路上等紅燈、看著交通號誌秒數倒數的時刻，會感覺到一股平靜。

這些都是很關鍵的時刻。即使只有短短的幾秒鐘，關鍵就在有沒有「留意」或「認出來」這些寧靜的片刻。先試著找到這些零碎的片刻，讓心知道，現在這兩三分鐘就是能安靜下來的時間。先從生活中接近腦袋放空的片刻開始，如果一天中出現兩次，之後再慢慢往上增加一兩次，別小看每次短短的時間，一點一滴累積下來也是相當可觀的。

● 專注
認出生活中專屬於你的寧靜片刻，試著保有意識去進入這一小段時光，並嘗試稍微延長一會兒。

如果你在喝茶，試著慢慢把杯子拿起，輕輕嗅一下香氣，再靠近嘴邊，感覺嘴唇碰觸到杯子的觸覺，緩緩將茶流入口中，專心感受它在口腔中各個部位的味道。進行這些步驟時盡可能保持專心，並且觀察自己的心是否像柔和的湖水般，即便起了微小的波動，仍然能感到安適。

如果過程之中你仍然感到思緒紛雜或些微浮躁，是很自然的，千萬不要苛求自己做到完美，因為沒有完美這種東西，只有盡力嘗試的過程。面對思緒或煩躁時，只要把專注力輕輕放回正在進行的動作上即可。

將同樣的概念應用在洗澡。試著把所有的動作放慢，去感受打開水龍頭時，手指接觸金屬的觸感，仔細聆聽水灑下的聲音，細細感覺水落在身體皮膚上的感覺和溫度，與雙手觸摸臉、頭髮、皮膚的觸感。

對某些人而言，手沖咖啡也能帶來很大的享受和寧靜感。只要帶著充分的意識，專注進行每個步驟，從研磨咖啡豆開始，把咖啡粉放入濾杯，緩緩注入熱水，邊倒入熱水的同時，看著咖啡粉吸飽水分一點一點膨脹起來，散發怡人的香氣，看著經由熱水萃取的咖啡點點滴落。沖完咖啡，小口啜飲，細細品嚐它的口感和風味。這是一種咖啡禪，創造心靈上的寧靜，還有味覺、嗅覺的撫慰。

在日常的片刻中找到寧靜

有一位熱愛自行車運動的朋友說，當她全神貫注在騎腳踏車時，雙腳固定節奏踩踏，身體和呼吸規律進行著，這麼持續一段時間，她會發現專注的程度越來越提升，外在世界慢慢退去，彷彿全世界只剩下自己的呼吸和雙腳的律動；踩著踩著，心情越來越寧靜，越來越空白，雖然身體正在出力，心卻是放鬆的，是令人感覺舒服又輕鬆的時刻。這就是屬於她的動態禪。不論咖啡禪、茶禪、行走禪、太極、氣功、瑜珈，透過身體動作降低紛飛的思緒，專注在動作上，使心靜下來。

練習 2

生活中，你在哪些時刻能感到平靜、腦袋沒特別想什麼，類似輕鬆放空的狀態？屬於你的動態禪又是什麼呢？

....

....

....

....

從「內在」練習寧靜與專注

● 寧靜

科學家研究發現一個人每天大約產生七萬個念頭，即使每天花八小時靜坐的禪修大師，腦袋裡依舊會有念頭。靜心的目的不是壓抑這些想法和思緒，而是改變思緒和感受的關係，在過程中自然而然感受到平靜。

靜心帶來的益處無窮，能訓練我們的心智更加穩定，長期練習靜心可以改變大腦的神經連結，平靜情緒，降低壓力和焦慮感，同時思路變得更清晰，創造力和直覺力也隨之提升。

平常我們清醒時的腦波處在頻率比較快速的 β 波，中頻和低頻的 β 波，能幫助我們專注在日常活動或工作上。然而，當我們面對過度的壓力時，長期處在高頻 β 波會使交感神經亢奮，身體緊繃，甚至導致生病。藉由靜心，讓快速且激烈的腦波逐漸緩和下來，釋放緊繃和壓力，進入富有創造力且更加穩定的 α 波，讓靈感、直覺流動，這個區段便是最適合進行動物溝通的腦波狀態。

如果你已經在日常片刻中找到寧靜或動態禪，邀請你嘗試進一步練習坐著的靜心。事實上，為了達到更深層的內在安靜，終究必須回到讓身體也靜下來的靜心。在這裡分享一些簡易的方法。

練習 3

靜心的方法：透過放鬆找到寧靜

不是非得像禪修大師般雙腿交叉盤坐才能達到靜心，內心是否進入寧靜狀態並不取決於這個人的外表和坐法。靜心最佳的坐姿只分為兩種：舒服的、不舒服的。

如果坐得不舒服、不安穩，恐怕難以讓身心得到放鬆。無論坐在椅子上或盤腿坐地墊，請找一個安穩、舒適且能保持姿勢不鬆散、也不會輕易睡著的坐姿，把身體的重量交給椅子或地板。

如果張開眼睛，試著看著一片白牆，逐漸讓視線放鬆，讓視線失去焦距。我們的五官中，只有眼睛是向外看，只要閉上雙眼，便能快速降低外在的干擾，協助將注意力轉向內在。所以，閉上雙眼是最理想的。

身體坐穩後，做幾個比平常呼吸速度稍慢的吸吐，透過緩慢的吸吐，在心裡頭帶著一抹微笑告訴自己，我要準備開始練習囉！有如開場的動作一般，將自己導入靜心的開始。

1. 漸進式放鬆

來個
大休息吧！

不必刻意用力吸氣或吐氣，用鼻子自然呼吸。試著專注在幾個數息呼吸中，伴隨每一口的吐氣，讓身體從頭到腳每個部位逐一放鬆，就像點名一般，點到哪個部位，請它透過吐氣放鬆。當你感覺身體比較緊繃時，給予每個部位多幾個呼吸的時間慢慢鬆開。

鼻子吸氣，吐氣時頭頂放鬆。

鼻子吸氣，吐氣時額頭放鬆。

鼻子吸氣，吐氣時眉毛放鬆。

鼻子吸氣，吐氣時臉頰放鬆。

鼻子吸氣，吐氣時脖子放鬆。

鼻子吸氣，吐氣時肩膀放鬆。

鼻子吸氣，吐氣時上手臂放鬆。

鼻子吸氣，吐氣時小手臂放鬆。

鼻子吸氣，吐氣時手腕放鬆。

鼻子吸氣，吐氣時手指放鬆。

鼻子吸氣，吐氣時胸口放鬆。

鼻子吸氣，吐氣時腹部放鬆。

鼻子吸氣，吐氣時背部放鬆。

鼻子吸氣，吐氣時腰部放鬆。

鼻子吸氣，吐氣時臀部放鬆。

鼻子吸氣，吐氣時大腿放鬆。

鼻子吸氣，吐氣時膝蓋放鬆。

鼻子吸氣，吐氣時小腿放鬆。

鼻子吸氣，吐氣時腳踝放鬆。

鼻子吸氣，吐氣時腳掌放鬆。

鼻子吸氣，吐氣時腳趾放鬆。

如果不知道放鬆的感覺是什麼，只要不再那麼用力，就是放鬆，雖然不知道身體需要多久才能進入放鬆的專注裡，只要持續吸氣吐氣，自然而然就會進入放鬆的狀態。

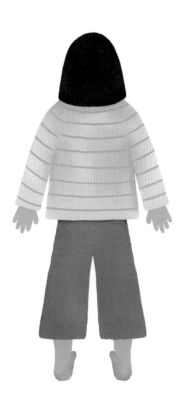

頭頂
頭頂
額頭
眉毛 臉頰
臉 脖子
脖子 肩膀
肩膀 上手臂
上手臂 小手臂
手腕
手指
口
胸部
腹部
背部
腰部
臀部
膝蓋
小腿
腳踝
腳掌
腳趾

一吸一呼之間‧放鬆....

2. 冥想式放鬆

飄在雲上：
為自己找一個感覺舒服且安心的位置坐著，這是一個不會讓自己睡著卻能感到舒服寧靜的坐姿，伴隨著呼吸數息的放鬆，讓身體從頭到腳都在持續放鬆的狀態裡。

試著讓自己越來越輕鬆，越來越輕盈，越來越放鬆。

這種輕盈又放鬆的感覺，彷彿身體完全沒有重量。

輕飄飄的、輕飄飄的，越飄越高、越飄越遠。

一朵宛如棉花糖般軟綿綿的雲，就這樣帶著你，持續並且安全的帶著你，在這廣闊的天空中漂浮著。

彷彿有一陣風微微吹著，涼爽的溫度在臉頰上輕撫著，在雲上的你，是舒服、放鬆並安全的。

保持著在雲上放鬆的寧靜感受，就讓自己好好在這裡享受當下的寧靜。無論任何時刻，任何念頭，都不會打擾到在這朵雲上放鬆寧靜的自己。

我是
一棵樹

大樹連接天地：

坐在椅子或地墊上，輕輕閉上雙眼，放慢呼吸，稍微感覺平靜之後，想像自己是一棵大樹，一棵美麗的大樹。

你的雙腳像樹根一般深入地下，和大地、泥土緊密連結著，並且持續往下延伸。

你的身體有如樹幹那樣垂直挺立，向上延伸，一路往天空延伸，與整個地球和宇宙都連結在一起。

你的兩個手臂是樹枝，上面長滿翠綠茂密的樹葉，張開雙臂迎接著輕輕吹拂的微風，好像也跟著輕輕搖擺。

你彷彿看著清朗的天空，日光和煦，感覺很放鬆，很舒服、自在、安穩。張開雙臂，有如打開心胸接納一切，願意以開放的心接受所有動物傳來的訊息和感受。

進行動物溝通之前，必須讓身體和心得到適當的放鬆，透過放鬆來進入寧靜狀態。對於生活節奏忙碌、壓力大的人來說，靜心過程往往在緊繃與睡著之間擺盪，因為鮮少體驗過「清醒的鬆弛狀態」而不了解自己放鬆的感覺是什麼。

靜心過程中，感受放鬆的同時別忘了觀察放鬆的感覺，仔細留意身體是否放鬆？如何能放鬆？放鬆過程的感受如何？身體到什麼程度能變得更加輕鬆？可能是脖子不太需要出力而稍微有些傾斜，或肩膀、背部肌肉變得柔軟，或雙唇有些微微張開。透過練習放鬆來認識自己放鬆的身心感覺，找到足夠放鬆卻不會睡著的甜蜜點，與動物連結的時刻就不遙遠了。

靜不下來是初學者最常見的隱憂，往往才坐下來，閉上眼，一會兒便神遊四海，做白日夢去了。別擔心，走神是很正常的，練習的目的不只要讓自己放鬆，如果觀察到走神，再輕輕把自己拉回來繼續靜心。只要能覺察到自己飄走，就是很好的開始。

● 和猴子成為好朋友

每個人腦袋裡都住著一隻聒噪的猴子，這隻靜不下來的猴子經常發出各種噪音，又吼又叫、敲鑼打鼓來引起注意。這些噪音就是紛飛的思緒，當我們忙碌時，噪音的存在感比較低，可是只要稍微靜下來，雜亂的念頭經常會變得明顯，猴子好像總在大聲喊叫著：「你快看我！快看我！」想不去注意都不行。因此，初學靜心的階段，和內心的猴子做好朋友是很重要的。思緒和雜念都是靜心的一部分，「認知」和「接受」這些內在噪音，然後輕輕放下它們。當有思緒在腦海中跑動時，試著不去抓取這個思緒，不追逐它，不隨之起舞，你要做的只有讓它離開。

「啊，有雜念跑出來了！」「晚餐要吃什麼呢？」「等下記得去繳帳單。」當心中冒出這樣的自我對話時，表示你已經觀察到自己的心。看到雜念時，別批評自己，沒有關係，這是很正常的！只要輕輕讓它離開，然後回到寧靜；可能沒過多久，下一個思緒又冒出來，再輕輕讓它離開，回到寧靜。

這個過程來回許多次，經過長時間的練習，你會發現猴子變得比較聽話，因為牠知道吵鬧無法引起你的注意。剛起步時，可能容易跟著升起的念頭跑開，繞了好幾分鐘才發現自己分神。多練習幾次，當你留意到自己隨著念頭亂跑的時間越來越短，就是值得慶賀的進步。慢慢的，思緒升起的幅度逐漸降低，頻率減少，你的心就越能停留在寧靜的狀態。

看見雜念，回到寧靜

練習過程中，不批評自己，學習溫柔對待自己的心，就是學習愛自己的開始。要知道，每個人都是獨一無二的，有人比較快進入狀況，有人稍微慢一點；有人馬上抓到訣竅，有人要一點一滴摸索。過程中也不需要和別人比較，因為你就是最能夠幫助自己的那個人。

當我們以匆匆忙忙的腳步生活幾十年，想要立刻回到靜如止水的狀態幾乎不太可能，需要給自己多一些耐心和包容，並且不要否定自己一點一滴的努力。透過「靜心」是降低內心噪音非常好的方法，初期練習時，如果只能減少一點點噪音，那也是很棒的，多花時間練習，便能降低更多的內心噪音。

還有一個很重要的觀念是：不需要期待，也不必要求自己非得讓內心做到百分百安靜才能做動物溝通。你有戴過降噪耳機嗎？在捷運或公車上，透過降噪耳機大量減少外界聲音，能使耳機傳來的音樂更清晰。但降噪耳機並非全面阻擋外界聲音，戴上耳機時還是能依稀聽到外面的聲響，只是更能專心聽音樂。

和動物心靈溝通也是同樣的道理，我們不需要像禪修大師那樣內心毫無雜念，只要適度降低內心的噪音，回到更為平靜的狀態，讓覺知自然流動，就能與動物連結溝通，與動物進行心靈互動，感受彼此的心念。

藉由這些簡單的方法降低內心的噪音，放鬆身體和心，找到內心的寧靜之後，接下來要練習的是持續專注的「待在這裡」，延長內心的寧靜，停留在幾乎像是空白的感覺之中。

● 專注

還記得手機尚未出現的年代嗎？沒有手機的生活裡，我們都在做些什麼呢？那個時候的我們似乎比較能專心閱讀，做事不容易分心，生活的步調也沒那麼快。隨著科技發達，一切變得更迅速、簡便、高效率、即時，各種訊息量激增，忙著抓取我們的關注。

科學研究發現，這十幾年來，人們更加習慣甚至渴望各種感官刺激，導致能夠專注的時間越來越短。降低的專注力加上各種刺激，使人們逐漸喪失耐心，心情容易浮躁，脾氣就慢慢變差，人與人之間的同理變少了，爭執變多了。讀到這裡，你是不是跟著點頭呢？別擔心，訓練專注力就像訓練肌肉，經過反覆的練習能有更好的表現。提升內在專注力最好的方法，就是給專注力一個目標，也許是專注在呼吸吐納，或用耳朵凝神聽聲音，並盡可能維持在目標上。

試著想像你一個人走在吊橋上，要從河的一岸走到另一岸，如果這個吊橋的橋面有一公尺寬，走起來不太困難，按照平常走路的速度行走，能悠閒欣賞兩旁的景色，一邊看看橋下的溪水，享受微風輕拂。

放鬆與安穩能走入靜心的橋

如果吊橋寬度減少到五十公分，走在橋上的感覺就不同了，可能無法輕鬆看風景，需要比較謹慎，更留意雙腳的步伐；如果吊橋再變得更窄，只剩下二十公分寬，那麼走在上面時，為了避免從橋上落下，已經沒有心情左看右看，因為你必須全神貫注，將所有的專注力完全集中在雙腳和橋面。

以走吊橋來比喻專注力，你的目標即是維持在狹窄的橋面上，不要掉落。換句話說，當注意力跑掉時，心思便開始亂飄，想著等一下要吃什麼、還有什麼事沒做、想看手機上的訊息；失去注意力時，也可能會不小心睡著。

內心寧靜一定是輕鬆、不費力的狀態，初學者要練習將注意力維持在目標上，因為不習慣而不小心太用力，覺得必須使點力氣維持住的話，你已經用力過頭，隨之而來的就是緊繃感。當你發現自己不小心太用力，輕輕提醒自己再放輕鬆些，回到輕鬆、不費力的狀態。

靜心的過程就好像走過一座橋，橋的終點是用意念連結動物的心靈。對於有長期打坐或禪修經驗的人，要靜下心來並不困難，甚至可以很快進入內在的寧靜，然而，靜心結束抵達橋的終點時，要打開心來「感受」、「迎接」訊息或動物的感受，卻是可能出現的挑戰。

許多禪修靜坐法門的目的是把人帶到更深層的意識，強調要放下或放開任何靜坐過程中升起的念頭、妄想、感受、幻覺，在沉潛過程透過「不斷放開任何感受」，以達到合一境界或三摩地狀態。這些經驗或習慣，會讓動物的訊息或感受出現時，不自覺被「放掉」、「不追逐」，受制於放下一切感受的慣性，無法全然投入在感覺模式中。

你需要做的，只有慢慢放下思緒，專心凝神，進入安靜的表層潛意識即可進行動物溝通，不需要進入很深層的意識狀態。如果經驗使然，讓你習慣在靜心的橋上不斷前進，一路沉潛到深層的寧靜意識，在那舒服的狀態下甚至不會想動任何念頭，遑論與動物進行意念連結。

所以，每次坐下來、閉上雙眼之前，必須清楚知道接下來要做的是什麼 —— 要做的只有走靜心的橋？還是橋走到終點後，要進行意念連結和感受接收？

練習 4

適合訓練內在專注的方法

1. 數呼吸

以舒服的姿勢坐好，輕輕闔上雙眼，把注意力集中在鼻尖，全程
使用鼻子吸吐，仔細感受每一個吸氣和吐氣。

吸氣，吐氣，心裡默數一。

吸氣，吐氣，心裡默數二。

吸氣，吐氣，心裡默數三。

如此持續下去……

過程中，如果心思有些跑掉，請輕柔將注意力拉回到鼻子和數數
字。你可以記錄完成一定數量所需要的時間，或設定一段時間來
看自己能完成多少次。

許太太的經驗

初期練習時，當我第一次完成一百次呼吸，大約花了二十多分鐘，
那時我並不擅於靜坐，對於能有這樣的小成功感到興奮。經過一些
練習，我用五十分鐘左右的時間，再次完成專注的兩百次呼吸，讓
我發現原來自己可以安穩又專心的坐著，不如想像般困難。

2. 耳朵聽

曾經有學員覺得自己呼吸比較淺，不容易專注在呼吸上，那麼，將注意力放在聽覺也是很好的選擇。靜坐時，仔細聽環境中的聲音，若是有固定頻率或節奏的聲音更適合，例如電風扇或冷氣吹動的聲音、時鐘的滴答聲，只要不會突然發出變化聲響而導致驚嚇或分心的，都可以嘗試讓注意力穩穩待在那邊，專心聆聽。對某些人來說，穩定平穩的聲音或白噪音能幫助收攝其他感官，放慢心靈的節奏，進而進入安靜又專注的內在。

＊更多訓練內在專注的方法，請參考右頁的延伸閱讀。

 練習 5

找到適合自己的靜心方式並記錄起來

....

....

....

....

延伸閱讀
更多適合訓練內在專注的方法

○ 流動法

這是一般人還未養成靜坐習慣時可以運用的方式。例如簡單的行走,將專注的焦點放置於行走時的步伐上、牽動的肌肉組織、身體的感受,行走中專注於呼吸吐納,並且持續的走,藉由動態行動降低頭腦思緒,轉為專心於身體或呼吸,去降伏雜亂的念頭與思緒,逐漸進入放空的片刻。

○ 蘇菲旋轉靜心法(Sufi whirling meditation)

尚未習慣靜態式靜心的初學者,能運用蘇菲旋轉作為動態式靜心法。將雙手手臂向外伸開,以身體為軸心快速旋轉,旋轉身體同時關照覺知。奧修(OSHO)[註]曾說過:「當一個人放下頭腦,由頭腦移到心的時候,他就成了蘇菲僧。」由此可知,動態靜心中放掉大腦的思緒必能找尋到寧靜專注的智慧。

○ 無意識塗鴉法

準備一張白紙和一支筆,無意識的隨筆塗鴉,沒有任何構圖想法,可以用最簡單的線條或毫無章法的繞圓出發,讓自己只專注於持續的畫。漫無目的、順著手的牽引,放掉腦袋的想法,自然而然讓大腦越來越放鬆;而大腦放鬆時,潛意識會逐漸活躍起來,心靈書寫也是開發潛意識的方法之一。

○ 原音唱誦法

透過身體喉嚨自然的發出聲音,藉由某一個單音專注於身體產生共鳴的某個位置,有些人會是腹部丹田,有些人是頭部、胸腔共鳴。將焦點專注於共鳴處,聆聽身體

(註)奧修:1931-1990,印度人,神秘家、哲學家。

與音頻產生的震盪，讓當下的自己不再專注於腦子裡亂無章法的思慮，在持續不中斷的唱誦裡，保有放鬆意識下的寧靜。

◯ 氣味香氛法

選擇自己喜歡的精油或任何喜歡的氣味（例如花朵）、食物、能放置手心的物品，如果可以，讓自己微微閉上雙眼，雙手捧著具有香氣的物件靠近鼻子，深深的吸氣，緩緩的吐氣，在吸吐的過程裡，試著去感受吸進去的香氣。藉由吸氣的過程將氣味送進胸腔，再慢慢感受吐氣時氣息中味道的變化，一次次的放掉頭腦裡的思慮，停留於香氣與吐納中香氣的流動。

◯ 凝視法

準備一盞蠟燭，讓自己慢慢放鬆後，試著將焦點專注於燭火上，持續凝視火苗細微的變化，只有輕輕看著、凝視著，不做任何念頭的思考。持續保持靜默，伴隨著燭火的火光，練習專注，觀照念頭升起時的提醒，放掉無意識跟隨的念頭，再次回到專注於火苗的練習。保有靜默，讓心不再隨之起舞，止於「觀」的練習，讓雜亂思緒止於平靜。

◯ 身體搖晃法

讓身體放鬆，規律輕微的左右搖晃身體，持續採取自然呼吸，搖晃時不必用力伸直背脊，伴隨著搖晃的韻律放鬆全身肌肉的力量。不妨想像自己是海草，隨著海浪潮汐一波波的搖晃著，這自然的搖晃能放掉大腦神經元的刺激，容易讓人進入自然而然的放鬆狀態，只需保有意識，專注於放鬆的當下即可。

我們鼓勵你嘗試不同的靜心方法，並且要記住，每一次靜心都是獨一無二的經驗，沒有成功的靜心，也沒有失敗的靜心，全然投入在感受的每一刻才是最重要的。別去比較自己每一次的經驗，也不用跟其他人比較，更不能勉強，要以自己舒服的速度和方法踏實前進。

以上這些方法，除了訓練專注力，更能練習耐心。耐心是動物心靈溝通中相當重要的一環。接案時，和毛孩聊天的過程往往需要四、五十分鐘，甚至長達一小時的時間，如果沒有足夠的耐心，溝通者很容易放棄，想趕快結束，就無法仔細聆聽。遇到比較內向害羞的毛孩，更需要耐心等待牠回答，當牠感受到溝通者的耐心時，才可能願意多表達一些。

運用各種方法練習「寧靜」和「專注」時，仔細觀察身體各部位放鬆的過程和感受；觀察身體的同時，也要仔細留意「心」的狀態，當身體放鬆後，心境是否跟著放鬆？雜亂的思緒是否不再像空氣中飛散的塵埃，能夠慢慢沉澱下來？

細心體會這個過程，經由一次又一次的耐心練習來鍛鍊心靈肌肉，一定能看見每一小步所累積的成長。任何學習與練習的起點，都應該回到自己真心喜歡並且容易在日常實踐的方式，不論是保有意識進入生活中零星的內在寧靜片刻，或規律的靜心練習，從愉悅的心情出發，設定一開始就容易做到的方法與專注的時間點，循序漸進的擬定日常練習計畫且不間斷去實踐，你會發現投入在基本功的心力永遠不會白費，這不但能協助你在動物溝通的表現，更能將這份寧靜帶入你的生命之中。

開放的心

以接納、包容的態度面對任何事物，有如張開雙臂；帶著願意去了解的傾向，同時不批判、不妄下定論，就是擁有一顆開放的心。

對你來說，什麼是開放的心？

● 探討二元

二元對立或二分法是人類習以為常的概念，我們把許多感受或喜好一分為二，一邊是正的，另一邊是反的。喜歡、厭惡，良善、邪惡，快樂、痛苦，成功、失敗，美麗、醜陋。當我們用對立、二分的眼光看待事情，內在層次就會局限於此二分法，把我們困在一個思維框架裡。這世界並不是非黑即白，在價值判斷上如果只有好與壞、對與錯的區別，我們的心智和心靈就會像旋轉木馬般不斷原地轉圈，走不出新方向而難有突破。

除了對立，我們對許多人事物也有既定的偏見——儘管我們時常認為自己總能不偏不倚的看待人事物。偏見通常源自於過往經驗或成長背景，在環境影響下，不自覺種下了偏見的種子。人類以自己習慣的方式來生活，從自己的角度看事物，久而久之，造就固定甚至是僵化的慣性思維，失去彈性和柔軟。

你是否曾發生過以下狀況——和不認識的陌生人說話時，即使相處沒有幾秒鐘，心裡卻馬上冒出想法或判斷：看他的外表或穿著就知道他一定很挑剔，聽他說話的聲音就覺得不舒服，不自覺在對方身上貼了許多隱形標籤。我們習慣以過往的經驗作為標準，這些經驗在心裡留下的情緒和回憶，經過幾次重複，就成為對人事物的既定印象。面對越是陌生、不熟悉的人事物，我們越傾向抓著既定印象，因為習慣能帶來安全感。

你是不是覺得黃金獵犬都很溫馴親人？貓咪個性獨立不太需要陪伴？兔子喜歡吃紅蘿蔔？動物溝通、占卜、塔羅牌都是怪力亂神？父嚴母慈？男性應該養

家，女性應該持家？這些都是生活經驗和環境因素累積所產生的僵化概念。僵化的思維源自於從未認真思考過本質，單憑過往的經驗或社會的制約而產生。當你看到一顆檸檬，馬上直覺那是酸的口感；然而，有檸檬是甜的，沒去品嚐這顆檸檬，又如何能知道它的滋味呢？

學習新事物之際，如果帶著某些偏見或特定的想法和判斷，便不容易全面接觸這件新事物，難以真正靠近它或見到它的全貌。當我們拿下有色的鏡片，雙眼所見的才是更加清晰明亮的形狀、豐富飽和的色彩。如果能帶著開放的心，懷抱願意去探索的態度，便更容易覺察到每一個生命的獨特性。所以，不能只用過往的認知來概括所接觸的一切人事物，即便是一片落葉，也和同一棵樹的其他落葉有完全不同的紋路，是獨一無二的。

與動物進行心靈溝通，著重在感受性上細膩的接收與交換，和我們人類熟悉的邏輯思考、理性判斷相當不同，並非一翻兩瞪眼或非黑即白那樣制式的、條列式的、僵硬的。有時候收到動物傳來的訊息可能超乎預期，甚至超乎想像，如果溝通者缺乏敞開的胸懷，收到訊息時只靠邏輯思考和判斷，分析這個訊息不太可能是真實的，就下意識刪除或忽略，反而會錯失重要的體驗。

一個優秀的動物溝通者，在每一次溝通裡，無論面對熟悉或陌生的動物種類，都會像一張白紙般接收動物的訊息和感受，來什麼顏色就接什麼顏色。假若帶著既定的想法，就像紙張已經用鉛筆打上草稿，期待對方依照我的草稿塗上色彩，局限了一切的可能性。

所以，邀請你放下固有邏輯、既定印象和框架、舊有模式和局限性思維——像是「我做不到」、「這很困難」、「我靜不下來」、「我沒有天份」、「這比較適合有敏感體質的人」等，試著把心打開，帶著開放的心態與心情繼續閱讀，才可能會帶來全新的感受，因為你的心有多寬，感受到的世界就有多大。

你的心有多寬
感受的世界就有多大

● 靜下來後，如何與動物連結？

動物溝通一般分為遠距離溝通、面對面溝通，「遠距離溝通」是指溝通者透過看動物的照片就能與牠連結後互動；而「面對面溝通」時，溝通者身處在動物的身邊。不理解動物溝通的人，可能會以為溝通時動物在溝通者身旁比較有效，其實不然！遠距離及面對面這兩種方式使用相同的方法，都是透過意念連結彼此的心靈，達成量子糾纏的心靈即時相通。這兩種方式沒有好壞之分，也不會因為動物遠在他方而有訊號比較差的問題。

然而，對初學者而言，與動物面對面容易受到雙眼所見的事物干擾，不自覺變成解讀動物的動作，因此，看照片是比較合適的方式。等到習慣與動物連結的感受，對於收訊息和互動感覺熟悉以後，逐漸增加干擾源仍不受影響時，與動物面對面溝通就不成問題了。許多時候，生病、年邁、行動不變或容易緊張的毛孩不適合離開熟悉的環境，利用遠距離溝通是最方便、友善的選擇。

● 遠距離與動物連結

練習遠距離與動物連結，請準備一張已經得到照顧者同意溝通的動物近期照片，照片要清楚呈現動物的眼神，眼睛不反光，規格類似人類的證件照，且動物占照片中的面積不能太小。與貓狗溝通，正面的照片最能展現牠的樣貌；與鳥、兔子等雙眼分隔距離比較遠的動物溝通，照片則以側面較為合適。你需要的只有一張或兩張清楚的照片以及動物的名字，這兩樣即可，盡量避免事先知道太多牠的資訊，以免在腦中留下過多印象而影響訊息的判讀。

「意念」是一個神奇的東西，雖然看不見也摸不著，卻具有強大的力量。當意念是堅定、穩固的，發送者專注、心無旁鶩時，傳送出去的意念就像雷射光，將精準發射到該去的目標上，並且產生影響力；然而，如果意念是分散、不明確的，發送者不專注、產生懷疑時，傳送出去的意念就如煙霧飄散四方，既無法和目標穩定連結、互動，也不能產生有效的影響。

內心安靜下來以後，看一下照片中牠的長相和眼神，在心裡輕輕呼喚毛孩的名字，進行這些動作時，就好比在腦海中用意念打一通電話給這隻毛孩，只要撥打者明確知道接電話那方是誰，並且帶著信心去連結，就能成功打通電話。

與動物進行溝通之前，在心中念一段簡單的祈禱文，對於溝通的內容和品質有重要的幫助。這個步驟能幫助溝通者，避免連結成功後因為緊張而發生不知所措的窘境，再次與自己確認溝通目的或目標，提醒自己帶著開放友善的態度與動物互動。祈禱文的內容因溝通主軸而異，進行臨終溝通或離世溝通時，可以適當調整內文來確立溝通所要進行的方向和目標。請注意，祈禱文並非必要的，不是所有的溝通者都需要或想要做這個步驟。

如果你要進行簡單的溝通，對毛孩進行基礎的了解，你可以在靜心後、與動物連結之前，在心裡對自己說：「親愛的宇宙，親愛的大地，請幫助我和XXX（動物的名字）連結，我想要認識牠，我想協助牠與家人更了解彼此，生活更快樂，我願意以開放的心，接收所有的訊息和感受，請幫助我和牠溝通。」

念完祈禱文後，輕輕打開雙眼看動物的照片，看一下牠的眼神，稍微記得牠的長相，然後閉上雙眼。此時你可以強化和牠成功連結的信念，在心裡對自己說：「我和XXX（動物的名字）已經連結」，或想像你們之間有一條電話線連結著，或想像在腦海中按下通話鍵而對方接通了；發揮任何你喜歡的想像連結方法，都能強化連結的信念。別忘了，堅定的意念能讓這通意念的專線撥打成功。

對想像力不錯的人來說，試著閉上雙眼想像動物就在你面前，和你面對面互動，看看牠的表情，觀察牠的反應，慢慢開啟你們的聊天。無論你是否能成功想像，先別急著問問題，有時急迫開口會嚇跑容易緊張的動物，你所要做的就只是專注放鬆的感覺對方，溫柔和緩的在內心與牠互動。

許太太的經驗

你會打高爾夫球嗎？我曾經學過幾堂課，在練習場上看教練既輕鬆又優雅的揮竿，球竿以精準的角度和輕巧的力道擊中球，瞬間發出清脆的敲擊聲，在一旁的學生們用讚嘆的目光看著球以完美弧度飛出，飛得又高又遠才落下。

當我以笨拙的手腳試著複製教練的動作時，一心只想和教練一樣把球打得很遠，因為那看起來實在太厲害了！於是我卯起來揮竿，用力擊球，球竿碰到球後發出一聲沉重的悶響，接著在我面前兩公尺處落下，實在令人失望呀。

學習動物溝通就像學習使用一種「巧勁」，類似打高爾夫或保齡球那種精巧的力量，不是越用力越好。練習時若一直很努力、很用力、甚至急切想和動物心靈互動，結果大概就跟我的揮竿技術差不多……

所以，只要持續維持著放鬆、不用力、不急著想趕快達到什麼目標、保持一張白紙的狀態，來什麼色彩就接收什麼色彩，來什麼訊息感受就自然接收，讓一切如行雲流水般自然發生，你一定能樂在其中。

與動物連結後會發生什麼事？

在這裡要先認識兩個重要的角色：松果體與超感官知覺。

「松果體」是人體內最小的器官，位在腦正中央，外型如一顆松果，對光線敏感，用以調節生理時鐘。古今中外，東西方各大文明與宗教對松果體皆高度重視，它象徵人類的覺醒、意識進化，位置在腦中靠近眉毛高度、脈輪中屬於眉心輪，也是一般所稱的第三隻眼。松果體有如關鍵的開關，當人進入潛意識時可以活化松果體，當松果體開始活躍，便能進行超越感官的感知和互動。

「超感官知覺」（Extrasensory Perception，簡稱ESP）顧名思義是指「超越肉體感官的感知」，藉此接收動物的心靈訊息和感受，與我們平時習慣使用身體去感知的方式相當不同。舉例來說，假設用身體五官感知外在世界的波動起伏需要30公分，那麼，用內在的超感知覺去感知所需的波動起伏也許只要1公分，兩者截然不同。內在感知的波動起伏微小，不容易被察覺，往往一閃而過，轉瞬即逝，因此需要高度的安靜、專注力和許多練習才能抓到它。

動物之間不使用語言，依舊能有效進行互動，因為牠們天生是直覺和超感官知覺的高手，能敏銳感知身邊一切動物的狀態。非洲草原上，動物們圍繞在水源

區喝水時，如果有獅子靠近，動物們能立刻感受到這隻獅子只是想來喝水，還是肚子餓了有狩獵的意圖——能待在附近一起和平的喝水，就是因為能知道彼此的感受和意圖。

人類天生也具備超感官知覺的能力，可惜大多數的人都過度依賴肉體感官，導致從內在感應的超感官知覺退化。只要勤加練習，開啟鈍化的內在感知，感受力也會慢慢敏銳起來喔！

● **超感官知覺有哪些**？

1. 超視覺：無論張眼或閉眼，透過內在視覺看到具有訊息意義的圖像或影像。視覺畫面變化多端，可能是單張照片、立體景象或動態影片（類似GIF檔的極短影片）。有些人看到的影像是彩色、高解析度的清晰畫面，也有人看到的是深淺兩色，或像是透過包裝氣泡袋看到顆粒很粗的模糊影像。有時候畫面會慢

慢浮出來，再慢慢飄走；有時候畫面只在心頭一閃而過。

動物會利用影像告訴你牠最喜歡的玩具、家裡的空間、散步的地方，或以動態影片表達喜歡和家人互動的方式。有時候影像會像照片般清楚聚焦在某一處，其他地方比較模糊；有時候影像會有立體感或空間感，彷彿你就置身於現場。跟小狗聊天時，能從牠低矮的視角看周遭；跟貓咪溝通時，也許會展示牠從高處往下看的角度。

2. 超聽覺：透過內在心靈接收話語，大多時刻聽起來像是自己的聲音，並非透過耳朵聽到，而是一種來自內心深處的聲音，通常比較明顯的是對方的語氣和個性，偶有機會聽到對方的語調或音調。透過內在心靈所接收的話語和語言類別無關，語言是人類獨有的邏輯性產品，而動物並不使用語言，無論在心裡對動物說任何一種語言，接收時，一定是你聽得懂的語言。

3. 超嗅覺：內在接收到的氣味，並不是透過鼻子聞到。也許是濃郁的或淡淡的味道，可以透過味道認識動物對食物的喜好，甚至生活環境的情況，這些氣味通常一閃而過。有一次在課堂練習時，一位學生聞到一股濃烈燃燒的味道，味道難以描述，只能形容就像高溫燒骨灰的味道。後來我們與照顧者通話核對時，她大笑說，稍早之前媽媽差點把家裡的廚房燒了，狗狗把這個驚險情況即時分享給同學們。

4. 超味覺：內在感受到味道的直覺印象，可能是食物的味道、口感，彷彿親口嚐到那個味道。

> **柔穎的經驗**
> 有幾個特殊的味蕾體驗，讓我印象很深刻——有位狗孩子，傳遞來甜甜冰冰的紅豆湯滋味，就在我的口中散開；還有一位貓小姐，在溝通時提醒照顧者給予自己最愛的盒裝冰淇淋，那甜蜜的香草氣息瞬間瓦解了我的戒糖計畫，嚐到不想吃的味道應該也算是某種職業傷害！

5. 超感覺：內在收到某種情緒或身體感覺、觸感。動物有敏銳且豐富的情緒，溝通者可能會收到牠對家人的愛意，或看到玩具時的興奮，也可能是其他動物夥伴去世後帶給牠的哀傷。動物能將牠的感受傳送過來，身體各部位的不舒服或疼痛感，都可能出現在溝通者對應的身體部位。

透過以上這些超感知覺所接收到的感受，當下的狀態有點類似做夢，在夢境中看到時而清楚、時而模糊的影像，知道夢裡有誰、發生什麼事情，也能在夢中做出回應和互動，甚至當下的心情也很鮮明被感受到；也可能場景與場景之間沒有關聯，或出現看似沒有關聯的動作、空間與時間交錯著，似乎沒什麼道理，卻又很真實。

每個人天生透過超感知覺接收訊息的優先路徑不太一樣，就好像硬體設備出廠設定不同，有些人以視覺畫面為主，有些人則是充滿聲音、流動的對話感，也有人不斷聞到氣味和體感。所有接收方法沒有好壞、優劣之分，一個訊息會以不同的方式被不同人接收，你會以最適合你的方式接收到。

初學的學生們在課堂練習時，討論彼此收到的各種感受，看到許多清晰影像的同學羨慕聞到味道的同學，聽到聲音的同學表示很想要看到畫面。初學階段你的收訊方法仍在開發當中，別因為哪種收訊方法比較少而感到氣餒，你所收到的路徑，就是最適合你的路徑。打開心，放下要求，享受接收的樂趣吧！

● 帶著禮貌和動物互動

與動物進行心靈連結時，請做一位有禮貌的溝通者，當電話打通，先傳送一份溫暖或愛的感覺，讓動物知道你是帶著善意而來，如同與新朋友聊天，打個招呼、簡單自我介紹是必要的，告訴牠你為何而來。有時候動物會馬上給予熱情的回應，有時牠們會在一旁觀望，不會立刻跳入對話。

人與人進行對話時，如果有一方提出問題，另一方通常會自然的回覆，因為我們覺得回應提問者才是有禮貌與合理的行為；然而，動物和人類不同，牠們沒有我們所謂的社會制約，因此在和動物互動時，不能期待或要求牠必須有所回應（否則就認定是不禮貌的表現），畢竟動物沒有回答問題的義務。

動物是獨立的個體，用牠感到舒適的方式和牠互動，才是尊重牠的表現。還記得在本書一開始，就邀請大家離開慣性思考和僵固的思維嗎？請跳脫人類的框架，以更多的彈性和包容跟動物互動，只要帶著這樣的心念和友善的態度，就能建立良好互動的基礎。

● 我能如何傳送訊息給動物？

你有沒有發現，家中的同伴動物經常能聽懂我們對牠們說的話，儘管有時聽得懂卻不做，總讓我們氣得跳腳。話說回來，我們也能聽懂父母或家人的要求，但不見得想做呀！所以，傳送訊息給動物時，把你想表達的內容，直接用嘴巴說出來是完全沒有問題的。

如果做安靜的遠距離溝通，想著訊息是很好的方法，和口說一樣，只是換成在心裡說。無論你用口說或在心裡說，意念相當重要，想著你的話會被動物接收到，只要你相信這些話有被收到，傳遞就不會失敗。

以圖像互動是相當有效率的方式，對於比較少機會練習圖像，或想像力比較弱的人來說，一開始可能不容易抓到這個訣竅，只要勤加練習在腦中建構圖像，很快便能發現以圖像和動物互動的趣味。

許太太的經驗

如果有些事物不容易形容，試著在心中想像一幅圖像或某個物品、場景的影像，不需要把畫面中每一個細節都勾勒出來，只要盡你所能的去想像，然後傳給動物。有一次，我和一隻小狗聊天，照顧者表示小狗對外人特別兇，時不時表現出攻擊外人的慾望。溝通時，小狗的確容易緊張，我和牠討論外人來家裡拜訪的情況，在腦海裡想像訪客以站立的姿勢在客廳裡，牠馬上激動的大吼大叫，想衝過去咬對方；接著，我想像訪客坐在椅子上，小狗的情緒表現立刻和緩一些；我再次想像訪客坐在地上，小狗馬上釋放出友善的意念，願意過去親近這個人。

如果能讓同伴動物知道我們有多愛牠，傳遞那種全心全意的、真切的愛，該有多好？其實，透過心靈傳遞情緒，最貼近那份超越言語能形容的感受。試著把心專注於一個特定的情感，無論是愛、溫暖、感激，透過心靈傳給動物，並且確信牠會收到。

試著在心裡傳送話語、圖像、感受，並對這幾種方式感到熟悉以後，你可以嘗試一次傳送兩種或兩種以上的方法，例如影像＋話語，影像＋話語＋心情。多感齊發對動物來說是自然的本能，多演練幾次，多感齊發不只讓溝通效率更高，也能增添精彩度。

練習 6

建構心靈圖像

透過幾個比平常稍慢的呼吸，讓身體放鬆，閉上雙眼，回憶你喜歡的食物、熟悉的空間或熟悉的物品，讓它們出現在你的心靈螢幕上，如果感覺不到心靈螢幕上的影像也沒關係，只要放鬆回想即可。

回憶熟悉的圖像，接著可以嘗試在腦海或心靈螢幕上，建構新的、整合式的影像。先從想像開始，例如想像一顆蘋果的外觀、顏色、氣味、口感，開啟想像的第一步，讓蘋果逐漸成形，甚至加入你嚐到它的情緒。

傳送感覺

將我的心意
送給你

做幾個和緩的呼吸，讓身體放鬆，閉上雙眼，想像一個你愛的對象在你面前，對象可以是親友、伴侶或毛孩，感受自己充滿愛或溫暖，將愛或溫暖的感覺以任何你可以想像的形式傳送給對方，持續傳送，再看一下或感覺一下對方的心情或回應。

與動物聊完後，該如何結束？

如果朋友跟你在電話上聊天，卻唐突結束對話，感覺應該不太舒服吧？好的收尾與好的開頭一樣重要，和動物聊完、掛上電話之前，請有禮貌的向動物表達感謝，謝謝牠所分享的一切，並且再次傳送愛和溫暖，甚至送上一些祝福，然後說再見，結束對談。

結束對談時，務必在心中堅定告訴自己：「我切斷和XXX（動物的名字）的連結」，有必要的話，可以重複一兩次；或在心中想像著按下通話結束的按鈕，強化電話掛上、終止互動的意念。

「掛電話」為什麼這麼重要呢？意念是我們連結的橋樑，如果沒有好好掛上電話，動物那方的情緒感受、甚至不舒服的體感可能會持續傳送過來。

回顧生活，是否曾碰過關愛的家人、朋友與你分享沉重的心情或情緒？當我們知道這些難過的事情，基於情感的連結，我們會一起感到擔心，甚至是為對方難過；只要想到對方，情緒自然跟著起伏，這些反應無非讓我們更加確認一件事：意念的連結，必會創造彼此能量場上的連通性。所以，當我們結束動物溝通時，務必在心裡結束這次溝通的連結，創造具象化的儀式去掛斷連結電話，或收回跟牠連結的天線，能幫助初學者回到原本的身心狀態。

初學者較容易發生「還想確認溝通中尚未核對的訊息」，或「還想了解溝通後毛孩狀態是否有改善」的情形，摸索期戰戰兢兢所產生的不確定感，最容易在意念中有意無意再次連結上毛孩；如果是接受訊息或體感較為強烈的溝通者，又恰巧連結到有身體狀況的毛孩，你們之間仍有能量共振，這樣持續的體感會對溝通師本身產生影響。

如果已在意念上斷線，卻仍感到殘餘能量存留在身體或情緒中，讓自己換個環境、活動身體，去室外曬曬太陽或洗個熱水澡。當我們轉換心情，讓專注力回

到生活時，殘餘的能量會自然散去，不需要為此過度擔心。

所以，無論是教學或接案，「結束個案後務必切斷意念連結」是我們一定會請學員銘記在心、確實做到的一點。即便溝通結束後沒時間做任何儀式或能量清理也無妨，只需要有意識的在心裡確實切斷與毛孩意念的連結，掛上心靈電話即可。

切斷意念的連結

Q **如何分辨訊息是我想像出來的，還是動物傳給我的？**

A 這是每個初學者的疑惑，進入這個問題之前，讓我們先來認識「直覺」。

「直覺」是指一種不用經過太多思考過程，很快就能出現的直接想法、感覺、信念或偏好，它通常與主管創造力與情緒的右腦連結在一起。每個人都有直覺力，直覺經常出現在我們的生活中，但大部分人很少意識到它。

小時候我們使用直覺時無拘無束，不會擔心所說所做是否合乎邏輯規範？愚不愚蠢？是自發性的，言行都來自內心。隨著年紀增長，伴隨社會的規範，我們被訓練有意識去隔絕、壓抑這種直覺性的、非邏輯性的訊息和感覺，這也是為什麼有些小孩能自然聽見動物說話，長大後反而聽不見了。

直覺性的心靈訊息帶有鮮明的特色，只要能分辨出來，並且不去抵抗或否認它，這些訊息往往能帶來莫大的幫助。

首先是明顯的速度感。直覺性訊息的速度相當快、即時，常在一瞬間有豐富的話語、情緒或感受，像是一個訊息包裹或是一顆球，快速朝你扔過來，當你接到時，立刻能感知到包裹裡的全部內容。

直覺性的心靈訊息不需要翻譯，沒有語言問題，和動物之間形成一種即時相通的關係，是心靈與情感上的聯繫，不受到時間和距離的限制。有時候直覺訊息甚至是不合理、超乎想像的內容，有些更是彷彿身歷其境。

教育和生活告訴我們經常要主動採取動作，使我們習慣急著去拿取，然而，與動物進行心靈溝通時，往往要等待訊息之間的空白，等待動物回覆。等待時不主動、不用力，不急迫去撈取訊息，要輕鬆不費力的等待訊息自己過來，這就是迎接訊息的感覺。

想像你坐在一棵大樹下，微風陣陣，你在等待葉子（動物的訊息）落下，你不追尋葉子，也不去搖晃那棵樹促使葉子趕快掉落，就只是坐在樹下輕鬆自在等待著，毫不費力，讓微風把葉子帶到你身邊，讓葉子以它自己的速度落下。當葉片被吹來時，你輕輕碰觸它，感受到這個訊息，然後讓它離開，繼續保持放鬆，等待下一片葉子吹向你。

亦或像是安靜站在沙灘上，讓海浪（動物的訊息）一波一波湧到你的腳邊，海浪以自己的節奏過來，觸碰到雙腳後，退回海中；再一會兒，隨自己的韻律湧來，然後退去。你不追逐浪花，不急忙伸手捧起海水，甚至，有時候要給海水一些時間，當它準備好，將再次湧上你的雙腳。

等待動物心靈訊息的感覺也好似釣魚的過程：釣客找到理想的位置和地點（靜心），拋出釣魚線（與動物連結），然後悠閒坐在岸邊，輕鬆看著水面上的浮標（專注），當浮標有動靜時（訊息來了），再拉竿取魚。如果釣客心思浮躁，不斷拉動魚線查看有沒有魚（訊息）上鉤，失去放鬆又專注的心，就難以覺察細微的訊息和感知。

撥通心靈電話，等待訊息

初學者進行動物溝通練習時，必須「照單全收，不要篩選」，有任何感受、圖像、話語全部記錄下來。與照顧者核對討論後，如果「答對」某些話題，或某些訊息被驗證是貼近牠生活狀況的，仔細回想「答對」時，當下的身心是處在哪一種狀態。

通常，那一刻的身體多半較放鬆、不用力，心也處在接近空白、沒有想什麼，並且是開放的狀態。練習多次便能熟悉、抓到這種身心狀態，通常觀察到自己進入這種身體放鬆、腦袋有點空空的身心狀態時，出現的訊息就幾乎不是腦補或想像，而是動物傳來的了。

還沒找到穩定的溝通狀態時，溝通前盡量避免知道太多溝通對象的資訊，了解越少越好，以免發生先入為主的想法。因此，自己的寵物並不是新手適合的練習對象。只要一張照片、牠的名字，以一張白紙的心情與認知進入溝通，更能學習辨識「牠傳送訊息過來」時的感覺。

● 信任自己的感受

剛起步的練習者，對於「與動物建立意念上的連結」可能會感到自我懷疑，認為是否都是自己的臆想？自我投射？這樣的感覺對嗎？真的有收到嗎？這些感受是正常且自然的，無需過度擔心，你只是還不習慣處在細膩感受的狀態，如此而已，請不要因此而批判自己，挑剔自己速度慢、感受少或有錯誤。

試著把「與動物心靈連結」當作一場內在的探索之旅，在連結過程中不小心批評或懷疑自己時，你已經不自覺「上腦」進到邏輯層面了。放下頭腦和思維，用心去「感受」，使感受成為探索之旅的前行指標，慢慢學習讓感覺帶著你走，逐步進入感受的領域，細膩去感覺和等待，安靜待在空白中，進行內在交流便能越來越自然、流暢。

追求速度的社會使我們習慣趕快從A點到B點，急著趕快達到目的，忘了過程才是重點，足夠浸淫在細膩感受的過程，自然會從A流到B。所以當你越來越投入在感知，而不是把唯一的焦點放在答對多少，你會逐漸熟悉訊息出現的感受。

「信任」是學習和經驗累積所展現的成果，急著趕緊得到訊息、急著趕緊做到溝通其實是反效果，對心靈交流並沒有幫助，正所謂欲速則不達。每一次練習所得到的經驗，創造出下一次練習的信心，再一次練習的經驗，再創造出接下來的信心；當你紮實且穩定踏出每一小步，透過一點一滴的經驗，必能打下堅實的基礎，建立對自己和對訊息、感受的信任。

與照顧者核對與討論／與動物聊完以後，我該做什麼？

與動物聊天完畢，應該先把所有得到的內容與訊息記錄起來，無論是圖像、話語、感受等，千萬別篩選，全部記下，然後和照顧者核對。

對剛學習動物溝通的人來說，要找照顧者核對的緊張感簡直像等樂透開獎那般

刺激，不知道自己能中幾個。自信心離初學者或許還有些距離，一定會發生「很想問照顧者這個毛孩有沒有這個行為？吃這個東西？玩這個玩具？」卻緊張到不敢開口的情況。因此，在練習時，務必讓照顧者知道你是新手，不穩定或不準確是正常的，請照顧者包容你之外，也請你學著包容自己，接納剛起步、還在搖搖晃晃的自己。

動物溝通師最基本且重要的工作是扮演翻譯的角色，傳達動物的話時，有一個黃金準則，那就是「如實」。如實轉述動物的話語、感受，如實表達牠的心情和想法。什麼是如實？當下有收到某個訊息就是有，沒有收到就是沒有，不確定就是不確定；不加油添醋，不做過多的詮釋，絕不瞎掰捏造，更不能依照自己的想像發揮。

舉例來說，電影的字幕翻譯自電影的原始語文，優秀的譯者會按照原語文的意思轉換成觀眾需要的語言，並依照當地的風俗民情適當修飾。如果譯者不按照原來的文字意思傳達，胡亂添加自己的想法或解釋，只會讓觀眾一頭霧水，無法體會故事原本的面貌。

對溝通者來說，「如實」看似簡單，其實包含溝通者能否如實面對毛孩、面對照顧者，甚至面對自己。針對如實這個議題，第六章有更詳細的討論。

許太太的經驗
我曾在某次溝通裡犯了一個錯誤。我和一隻小狗聊天，牠顯示了一個畫面：牠站在一台嬰兒推車旁，興奮叫喊。於是，我告訴照顧者：「我看到狗狗跟你們一起出門散步，牠在嬰兒推車旁興奮叫喊著」。可是照顧者卻說：「我們從來沒有帶小嬰兒和小狗一起出門散步，你看見的場景應該是在家裡玄關要出門前的情形。」當下，我立刻明白自己過度詮釋這個景象，加入個人經驗在裡面，而讓畫面失真了。於是，我馬上告訴照顧者是我發生偏誤，過度解讀這個訊息。

溝通服務的方式

一般來說，動物溝通師提供的服務有以下兩種方式：

● 即時翻譯式

隨著練習經驗增加，溝通者越來越熟悉安靜的內在狀態，能更快速進入並保持溝通狀態，便能在與動物連線時，立即將訊息傳達給照顧者，再把照顧者的話馬上傳給動物。

「即時翻譯」是許多收費的專業溝通師所進行的方法，能有效利用每個時間單位，對照顧者來說，即問即答的方式有趣好玩，可以隨意提出問題，馬上得到答案。溝通師以時間單位收費，能確保投入的心力在某個時間範圍內結束，在該時間單位中得到最大的效益。

然而，隨問隨答的方法可能使溝通的話題雜散，當照顧者因為好奇而隨意提出問題，溝通師就不容易掌握主題和談話進行的方向，而讓溝通落在只是翻譯的層面，難以和動物與照顧者雙方進行比較深入的了解和對談，或發生剛聊到關鍵處卻因時間到了無法繼續的窘境。

● 先溝通，再會談

初學者無法做到即時翻譯，所以溝通方式分兩步驟完成：第一步先靜心進入安靜內在，與動物進行心靈互動後，結束溝通；第二步把得到的訊息傳達給照顧者，和照顧者進行討論。

有些經驗豐富的專業溝通師同樣以這個方式提供服務。這種方法的優勢在於有機會與動物和照顧者雙方做深入的對談。溝通師有足夠的時間與動物建立信任感，探索毛孩的想法，掌握溝通主題和方向，也有足夠的時間與照顧者聊比較深層的感受；缺點是無法以精確的時間單位計費，因而改用單次服務在大約的時間範圍內，收取一個費用。

仔細與毛孩交流後，和照顧者會談討論毛孩的回答時，經驗豐富的溝通師也能同步進行與毛孩的即時翻譯，來補足照顧者後續一些延伸的問題，並且針對毛孩的回應，與照顧者探討他的心情和感受。

①靜心，安靜內在

②與動物進行
心靈溝通

③傳達溝通的訊息、
進行討論

● 先溝通，再會談的服務步驟

Step 1. 與毛孩溝通

1. 自我介紹 - 說明來意，以真誠的心傳送溫暖或愛

2. 閒話家常 - 稍微認識彼此的個性和喜好

3. 進入正題 - 討論最重要的話題

4. 結束對談 - 總結內容，離開前務必向動物表達感謝，再次傳送溫暖或愛

Step 2. 與照顧者溝通

1. 以話語或文字、圖文轉述毛孩的表達

2. 針對內容和照顧者討論

3. 進一步即時翻譯雙方的想法（經驗豐富者）

4. 探討照顧者的心情和感受

5. 討論可行的調整方向

無論你使用哪種方式，以打字的形式將毛孩的話傳達給照顧者並不是個好選擇，因為如果和照顧者的互動只有透過打字，文字難以貼切傳達情緒和語氣，可能產生誤解；以文字交流也難以感受照顧者當下的情緒和心情。最恰當的方式是與照顧者說話，無論面對面談話或線上通話，用說的能更加貼近毛孩的情緒和語氣來傳達牠的想法，聽到照顧者說話的語氣才能明辨他的感受和需求，做出適當的對應。

Q 我練習多次，卻一直無法跟毛孩連上，是不是我有障礙或有問題？

A 當你對自己感到懷疑、對自己與動物溝通的能力缺乏信心時，試著把一切看作是面對內在恐懼且賦予自己勇氣的機會！

首先，請你把「認為自己連結／收訊有障礙」的想法踢出腦袋，試著告訴自己：我只是還沒收到，比較慢一點而已。當我們不斷在潛意識中告訴自己做不到，就讓「做到」變得更困難了。記得前面提到的正面態度嗎？請告訴自己：我不是失敗，是「準成功」狀態。

當你有這個困擾，將專注力輕鬆放在「感覺」上。你可能對於成功連線或成功收到訊息抱持強烈渴望，過度積極和非常想做到的想法，讓頭腦不自覺用力；如果反覆想著「我連上了沒」、「真的有連上嗎」，更會將意念帶到思考層面而遠離感受層面，產生反效果。

如果你有上過動物溝通實體課程，課堂上你的放鬆和寧靜感應該比平常更深入，也是在那個當下你能做到最放鬆最平靜的狀態了，然而，也許還沒達到能溝通的狀態。專注力也是，課堂上會很想專注，而不小心變得太用力要專注，甚至冒出「我要更專心才行」的念頭，就表示你太用力了。回家練習時，觀察自己的專注力，如果只能輕鬆的專注三分鐘，就先好好練習三分鐘，然後讓自己休息，過一陣子再回來輕鬆的專注三分鐘、再休息（類似專注力的間歇運動），適度放鬆很重要。當自己習慣有穩定品質的專注三分鐘，再逐漸增加一、兩分鐘，自然就能慢慢拉長。

初學者可能對於心靈電話打通的連線感受還不熟悉，請先檢視自己此刻的身心狀態：身體是否足夠放鬆？腦中思緒是否比較安定？身心都進入寧靜狀態了？如果身體疲累，請尊重你的身體狀況，先好好休息。

進入身心放鬆並保有專注意識，就好像切水果的刀功技巧，藉由多次經驗累積，能找到最適合自己進入的角度和方法。如果你還沒辦法跟毛孩連上，沒收到訊息，沒有關係！先別急著想連線，多花時間練習放鬆、感受身心放鬆、練習靜心還有專注力（或專注在數呼吸練習），在生活中帶入

更多五感練習和細膩的覺察練習。將覺知外在轉為覺知內在的練習、擴張細微的感知、鍛鍊專注、放鬆頭腦和肌肉，這些練習都是強化連線順利的漸進式暖身操。

至於要多頻繁練習？每次練多久？這沒有通用標準，唯有不斷嘗試，找到適合自己的步調、方法，每天十分鐘就是非常棒的開始，也要持之以恆。就當自己是龜兔賽跑的烏龜吧，將基本功打穩，連上毛孩就不遙遠了。

如果對於連線的感受仍無法清楚判讀，似有似無的感覺的確讓人感到灰心。每個人連線成功時，身體所呈現的反應不盡相同，有人身體感到微微發熱、搖晃、發麻、頭微暈的體感，也有人完全沒有這些體感，只有明顯呈現全然放鬆，思緒較為放空。這些都是很個人的經驗，需要練習者有意識的回顧並做出辨識，慢慢大量的練習，在每次練習中便能越來越清楚自己連上線時經驗到的身心狀態。

學習辨識是否進入溝通狀態，不是為了否定自己，而是懷抱著更精細的心去覺知自己，在未來進行溝通時，能敏銳感知訊息，而這些細緻性也會強化開展出溝通者多元接受訊息的能力，不會只停留於視覺或聽覺等，而是能多感齊發、多感接收的狀態。

最後，別忘了為自己的每次練習給予正面肯定。沒有所謂的失敗，只有在每次的體驗裡，給予經驗的反饋與心得。

Q 我練習過幾次動物溝通，仍然不太能清楚分辨訊息是「我想像的」還是「動物傳給我的」，能再深入解釋嗎？

A 首先，你需要清楚分辨此刻的身心狀態是否足夠放鬆、寧靜？如果腦中仍有許多思緒飄蕩、心情浮躁或身體還不夠放鬆，意味著你還沒進入寧靜的感覺模式。

收到動物的訊息時，首要辨別方式是「明確的速度感」和「言簡意賅」。如果這個訊息有快速朝你扔過來的感覺，讓你在瞬間明白了什麼，那通常就是來自動物的訊息了。

如果收到的話語沒有明顯速度感，在腦中出現的訊息能逐字展開、讀出，可能是腦補或想像出來的機率比較高。

再來，與動物進行心靈溝通時，溝通者收到來自量子訊息場的訊息或動物直接傳來的訊息，幾乎不會「不停傾倒出來」，即便動物有很多想要表達，每一小段話語結束後，仍會有些空白和等待，然後再出現下一小段。

一般來說，動物的訊息應該是簡短、簡單不複雜的。如果轉換成你能聽懂的詞句，也應該是比較短的句子。動物非常單純，如果訊息具有強烈的故事性，或者太華麗甚至好幾個串連的句子，出現只有人類使用的特定名詞、人物名字等，表示你可能陷入人類的思考習慣，腦補許多來自生活經驗的素材而不自知，而讓自身相關的潛意識不斷傾瀉出來，落入自己的想像裡。這種感覺有如一個人說話停不下來，最後被思緒牽著走。

進行動物心靈溝通時，應該將七分心力投入在動物身上，保留三分心力，讓自己常保覺知此刻的身心狀態。如果你意識到自己可能掉入自身潛意識，提醒自己先抽離一會兒，再重新進去一次，並且仔細留意訊息的感受，重新找回主導權。

Q **溝通時看到某些畫面，無法辨別是屬於自己潛意識的相關素材或想像，或來自毛孩的訊息，該怎麼辦？**

A 這是許多新手練習者會面臨的狀況，反應出你是否對自身細微感受保有覺察。如果沒有足夠的覺察能力，多少會掉入近期生活情境或某些內在自我狀態，遊蕩於潛意識中與溝通無關的素材。

有一次進行與貓咪溝通的團體練習，一位學生收到一些山林小徑的畫面，畫面中有土地，步道上有石板、石階，學生覺得這隻貓咪應該有野外生活或活動的經驗，但溝通完與照顧者核對時，照顧者表示並沒有，貓從小養在家裡不出門。

後來，跟這位學生討論他最近的生活，原來他剛退休，與朋友相約常往山上踏青健行，爬山活動對他來說具有重要意義，因此在溝通狀態身心放鬆時，這些畫面就自然浮現出來了。

收到不確定的畫面或訊息時，可以詢問毛孩「這是否是你要告訴我的？」通常毛孩會給予肯定的回答，如果沒有得到回應，可能就是來自與自身內在相關的潛意識。

潛意識本來就是一個非常龐大的資料庫，進到潛意識進行動物溝通，捕捉動物訊息時，有時會捕捉到與自己有關的某些訊息，與本次溝通不相關。如果被不相關的訊息吸引，跟著潛意識的素材遊蕩，自然無法捕捉到和此動物溝通相關的訊息。所以，初學者必須記錄每一次溝通的感受、訊息和個人身心狀態，與照顧者核對訊息後，便能逐漸鍛鍊出辨識相關訊息的能力。

要突破這個困難必須勤加練習，來回跟照顧者核對與毛孩相關的資訊外，別忘了回頭觀察自己的身心狀態，經驗值增加後，收到訊息的當下，就能有更明確的分辨能力。

Q　**要如何確認我連到的是正確的毛孩？會不會打錯電話？**

A　我們撥電話時，會有明顯打通電話的聲音，並聽到對方接起電話後打招呼；而心靈電話撥通時，與真實的電話非常不同，不會立即有明顯的打通的感覺，所以需要心無旁騖、放鬆又專注的去細膩感受與等待。

正因如此，在每次進行連線之前，內在意念的設定至關重要。如果你進行遠距離溝通，看清楚照片中動物的眼神後，你的意念不像散亂的光線隨意

發射，而像發出一條雷射線般精準對焦於該動物，自然就能打對電話，成功連線。

日常生活中，說著相同語言的我們，就算是面對面專注談話，只要注意力被其他事物吸引，可能就會錯過對方表達的內容或情緒。回到動物溝通也一樣，由於意念的速度快到超乎想像，如果溝通時突然想到別的事情、別的毛孩，意念馬上就會跑到那裡去，甚至連結到別的毛孩。

舉例來說，打心靈電話類似廣播校頻，往左或往右一點稍微偏離時，都會出現雜音，唯有校準到正確的頻道才能穩定暢通。當升起「是否有打錯電話？」這樣的質疑，你的校準就偏離了。

所以，影響連線最重要的核心關鍵，還是來自溝通者內在專注力的品質。只要能做到專注、心無旁騖，就能避免打錯電話。溝通之後與飼主核對、討論，更能確認連線的正確性。

Q **我應該多頻繁練習動物溝通**？

A 初學者收動物訊息的方式，從一開始可能只有影像，逐漸變得豐富多元，此時有如正在認識自己這個載體機器，學習摸清楚機器的功能、熟悉訊息感，以及了解自己適合進行溝通的時段、時間長短和頻繁程度。

當你越來越熟悉自己的身心狀態和載體的運作方式，便能找到最適合的方法、時間點和密集程度。無論一天練習一個動物，或一週練習一個，探索適合自己的節奏，避免操之過急，並且愉快投入在每一次練習，細細體驗過程中的感受，甚至在練習前的心情是有點期待的，才能從中持續找到樂趣和熱情。

當你發現練習溝通開始變得有壓力，請先暫停，急迫和壓力對成長並沒有幫助。學習動物溝通就好像學習騎腳踏車，只要學會了、有體驗了，自然不會忘記，即使好些時間沒有練習，只要回到寧靜專注的狀態，自然就能順水推舟。

本章重點整理

- 動物溝通是以愛、理解、傾聽為基礎。
- 當一個人足夠寧靜且專注，帶著敞開的心境便能發揮心靈能力，用意念與動物的意念連結，透過超感知覺（視覺、聽覺、嗅覺、味覺、觸覺和情緒）與動物進行內在交流，交換想法、心情，並在溝通結束時，確實掛上這通心靈電話。
- 找到日常生活中寧靜的片刻，即使不坐下來靜心，也能多讓自己處在寧靜的狀態。
- 直覺性的心靈訊息通常具有明顯的速度感，相當即時，也可能身歷其境、超乎想像。
- 溝通狀態是輕鬆、不用力的，不以邏輯思考，全然投入在感覺之中。

進行動物溝通的三個步驟

Step 1. 寧靜

進入內心安靜是最重要的第一步，請把手機等任何會發出聲響的裝置關閉，安排一個能心無旁騖的時刻與舒適不受干擾的空間，以舒服卻不容易睡著的姿勢坐穩。

保持正面的態度是關鍵，試著嘴角輕輕上揚，在心裡頭告訴自己，我要準備靜下來，我要準備放鬆，享受接下來的寧靜和練習過程。

進入寧靜內心的過程需要不斷練習，找到適合自己的靜心方法，帶自己放鬆身體，收攝紛擾的意識。

Step 2. 專注

降低內心的噪音，找到寧靜的感受後，持續專注且安穩的停留在這裡，這種狀態幾乎是空白的感覺。如果有些分心，輕輕把注意力拉回即可，不需因此批判自己。持續一段時間後，當你感覺到足夠平靜、穩定，就能準備與動物連結。

Step 3. 開放的心

在心裡說簡單的祈禱文（此步驟可省略），輕輕打開雙眼看一下動物的照片和牠的眼神，將牠的長相稍微記起來，閉上眼，在心裡溫柔呼喚牠的名字，並且有意識的告訴自己：「我已經和×××（動物名字）連結」。

連結以後，有禮貌的打聲招呼，傳送一份溫暖或愛，然後只要單純去「感覺」這個動物，仔細感受所有出現的感覺、影像、想法、話語、聲音、氣味、心情、身體感受，自然迎接內在的直覺，不去抓取或追逐訊息，等待訊息或感受自己過來，不要篩選訊息和感覺，也不要思考或批判訊息的合理性，記錄下所有閃過的、或浮現的一切。

不以邏輯篩選、不以理智批判的心態，能幫助建立對自己的信任感，延續這份信任，保持開放的態度來接收訊息。

結束溝通之前，再次傳送溫暖或愛，感謝對方的分享，送上祝福後，慢慢回到身體的感知，緩緩張開雙眼，在意念中切斷連結。

動物溝通紀錄表

案件編號	日期	動物名字	照顧者名字＆聯絡方式

溝通話題 ❶

動物的回應

溝通話題 ❷

動物的回應

溝通話題 ❸

動物的回應

將每次溝通練習收到的文字、圖像、感受記錄起來，能協助你清楚看見自己的收穫，一點一滴的累積將會成為你寶貴的經驗。

這次溝通的身心狀態	
哪些部分覺得自己做得很好、不錯的？	
哪些部分下次要再注意、有機會能改進？	
照顧者給予的回饋	
這次溝通印象深刻、特別想記錄或心得豐富的地方？	

沒有失敗的溝通，只有在每次的體驗裡給予經驗的反饋與心得。別忘了，每次練習完畢，大方給予自己肯定喔！

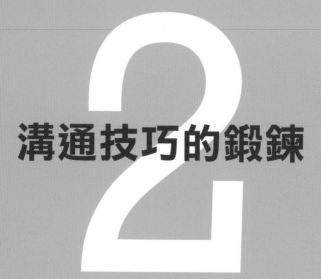

Chapter

2

溝通技巧的鍛鍊

「我跟動物連線大概十分鐘後，不知道要聊什麼，話題沒了變得有點尷尬，怎麼辦？」有時候學生在課堂上會這麼問。平時與人聊天不健談的人，換成跟動物聊天，似乎也不太容易讓對話流暢進行，與照顧者的傳達和溝通可能因為緊張或不知道如何表達而感到灰心。

一個優秀的動物溝通師，除了能與動物進行流暢的心靈交流，也能與照顧者真切互動；儘管動物心靈溝通的方法適用於所有動物（無論是野生動物或同伴動物），但因為溝通師是接受毛孩照顧者的委託，絕大多數溝通的對象是同伴動物，因此，這章將討論與同伴動物溝通的技巧，以及與照顧者互動的技巧。

1
動物溝通師、照顧者、毛孩之間的關係：與**動物**溝通的技巧

右圖中，①溝通師與毛孩之間的「感受與接收」在第一章中已仔細介紹如何與動物心靈連線、進行訊息傳送和接收的基本要領；接下來，本章在①感受與接收會有更深入的分析，並介紹②溝通師與照顧者之間的「同理與溝通」。當溝通師用心投入完成①與②，將會順利推動③照顧者與毛孩之間的「行為與情緒回饋」。

溝通師站在毛孩與照顧者中間，成為讓左右雙方更了解彼此的橋樑，藉由溝通者心靈相通的內在能力與毛孩互動，感受牠的想法、心情，將它們傳達給照顧者；也將照顧者的想法、心情傳達給毛孩。整個過程裡，溝通師以什麼樣的態度和角度與雙方溝通，他的能力、技巧，以及他當下的心境狀態、對生命的態度都深深影響溝通的層次和品質。

② 同理與溝通　　溝通師　　① 感受與接收

③ 行為與情緒回饋

照顧者　　毛孩

溝通師搭建起照顧者和毛孩之間的橋樑，
讓雙方更了解彼此

在下一頁的故事中，溝通師先與毛孩進行①的溝通交流，聊聊行為狀況和牠的感受，然後與照顧者進行②的會談，同理照顧者的情境，討論可行的調整方向，當他做出適當的調整時，就到了③毛孩在情緒與行為上自動產生正向的轉變。

許太太的故事：過度舔毛

大錢是一位十歲的帥哥，大錢媽媽在第一次預約溝通的時候，傳來一張相當標準的兔子照片，後來我把這張照片當作兔兔示範照，分享給其他預約溝通的兔拔兔麻。

我有幸和大錢聊過許多次，這是我們第二次溝通的內容。

溝通之前，大錢媽媽告訴我，最近大錢舔毛舔不停，讓她很擔心。對於自己的毛寶貝出現無法理解的行為狀況，擔憂又害怕的心情是必然的。

我和大錢已經認識彼此，所以不需要太多暖身話題。一連上，立刻感受到牠的興奮，很開心要聊天。「最近我做了很多事喔，生活很精彩，有舔毛，去了一些地方。」牠馬上分享近況。

我問牠：「最近心情如何？」

「媽媽最近很關心、擔心我，我不懂，我好好的啊。日子和以往差不多，沒什麼不同。」

我再問：「最近有發生特別開心的事情嗎？」

「媽媽拿一根草餵我吃。她看到我很開心的樣子。幫我梳毛。他們很在意我的毛。」

「你呢？你在意嗎？」我試著靠近今天溝通的主軸。

「我舔毛，把毛吃下肚會有噁心感，會想吐出來。」

此時同步體感的我覺得自己也快要吐出來了。我繼續問大錢：「為什麼一直舔不停呢？」

大錢等了一下，才說：「媽媽給我的關心會有點壓力，讓我自己也覺得要更

小心身體，萬一出狀況她會更擔心，就不自覺一直舔。我不懂媽媽為什麼一直這麼擔心我，我很好啊。看她時常擔心焦慮，我也不知道怎麼辦。」

聽完大錢描述與媽媽的互動，我已經得到過度舔毛的原因了。為了更深入了解，我接著問：「你跟媽媽相處上有什麼改變嗎？」

「她不准我這樣那樣，生活上有些限制。」

「還有其他會讓你舔毛的原因嗎？」

「我擔心如果我死了，媽媽要怎麼辦？她這麼需要我，誰來代替我？」大錢的回應伴隨一股擔憂的心情。

果然是一個細膩貼心的寶貝，當下我感受到毛孩與照顧者深愛著彼此，同時也擔心、掛念著彼此的心意。我再問牠：「舔毛的當下有什麼感覺？」

「馬上覺得反胃想吐。」

「怎麼樣能讓你的胃舒服一點？」

「喝水、吃草。我有乖乖吃草喔，我牙齒很好。叫媽媽不要過度關心我的健康啦，我想像以前那樣輕鬆自在的相處。」

「這是晚上媽媽回到家，你看到她卻沒有跑跑跳跳的原因嗎？」

「我會不知道該怎麼做才好。姐姐你要幫我！」

「我就是來幫你的呀，你一直舔毛讓媽媽很擔心。」

「媽媽已經有夠多事要擔心煩惱了，工作的壓力，還有我。」

如果我死了，媽媽要怎麼辦？她這麼需要我，誰來代替我？

原來大錢為此感到沮喪，好像在死胡同裡轉圈的無力感。接著，我們聊了生活上哪些情況大錢不會想舔毛，大多是氣氛輕鬆的時刻，而會想讓牠舔毛的時候，常常是氣氛比較緊繃的狀況。

我再和大錢確認：「媽媽可以怎麼幫助你減少舔毛呢？」

大錢給出一個畫面，是媽媽躺下來身體鬆軟的樣子，對著牠說：「沒事！」「媽媽帶我出去玩，去不要太吵的地方，大家一起出遊很開心！」果然都是氣氛輕鬆自在的時刻呢。

大錢媽媽也想問問，平常對大錢的交代，牠有沒有聽到。

大錢馬上和我分享一長串媽媽的交代：「過來給媽媽抱抱。不要跑去那裡。要乖乖等我回來。食物要吃完。」

我問牠：「你覺得媽媽的交代怎麼樣？」

「去唸別人一下嘛。」牠咕噥著。

大錢媽媽後來告訴我，她下午在辦公室看到這段溝通紀錄時，大笑說：「這全部都是我平常會叮嚀牠的話啊！這是愛的碎念好嗎！」

溝通的尾聲，大錢想跟媽媽說：「媽媽妳放鬆一點，妳太緊繃了。我想念妳開心笑的樣子。妳跟爸爸去看電影吧。媽媽親親我。我今天會很開心等妳回家。」

接著，大錢對我說：「我覺得這樣聊聊天滿好的，你可以跟媽媽說不要一直唸我！」

我笑了：「好，我會轉達。對了，你知道你的照片是我的兔子示範照嗎？大家都要拍得跟你一樣。」

大錢問：「有帥嗎？」

「當然！」

最後大錢給我一個「啾一下」的表情，結束了我們的談話。

溝通完，我與大錢的媽媽進行電話會談。開始討論溝通內容之前，我想先關心一下照顧者：「你最近好嗎？是不是比較忙碌呢？」

大錢媽媽表示：「我最近因為工作忙碌，回到家已經很晚，只能在少少的時間內急切關注大錢的身體狀況，果然不知不覺給牠造成壓力了，唉。」從她的語氣中，我深切聽見工作壓力與毛孩現況帶來的沮喪。

我先同理照顧者的心境，這對繁忙的現代人來說是很能理解的情況。「聽起來很辛苦呀，白天長時間工作，回到家有一個年邁的毛孩要照顧，其實是很不容易的。」

同為毛孩照顧者的我，完全能體會家長對於毛孩的身體擔憂，畢竟是自己的寶貝，怎麼可能不擔心。但是，除了身體機能上的健康，對於比人類更加活在當下的動物來說，情緒的健康與開心的感覺格外不能被忽視。

我繼續說：「你對大錢的關心和愛，牠全部都收到了喲，牠其實也很擔心妳，希望妳放輕鬆。妳對牠的關愛是出於善意，儘管引起牠過度舔毛，仍然不要覺得這是妳的錯。牠敏感又體貼，所以接收超過負荷的關愛後，轉成焦慮的行為。透過這次溝通，除了找到引發過度舔毛的原因，藉這個機會檢視自己的狀態，做一些調整，情況自然能改善。」

我們也聊了一些照顧者平時喜歡的休閒活動，如何在生活中多找機會放鬆、讓心情平靜一些。她說，難怪獸醫告訴她，大錢到醫院住個幾天都好好的，怎麼回到家問題就跑出來了。

溝通之後一兩天，大錢媽媽還傳了訊息過來，分享大錢乖乖吃草的影片，說最近下班回家馬上給大錢放風，不叮嚀不交代，也不急著關心牠的身體狀況，大錢又開始蹦蹦跳跳了呢。

「給予」是我們表達關愛最直接的方式，協助毛孩理解照顧者想給的，與協助照顧者理解毛孩真正需要的，並且將雙方每個行動背後的心意完整傳達，是溝通師的功夫展現。

動物比人類更加敏銳，家裡的人事物、家人的心情狀況牠們會全面接收，也像一面鏡子反應一個家的狀態，當家人緊張或壓力大，動物就會跟著緊繃；如果家人很開心，動物心情也隨著輕鬆。動物溝通不只讓我們更了解家中動物的心情與感受，更能透過這個機會，反思家長給予毛孩的是不是牠最需要的、想要的。如果在情緒和行動上，一股腦把自己認為好的全部塞給毛孩，牠心裡頭接不住，狀況可能會慢慢跑出來，反應在行為或健康上。

「給予」是一門需要智慧的練習，付出之前，必須知道此刻自己的身心狀態，唯有狀況良好時，才能給予適切的關愛。正因為如此，除了關心毛孩的健康，把自己照顧好就是每一位動物照顧者必須留意的事情之一，當我們身心平衡時，與毛孩的互動會成為正向循環。所以，照顧好自己，其實等同把照顧毛孩的工作完成一半了。

2
溝通是什麼？

與人互動，表達困難時，多少發生過雞同鴨講、一方有說另一方沒懂的狀況。情緒高漲時，雙方陷入激動的漩渦，不能好好表達；姿態高低不等時，一方教訓或指責另一方，被指責的即使聽見了、聽懂了，心裡卻有一股嚥不下的難受。這些情境總讓真正的想法和情緒難以被傳達，使得溝通窒礙難行。

某些不了解動物溝通的人，會認為「你能聽懂動物的心思，就能跟牠溝通，叫牠做到我想要的」，此時動物溝通師需要將正確心態帶給他——聽得懂不代表能溝通，交換訊息也不等同溝通，叫牠做到自己想要的更不是溝通的意義。

你表達的，我會用心聆聽

走出自己才能看見對方

首先，讓我們一起認識溝通的精髓是什麼、哪些作法和態度能幫助良好的溝通，進而促進更和諧的關係。

在「心念」上，溝通必須建立在善意的起點，是一種把心打開、開放、不帶任何批判或指責的態度，不預設立場。

在「行為」上，聆聽是溝通中最重要的動作，仔細去聆聽對方的需求、想法、感受和心情，而非只選擇性聽自己想聽的、或期待聽對方講出自己想聽的來滿足自己的需要。以聆聽為基礎，讓每一方有充分表達的機會，進而被理解。

傾聽不只是你開口說，我張耳聽。如果依舊習慣以自己的觀點去聆聽對方，很難真正感受、理解他想表達的是什麼。

有效的傾聽，是透過對方的語言理解對方真正想表達的心情與情緒。真正的傾聽是感受對方的情緒、需求與真正核心的訴求。

例如，常有照顧者想詢問毛孩開不開心、喜不喜歡照顧者，當溝通師仔細與照顧者互動，深入聆聽他的心情後，會發現其實他真正的核心訴求是：毛孩有沒有感受到自己的用心和對牠的付出與愛；更深一個層次，是看見照顧者需要被認同和肯定。當一個溝通師能理解到這個層次，表示他真正願意以空杯的心境去接觸對方，如此才能達到更深層的溝通成效。

● 真誠柔美的表達

聆聽之後的行為才是表達，並且以「真誠柔美」來傳達每一句話。真誠柔美分別代表真實、誠懇、柔和、優美，這些原則讓話語不只悅耳，還能真正將想法傳達到對方的心坎裡。

以誠待人，說實話是非常重要的！可是，說實話卻帶刺、口吻直接卻有傷害

性，對溝通並沒有圓滿的幫助；不經修飾或太直接的表達方法，往往帶給對方不好的感受。我們或許都曾經遇過某人用很直接的方式對我們說了一些話，儘管表達的是沒有錯誤的事實，當下卻讓人感到不舒服，事後回想起來，可能不記得他說的每個細節，卻對於他如何說的、表達時的態度和情緒，以及當下自身的感受留有深刻印象。

如果在溝通前，抱著「我一定要講贏你」的心態，或認為對方（人或動物）的地位比我低，應該要服從於我，順從我的要求和期待，就算此人有多高明的溝通技術，到最後這個互動不是成為辯論大會，就是對方被迫屈服而暫時妥協，甚至雙手一攤而放棄溝通。

不論一個人是否具備良好的溝通技巧，或有沒有上過專業的溝通課程，只要帶著友善的意念和尊重對方的態度，敞開心胸去專注聆聽對方，表達時真誠且話語柔和，這個互動才是正向的交流，才能真正理解彼此。

● 友善與尊重，創造雙方的正向交流

讓我們把上述的概念帶入動物溝通，溝通師就應該用同樣的態度來與動物和照顧者應對、交流。

進行動物溝通之前，溝通師應該審視自己為什麼想做這個溝通的橋樑？你的出發點是什麼？不論是為了練習、為了增加經驗、挑戰、嘗試，或為了以這個能力增加收入，甚至是想要藉此展現自己的才華——出發點沒有好壞之分，請誠實摸清真正的起心動念。

再來，必須先了解這次溝通的目的是什麼？希望透過溝通達到什麼？對許多照顧者而言，渴望透過動物溝通更清楚毛孩現在的身心狀態、生活需求，並且傳達對牠的愛，聽聽牠想說的話。

因此，每個溝通的背後都有許多愛與關懷；正因如此，我們總是期許自己，能在溝通完後讓照顧者與毛孩更了解彼此，更貼近彼此的心。

正式開始溝通之前，應先告訴委託的照顧者對於這次溝通他可以期待什麼、不能期待什麼。例如，碰到毛孩有行為問題的案例時，照顧者可以期待透過溝通，去了解毛孩當下做出狀況行為時的心情感受、誘發的原因、牠對於這個行為的看法並討論牠需要的協助，最後溝通師與照顧者進行討論，找到可行的調整方式；不能期待的是溝通結束後，問題行為會立刻獲得改善，因為那需要毛孩與家人們花時間共同努力，必要時應尋求寵物行為專家的協助。

溝通師的角色是協助照顧者和毛孩雙方進行更深入的理解，不是站在照顧者這端教訓、說服毛孩，也不是站在毛孩這邊指責照顧者。因此，中立的姿態顯得格外重要，盡可能不要偏袒，雙方的想法和感受都應該得到完整的陳述，不能斷章取義或偏頗表達。

中立的姿態不代表溝通師沒有立場，而是避免自己的立場套入溝通裡，強加於照顧者或毛孩。舉例來說，有些照顧者因為經濟因素只能選擇負擔較輕的飼料給家裡的貓吃，儘管溝通者知道貓需要透過濕食來增加水分攝取量，如果在還沒仔細聆聽照顧者做飲食決定的原因之前，就把「養貓一定要給牠吃罐頭或鮮食才行」的想法倒在他身上，暗示或指責他「你這樣養貓不對」──指責照顧者的同時，已經失去理解他的狀況的同理心，也偏離中立的態度。

同樣的，如果照顧者把狗整天拴在門口，不給狗兒自由，這的確不符合我們認知中照顧毛孩的適當方式。然而，在還沒了解照顧者這麼做的原因之前、甚至是已經知道原因，仍然堅持告訴他整天拴著狗是錯的，就等於把自己的價值觀壓在對方身上，批判他的行為，喪失對他的尊重。

溝通師的角色是去理解照顧者的狀況、難處和有限的能力，與照顧者討論後整理他的想法，找出可行且合適的調整方式，以增進與毛孩的關係。同時，溝通師必須認知到自己的能力範圍，在有限的能力範圍盡全力，超出能力範圍的應該要放下。

chapter 2

3
和動物聊什麼？

俗話說「一樣米養百樣人」，世界上有各式各樣的人、千變萬化的性格，應該沒有一種溝通方法適用於每一種人。動物也如此，牠們有些熱情、話多，也有用冷屁股回應或不太搭理的。身為動物溝通師，的確要具備見人說人話，見鬼說鬼話的能力呀！

所謂「見人說人話，見鬼說鬼話」，並不是指見風轉舵的牆頭草，而是用適當的表達方法，以對方能理解的方式讓他聽懂，這是高度的同理與修養，甚至讓對方感同身受的能力，也是透過耐心慢慢培養、累積經驗的成果。

與動物聊天和與人聊天一樣，能跟牠們談論任何事情——從閒話家常、初步認識，到對於人事物、對生命體會的深度對談。每回和動物聊天都是獨一無二的體驗，尤其碰到能言善道的動物，溝通出來的內容精彩萬分，照顧者也會跟著高興：「沒錯！我的毛孩就是這樣，有很多想法，愛表達！」有時候，難免遇到「訊息已讀不回」的毛孩，這就很考驗溝通師了，得使出渾身解術，連哄帶騙（開玩笑的，要當個真誠的溝通師，不能用騙的），只希望牠能多吐出幾個字。

與他人互動的方法和表現，會真實反映在與動物的心靈溝通上。也就是說，一個具備良好溝通能力且善於與人溝通的人，與動物溝通時自然比較順暢（此處

是指與動物心靈溝通、互動的技巧，不是與動物心靈連結的能力）。

當你認識一位新朋友，初次見面會跟他聊些什麼？透過哪些話題互動來認識彼此？也許是他的生活、興趣、喜好、關注或在意的事情，或是他的穿著打扮或外型吸引人的地方，也許是他對某些人或事情的看法。

如果初次見面，才打完招呼就馬上跳入嚴肅的話題，我們一定會覺得渾身不自在，盡可能閃躲逃離。同樣的，和動物聊天時，溝通者必須顧慮到動物的感受，還沒建立好感與信任之前，貿然詢問「你怎麼一直亂尿尿」這類的話題，實在不是個好主意，很難有圓滿的溝通。

做一個有禮貌的溝通者

試著尊重對方的意願和想法，伴隨友善態度來互動。當我們帶著尊重、友善的心時，對方必然能感受到，進而願意多分享一些。

如果你要溝通的對象是毛孩，請照顧者提前通知牠即將進行動物溝通（前面曾提過，動物幾乎都能聽懂我們的意思，照顧者用口說來通知毛孩即可），讓毛孩有個準備，才不會讓牠產生毫無預警、被迫回覆問題的突兀感。

與動物連結成功後，請和對方打招呼，簡單介紹自己，稍微說明為何來找牠聊天，受到誰的邀請與牠互動，並且傳送一份溫暖或愛的感覺表達善意。你可以試試看，在打招呼時，臉上露出微笑，彷彿動物就在你面前一般，因為當你真誠的微笑表示內心也正在微笑著，動物一定能收到這份親切。

如果對方是很害羞的毛孩，需要更長的時間來確認能否跟你安心互動，那麼先別急著聊天問問題，帶著強烈的、甚至有些侵入式的意圖，只會讓牠退避三舍。正式溝通之前，試著用兩三天的時間和牠多打幾次招呼，在牠面前多晃幾次，只要帶著友善的心去打招呼就好，不用多做什麼，這個舉動能使牠對你感

到稍微熟悉和安全；不再那麼陌生時，毛孩自然而然願意把心門多打開一些。「喜歡吃什麼？」是個很棒的暖身話題。畢竟，誰不喜歡吃呢？「對飲食滿不滿意」是許多照顧者很關心的主題。「喜歡做什麼事，什麼讓你很開心？」、「不喜歡或討厭什麼？」這類的話題能讓溝通師快速認識對方。

遇到表達能力好的毛孩，和牠聊聊「你覺得生活或環境如何？」如果毛孩的表達能力比較弱，這個問題對牠來說可能太廣泛，可以改成「什麼對你來說很重要？」當牠敘述完後，再接著問「這些你都有得到嗎？」透過回應便能得知牠對於生活的大致看法。

試著去聊聊毛孩與家人或其他動物夥伴間的關係或想法，並且問牠在照顧上有沒有需要調整或改善的地方，牠們通常會開心的希望某些零食多給一些，或更多玩樂、陪伴等等。在溝通結束之前，幫照顧者傳達他們想告訴毛孩的話，請毛孩給予回應，聽聽牠的想法和想告訴家人的話，讓溝通互動畫上圓滿句點。

許太太的經驗

我曾經問過一隻優雅又成熟，叫做ET的長毛貓：「你覺得自己是什麼樣的貓？」

牠把尾巴豎直，展現了美麗自信的外表：「我很漂亮、溫和友善、勇敢。」

「為什麼勇敢？」我順著牠的回應繼續問。

「要陪伴姐姐呀。很多事我默默看在眼裡，就只是在旁邊陪伴著。我覺得很多事情很用力去做是沒用的，能安穩生活就很棒。」

你瞧，如果給牠們充分表達自己的機會，當溝通師和照顧者聽到充滿智慧的回應時，心裡頭一定也會暖暖的。

並不是每一隻毛孩都喜歡聊天，牠們有各種不同的個性，有些很熱情直接，有些需要給牠時間慢慢來。如果遇到反應冷淡、不太想多說的句點王，請不要抓著某些話題窮追猛打，這樣可能造成毛孩對心靈溝通的反感。

當你遇到內向、害羞、表達能力比較弱的動物，試著把牠想像成一個三、四歲的人類孩童，想像自己正在和害羞的孩子互動，也許牠需要多一點時間認識你，也許牠不想馬上回答你的問題，或者無法理解提問；這時你需要多一些耐心和等待，慢慢陳述，讓牠慢慢回應。如果牠的回應模糊、零碎或片段，試著用不一樣的角度切入，透過牠的回應拼湊出整體的樣貌。

遇到話多、表達能力好的毛孩，除了基礎話題之外，試著更深入了解牠可能會有意想不到的回應喔！如果有足夠的溝通時間，給毛孩一些自由發言的機會，讓牠們隨興表達自己，往往會帶來驚喜和感動。

以友善、尊重的心建立信任，創造正向互動

若遇到身體不舒服或年邁重病的毛孩，你可以聽聽看牠對於自己身體狀況或生命的想法。動物們經常展現出對生命的熱忱，即使行動不便、身體開始衰敗了，依舊充滿意志力，想要盡可能的努力。再來，牠們對於生命的態度通常更宏觀，大多數的動物知道死亡只是換下這個身體的過程，雖然很捨不得與愛的家人分離，但比較能夠放下。這部分在書的後幾章會有更豐富的分享。

增進溝通技巧最快速的方法，就是不斷實作、不斷練習。除了找動物練習溝通，也鼓勵你跨出舒適圈，去找不熟悉的或不認識的人聊天，透過每一次陌生的開始，從閒聊、寒暄慢慢展開話題，找到聊天時彼此都能感到舒服的方法，建立好感和信任。

令人感到愉快的聊天，往往是不帶目的性、氛圍輕鬆，不是硬要從對方身上挖出什麼或有強烈特定意圖的互動。除此之外，真誠的心更是不可或缺的關鍵，當我們真誠的表達，對方必能感受到，即便這次互動沒有達到預期的進展，至少取得彼此的信任，下一次再試試看。

促進良好溝通的技巧

與動物進行溝通之前，如果做足準備、掌握方向，能帶給溝通師穩定感，有助於整個溝通的品質。

● 心態正確
溝通師應該以「尊重、平等、友善」的心態，與動物方和照顧者方創造正向的互動。動物溝通的最終目的是促進動物與照顧者雙方的關係，當溝通師帶著單純的心態，不帶任何框架和期待，放下偏見和立場，就只是專注在細細感受動物和照顧者，不論溝通技巧如何，真誠投入時，照顧者和毛孩都能感受到你的用心。相反的，如果溝通時的每一步都只是為了證明自己的能力，溝通師不但很難接納一切可能性的發生，甚至會落入與照顧者爭辯的情況。

● 主題明確

溝通之前，先和委託的照顧者確認這次溝通的主題，把重要的話題條列出來，按照合適的順序排列。設定明確的主軸，能避免溝通師陷入慌亂，也能掌握對談內容的順序和方向。確認主題和話題的同時，別忘了提醒照顧者提供越少資訊越好，以避免產生先入為主的既定印象。

● 時間足夠

和陌生的動物第一次溝通，雙方還不熟悉彼此，如果沒有足夠的時間認識、建立信任感和熟悉感，進行深入談話是不容易的。一個溝通案如果只有二十分鐘的時間限制，通常只能聊一些淺層簡單的話題；特殊情況下，經驗豐富的溝通師能在短時間內聊出一些結果，但仍然依照不同案例和動物個性而定。一般而言，理想的溝通最好能有四十至五十分鐘，讓溝通師有足夠的時間充分探索。

靈活、多方向性引導動物自由表達

對動物的提問技巧

動物沒有人類複雜的思維模式，如何向動物提出牠能理解的問題，是可以經由練習而達到的。運用以下幾個提問技巧，能幫助溝通師與動物之間的互動。

● 簡單明瞭
明確提問有助於溝通，「簡化」問題能讓動物更容易明白。

● 多面向詢問
針對一個話題提出多面向提問：When、Where、Why、Who、How，有效拼湊出完整的面貌。

● 一次問一個問題
請放慢速度，千萬別像機關槍一般連環發射問題，對方可能會招架不住而拒絕互動。

● 多感齊發
動物天生有豐富的超感知覺能力，若溝通師能使用一種以上的互動方式，例如在心中說話同時傳遞圖像，或圖像與心情一起傳送，能讓溝通更精準、有效率。

● 與動物合作
務必記得，動物沒有回答問題的義務，溝通師應該帶著「合作、鼓勵」的態度邀請動物聊天，而不是用高姿態的角度來指使或指責牠。如果帶著強烈要與牠互動的意圖，牠一定能感受到這股侵略性而拒絕互動。因此，以友善、尊重、溫暖的心意去靠近牠，是促成正向交流的起點。

和動物聊哪些話題？

和第一次溝通的動物互動，有如和第一次見面的人聊天，開場的基本寒暄是必要的。從開放式、輕鬆話題開始建立雙方關係，藉此熟悉彼此的個性、回答反應，再逐漸加入比較敏感或比較沉重的話題。

● 基本話題

1. 對生活的感受

2. 飲食喜好

3. 讓你開心、不開心的事物

4. 喜歡的活動、地方或玩具

5. 什麼對你來說很重要？這些是否都有得到？

6. 喜歡別人如何對待你？

7. 和其他動物夥伴的關係（如果有）

8. 和家人之間的互動

9. 照顧上該如何改善？

10. 想告訴家人的話

● 深入話題

1. 對某些行為狀況的看法

2. 覺得自己有何特色？是什麼樣的毛孩？

3. 對家人的看法

4. 家人需要什麼？

5. 對於自己身體現況的想法及需求

6. 對於自己生命的看法

7. 靈魂目的

8. 來到這個家的任務

● 特殊話題

1. 對自己名字的想法

2. 結紮

3. 安樂死

4. 為何被領養

5. 是否需要多一隻動物夥伴

6. 搬家、坐飛機

進行溝通之前，照顧者多半會設定幾個話題或問題，然而毛孩不見得想跟著一問一答，特別是比較有個性、有主見的毛孩，聊到不想談論的話題時，會明顯感覺牠安靜、不想回應。遇到這種情形時，其實有點考驗溝通師聊天的能力。這時候，不要卡在該話題上硬碰硬，試著繞繞圈子，聊些別的話題；甚至，當溝通師表明讓毛孩自由發言、隨意表達牠想分享的任何事情，將發現溝通會從僵固的狀態變得活絡。

「可驗證話題」的重要性

對初學者來說，可驗證話題是絕對必要的。在溝通時，藉由容易被驗證的話題來認識正確收到訊息時的身心感覺，並且增加自信。

頭幾次進行心靈溝通的練習者，可詢問動物最喜歡吃的食物、生活喜好、居住環境，將得到的訊息與照顧者核對，如果訊息內容很貼近動物確實的情形，能讓溝通者建立收到訊息的信心；有經驗的溝通者，透過可驗證話題能讓照顧者覺得「確實與我的寵物連結」，讓照顧者對你建立信心。不論經驗多寡，請務必在每一次溝通中，放入一些可被驗證的話題。

有別於從小「追求正確答案」的教育習慣，溝通並沒有標準答案。人與人之間的溝通有不同的視角、感受，是包羅萬象、變化多端的；人與動物之間的溝通也是如此，可能有主觀感受和客觀狀況的認知差異。舉例來說，請一隻貓描述牠的生活環境，客觀現實中牠住在三房兩廳的空間，可是在貓的視角，只有其中一個房間是牠家。所以，可驗證話題的答案只能與照顧者確認。

可驗證話題是重要的，但它不是全部，不應該是溝通裡唯一要投入的地方，「答對」所有可被驗證的話題並不能完全反映出溝通者的價值與能力。優秀的動物溝通師在動物提供的訊息中，除了能貼近描述牠的生活狀態，更具備帶領照顧者看見不同視野、引導照顧者心情、促進雙方關係的功夫。

許太太的故事：生病的我仍然是原來的我

單純、活潑的隆隆是很快樂的小狗，被診斷出會往腦部擴散的病變，醫生認為沒有治癒的機會，只能儘量延緩。牠的病情讓家人感到憂傷，所以安排了溝通。

一開始，隆隆溫暖熱情的迎接我、和我互動。牠微笑表示很喜歡有人對自己好，像是溫柔的摸摸、對牠呼呼哄哄、拍照時叫牠要看某個地方、坐推車出門走走，這帶給牠許多快樂，「當大家都很開心，我也會很開心！」

牠很享受外貌被誇讚，「我知道我可愛的樣子帶給家人們許多歡樂！」隆隆得意的說。

不過，過了一會兒，牠問：「你來找我不是要跟我聊這些吧？」

原來，聰明的牠已經知道這次溝通的目的了。

「對呀，家人擔心你的身體，想知道怎麼幫你。你現在感覺如何？」

「我不知道怎麼會變成這樣，唉。其實不用為我的身體做那麼多事情啦！」

「你是指治療、看醫生嗎？你會覺得不舒服嗎？」

當下我無法明確感覺隆隆的身體感受，可能因為牠不想分享感覺給我，也可能是止痛藥物的關係。

「家人想知道你對治療的想法和感覺。」我繼續問隆隆。

雖然沒有收到明確的回應，我仍能清楚感覺到因為生病，牠的心情有點沮喪，可是心態是接受、接納的。

病況是溝通的核心話題，我希望自己別辜負照顧者的委託，盡可能多談一些。但是，只要一講到身體狀況，隆隆的心情就變得悶悶的，開頭那段歡樂

全不見了，不論怎麼引導，牠知道我為此而來，還是不願意針對病情回應。溝通卡關，我好像在跟一面牆壁說話，換我也感到沮喪了。於是，我們換了話題。

「隆隆，那你挑一個想跟我分享的事情好了。」我決定改讓牠發球。

隆隆聽到這句話，氣氛立刻活躍起來，瞬間注入許多活力！

「我覺得我很幸福呀，有這麼多家人疼我，還會帶我一起出去玩。」隆隆邊說，邊給出用手去碰人類手掌的動作。後來照顧者回應說，這的確是他們很喜歡的互動方式。

「和家人出遊很棒呀，有什麼開心的回憶嗎？」我想延續開心的溝通氣氛。

瞬間，我收到看煙火的意象，煙火在畫面中閃爍，隆隆興奮又緊張的叫。居然有小狗表示喜歡看煙火，對砲聲隆隆毫無畏懼，實在很新鮮。

隆隆表示：「只要有我在，家人們就覺得很滿足！我想要什麼，家人都會給我。親親我、對我表達愛意，就很滿足了！」

「聽起來真棒，真的很幸福呢，很為你高興！」

當溝通氣氛變得比較熱絡，我想再試試看實用層面的話題。

「家人們都很愛你，你知道的，有沒有他們可以為你做的事呢？」

隆隆馬上說：「我要他們別為我擔心和難過。」

「因為你的病情嗎？」

「對啊，有什麼好難過的呢？每天都要開開心心呀！不要愁眉苦臉。」隆隆讓我看了家人憂愁的表情。

「你一定很愛家人們吧？」我問道。

「我希望他們開心，那才是最重要的！」

「好，我會轉達你的想法。還有沒有他們能為你做的呢？」

隆隆的臉上帶著微笑：「用手餵我吃小零食！」不管身體狀況如何，零食總是很重要呢！

結束之前，隆隆再次表達「現在這樣很好，一切都很好」的想法。這讓我覺得，人們經常因為身體不舒服而把注意力全放在那裡，甚至不小心越鑽越深，無法自拔陷入低落的情緒；反觀，動物覺得身體的不舒服只是生活或生命中的一部分，除了這部分，還有許多快樂和美好要去經歷，不用將關注全擺在病痛。

我能理解，照顧者期待藉由溝通，得到針對毛孩病情和照顧的指示或回應，讓自己有行動的依據；然而，照顧者在某些話題上的期待，和毛孩對該話題的回應有時候天差地遠，多少會讓照顧者失望。

與照顧者會談到尾聲時，我對他們說：「這次溝通雖然沒有得到你們期待的回答，卻聽到許多讓牠快樂的事情，以及牠對於病況的看法，這些都相當重要。牠分享這麼多開心和美好的回憶，表示你們把牠照顧得非常好，很了解牠，所以牠覺得自己很幸福，這點一定要給予自己肯定！」

「接下來，我們能著手的是，試著把放在病況的關注力稍微降低一些，增加開心的互動，並且多對牠訴說你們的心情和感謝。這麼做，除了符合隆隆希望大家減少因為牠生病而擔憂的心情，更重要的是，在最後有限的時間，要把心放在美麗的事物上，有了心與心的交流，讓彼此的生命中沒有遺憾，帶著愛與祝福，完成這趟生命旅程。」

從隆隆的故事，可以看出動物對生命的態度與重心，雖然看似簡單、沒什麼要求，卻能從中得到大大的滿足。

動物年紀比較大或有身體狀況時，不喜歡家人過度關心或擔心牠們的身體健康，這樣會讓牠們感到壓力，相處起來變得很不自然。試想，如果換作自己生病或年老而需要許多生活上的照料，時間久了，可能會覺得自己沒有用、處處需要幫忙，一直被當作病人的感覺一定很不好；如果發生不可逆的疾病，卻又希望自己像以前那般充滿活力，那份沮喪和無力感可想而知。

初學者假若碰到毛孩沒有按照設定好的話題順序回應，很可能感到不知所措而難以繼續——溝通的過程，整體氣氛先從歡樂開始，接著因為聊到毛孩不喜歡談論的話題而降到冰點，然後讓毛孩選擇牠喜歡的分享繼續進行，最後轉到牠真正的心情和看法——這些高低起伏有時不由溝通者所主導，儘管如此，仍然可以藉由一些技巧與動物互動，或不使用任何技巧、單純讓毛孩自由發言，往往會有意想不到的效果。

隆隆說牠很喜歡看煙火，其實超乎一般人的常理認知，如果初學者在這個經驗中，收到訊息當下以理性判定「小狗通常不喜歡煙火的爆炸聲響，所以隆隆說的應該不是真的」而自動刪除這個訊息，就錯失全新的體驗機會了。

4
道德守則

與動物聊天時，遇到熱情分享的毛孩，總能經歷特別開心的對談。有時候遇到太熱情的，牠們可能口無遮攔把家裡大小事全分享出來，甚至是照顧者在家中比較私密的事情。因此，所有動物溝通者都必須特別嚴肅看待以下的基本道德守則。

● 和毛孩聊天之前，務必得到照顧者的同意

對許多人來說，毛孩有如家中的孩童，如果陌生人未經允許就與自己的小孩進行深度互動，會讓人感到不自在，甚至感到害怕、反感，或擔心隱私被侵犯。一個具有高道德標準的動物溝通師只接受毛孩的主要照顧者委託，溝通的過程或溝通完畢的討論不透過第三方傳話，全程只與主要照顧者互動。

● 遵守保密原則

有時候溝通會聊到比較私密的話題，未經同意公開討論或分享他們的隱私，是完全違反道德的作法。與毛孩聊完，除非委託的案主同意，避免隨意公開溝通內容與毛孩的照片。如果有些內容值得討論或分享，改成化名的形式，以概略性的說法來談論才恰當。

● 如實表達

第一章中談到，溝通師必須如實轉述動物的話語、感受、心情和想法。什麼是

道德守則是溝通者跟自己的約定

如實？有收到某個訊息就是有，沒有收到就是沒有，不確定就是不確定，不加油添醋，不做過多的詮釋，絕不瞎掰捏造，更不能依照自己的想像發揮。

溝通師是一個管道，不是濾心，照顧者與毛孩的觀點都需要被真實且完整的傳達，傳達過程不添加自己的想法，也不能篩選或選擇性傳達。新手溝通師遇到敏感的內容可能會手足無措，不知道該如何傳達，除了試著用輕柔的方式慢慢來，也應該學習專業的對談技巧。每一次溝通的品質與溝通師的內在狀態息息相關，第六章會有更詳細的介紹。

● 不操弄欺騙動物
動物溝通是讓照顧者與毛孩深入理解彼此的美麗方法，作為協調與傳達的工具，目的是促進雙方的關係和情感，所以，絕對不能利用這個能力操弄或欺騙動物來達到某些目的。當動物溝通變成一種手段，不僅讓動物喪失對人類的信任，更完全失去「愛與理解」的精神。

● 不取代獸醫師
溝通時如果感受到動物當下的身體狀態，必須如實傳達牠們在身體方面的感受和想法，並且告知照顧者這不是醫療診斷，動物詳細的身體狀況務必尋求專業獸醫師的判斷。

● 不套入個人立場、宗教信仰和情緒

溝通師可以在溝通時分享自身經驗，帶著開放、沒有偏見與批判的心與照顧者、毛孩互動，應該放下自己的特定立場、標準、價值觀和宗教信仰。溝通師需要保有高度情緒覺察，看見自己當下的心情、內在狀態是否失衡，避免把自身強烈的情緒帶入，影響溝通品質。有些溝通師因為自己的悲傷經驗而導致進行臨終或離世溝通的困難，請先避開這類案子，等待自己足夠穩定再進行。

許太太的故事：結紮

隊長住在鄉下，和一家人生活在一起，主要由姐姐來跟我聯絡。我曾經跟隊長聊過，牠是一隻滿有個性和主見的公狗，有自己的態度與想法，不認為有必要配合其他人。

上回溝通時，牠給我看一個畫面：牠走在田埂上，然後掉頭離開，再補一句說這好無聊。姐姐笑說，對啊，每次大夥兒一起去田裡散步，走到一半隊長經常自己脫隊回家。

這次姐姐來預約溝通，是因為政府發公文下來，宣導要給各家狗兒結紮，想問問隊長本人的意願和想法。結紮對大多照顧者來說，不見得想要詢問毛孩的意見，萬一問了卻無法按照牠的意思執行，毛孩應該會感到莫名其妙與不被尊重。

因此，與隊長溝通之前，我先花了一點時間和姐姐討論家人們對隊長的決定是否都能接受？因為如果家人已經決定要結紮，我們溝通的方向就會以告知為主。姐姐表示，家人很想知道隊長的看法，也會尊重牠的意見，如果牠不想結紮也不會強迫牠。所以，本次溝通我們就以開放的態度來聊聊。

打招呼時，隊長已經認得我了，牠搖搖尾巴，態度友善。

「隊長好！」每次呼叫牠的名字，總讓我想搭配敬禮的手勢。

一個優秀的動物溝通師，除了有足夠的專業能力，更應該嚴謹奉行上述這些原則，懷抱「相互尊重」、「己所不欲，勿施於人」的心態，以誠實與正直的心，帶著愛與溫柔，必能在這條路上走得長遠。

「最近有哪些讓你開心的事嗎？」我先開口，從輕鬆的話題開始聊。

「我會顧家，對外人叫！」隊長自信的說。

「好棒！」果然是盡忠職守的好狗兒，我這麼稱讚牠。

隊長繼續說：「有時會有大人帶小孩來看看我，我喜歡他們。最近有下雨，不能出去走走，姐姐回來時我去歡迎她，很開心，她每次都會帶東西給我。我最近有被稱讚好棒，因為沒有用力追車，似乎也沒必要用力追了。」

閒聊、寒暄完畢，氣氛感覺不錯，可以進入正題了。我決定先和隊長討論牠的性經驗。

隊長說：「我有過性經驗，騎母狗，有其他幾隻公狗圍著，牠們會爭。」

牠在表達時，透露出有一點性衝動，但不是非常強烈，是一種「我需要做這件事情，趨向於本能，而非為了快感」的感覺。

我繼續問：「你對性經驗的感覺或想法呢？」

「偶爾一次。當我能騎到母狗，其他公狗不行時，我會有點得意。」

「性對你來說是很重要的感覺嗎？」

「所有的公狗都會這麼做，是很自然的。母狗不見得喜歡被騎，我們騎的時候也會被人驅趕。」

隊長再次透露出這並不是「非有不可」的感覺，繼續說：「相較之下，我更喜歡家人友善溫柔的摸摸我，跟我互動一下的感受。」

接著，我們討論結紮手術。我解釋結紮手術會除去身體的一小部分，無法生小狗，性慾也會受到影響。

「生小狗不好嗎？」隊長問道。

「不好，人們不喜歡你們村子太多小狗。你覺得這種手術如何？」

「家人們常想要對我做什麼，給我出主意，對我意圖明顯，我不喜歡。手術完我會不一樣嗎？」

「會，只有一點點，有幾天會有點不舒服，之後就恢復到跟以前一樣了。」

「這好奇怪。會痛嗎？」

「醫生會讓你睡著，不太會痛，醒來以後會有一點不舒服。我會請姐姐她們陪你去。」

「這真的好奇怪……」隊長不斷表達自己的不解。

等了好一陣子，牠終於說：「我不想改變。我不喜歡每次你來找我說話，都是要我不去做些什麼，或改變些什麼。」牠的語氣並不強硬，而是一種自然的陳述，說完最後這句，就不想聊天了。

聽到牠的反應，我趕緊說：「很抱歉給你這樣的感覺，你的家人很愛你、關心你，他們在意你的想法，想要給你自由和快樂。」

隊長沒有生氣，只是不想再繼續，接下來有關照顧上的改善等話題，牠也不做回應。最後我送上祝福與感謝，結束溝通。雖然結尾再次受到冷屁股的對待，我仍然很高興溝通的主要議題有得到明確回應。

和姐姐通話討論時，姐姐笑說：「以前有陌生母狗來到村子裡，隊長真的不像其他公狗瘋了般往前衝呢！這些回答果然充滿隊長的酷酷風格，但也很能理解牠的想法。」

毛孩絕大多數的需求由家人提供，很多地方對牠們而言沒有什麼選擇，舉凡吃的、用的、玩樂等，家人怎麼給，牠們怎麼收。的確，對毛孩來說，動手術做一些身體的改變，肯定不是什麼舒服的事情，自然會對這個提議投下反對票；對於比較有主見的毛孩來說，更覺得沒有配合家人需求的必要。

經過這個溝通，姐姐表示，家人尊重隊長的想法，決定不帶牠去結紮，往後村裡有陌生母狗靠近時，會更謹慎注意隊長的狀況和動向。

我不喜歡每次你來找我說話，都是要我不去做些什麼，或改變些什麼

身為人類，我有自己的價值觀和喜好，然而當我進入動物溝通師這個角色時，我應該是中立的。我的工作是仔細傾聽照顧者、毛孩雙邊的想法，必要時分享我的經驗，但我會避免給予建議，因為我覺察到當自己想給建議時，往往會希望對方照著我的想法走，或引導他走向我認為合理的價值觀，為了滿足我自己而失去中立的態度。

以結紮這個案例來看，我當然贊同結紮，也認可結紮對大環境帶來的好處，我相信照顧者也完全認同這些。然而，即便照顧者知道結紮的好處，仍然願意花錢找動物溝通師聽聽毛孩的想法，表示他高度尊重毛孩，這點相當值得讚許。

同樣的概念，也適用於安樂死這個話題，不論結紮或安樂死，每個照顧者有他的處境或困難，並非溝通者提出「應該怎麼做比較好」就能解決的；所以我避免套上自己的理念或價值觀，不去表態支持、反對或下指導棋，因為我的角色是傾聽雙方想法後，「協助」照顧者做出自己的決定，而不是鼓勵他做出符合我期待或認同的決定。

況且，我的能力有限，照顧者做出決定後衍生的狀況——是否能百分百避免讓其他母狗懷孕？該如何負責？就超出我的能力範圍和溝通目的了。當我清楚定位自己的角色、明白能力範圍時，不論照顧者的決定為何，更能夠幫助我同理他、尊重他，進而支持他。

當我們帶著愛與理解跟寵物互動，無論是討論生活上的小事或結紮、安樂死這種比較重大的議題，如果給予詳盡的解釋，讓毛孩有充分表達意見的機會，雙方都能更深入了解彼此需求和心意，牠們必定能感受到尊重和愛，進而讓心更貼近。

Q 我連上動物了，牠卻不想跟我說話，怎麼辦？

A 不知道你有沒有這樣的經驗——心裡有些情緒，但感受複雜或心情不好，所以不太想對別人說。這也可能發生在動物身上，尤其是個性比較敏感的動物。

動物一直用極度敏銳的感官本能生活，遠比人類的敏銳度高，這使牠們能明確感受到身邊其他人或動物的「意圖」以確保自身安全。

除了敏銳度高，當毛孩本身的情緒敏感或個性害羞，或溝通者太急迫想要得到某些訊息而用力與牠互動，都會影響牠的表達意願。遇到這樣的毛孩時，先和牠保持一些距離，放慢速度，請牠用自己感到舒適的方式跟你互動；甚至邀請牠聞聞你的氣味，熟悉彼此，並且耐心等待牠。去邀請、去等待，減少「一定要跟我互動」的意圖，因為太具有侵略性的互動並不舒服。況且，動物並沒有被提問就一定要回答的義務。

另外，在進行溝通之前，先請照顧者預告毛孩即將有人來跟牠聊聊，有助於溝通更順暢。與動物進行溝通、打招呼後，多說一句：「你家人請我來聽你說說話，她好愛你，想更了解你的需求，讓你生活更開心，你願意跟我簡單聊聊嗎？」

通常，個性主動活潑的毛孩會馬上給予熱情回應，而內向害羞的毛孩則可能在一旁觀察，需要多些時間建立信任。如果等了很久，也傳送許多愛和善意，牠仍然不願互動，表示牠可能還沒準備好。

「我想你可能還沒準備好，如果你不願意和我互動，沒有關係，以後有機會我們再聊聊好了。」給予毛孩尊重和理解，當毛孩聽到這些話，覺得沒有壓力，也許下一次就願意開口了。

Q **與動物連結時，是否應該先和照顧者做動物身分確認？**

A 如同第一章提到，有些溝通師以即時翻譯的方式服務照顧者和毛孩，將雙方的表達立刻傳達。以這種服務方式進行溝通時，照顧者不會希望花錢請一位連結錯誤或沒有連結能力的溝通師，這樣的心態很可以被理解。所以有些照顧者會要求溝通師先提供身分確認，比如在連線的當下，請溝通師先說出一些能立刻被驗證的問題，例如家裡的擺設或毛孩的食物，甚至說出照顧者事先告訴寵物的某一個通關密語，以確定溝通師確實能連結到自家毛孩。

然而，連結當下立刻對毛孩提出問題來滿足照顧者的期待，可能會遇到阻礙。如果該毛孩天性害羞內向，需要花比較長的時間與牠建立信任和安全感，在連結成功的當下立刻要牠回答陌生人提出的某些問題，像是「能不能趕快告訴我你的床是什麼樣子？」，牠可能會被突如其來的提問驚嚇而退避三舍。

再來，帶有強烈意圖的互動方式對動物方並不友善，牠可能會感覺自己突然被一個陌生人審問而築起一道保護牆。這個方式也似乎違反與動物互動時「尊重、平等、友善」的心態，即使覺得只是詢問一個簡單的小問題而已，但在動物的視角，帶有急迫性或侵入意圖的問題，可能是大如生存安全性的考量。

最後，如同書中不斷強調，動物並沒有回答問題的義務，這類比較急迫的驗證性問題是人類的思維模式，與動物的思維完全不同。另外，並非所有動物溝通師都以視覺畫面為主要接收訊息的方式，所以比較合適的作法，是把驗證性的問題放入溝通中，自然的邊溝通邊談某些可驗證的話題，以尊重、友善的態度互動，並且邀請照顧者跟你一起合作，而不是以考驗或測試的心態，更能創造正向的溝通成果。

5
動物溝通師、照顧者、毛孩之間
的關係：與**照顧者**溝通的技巧

與動物溝通，是問答練習或是有意義的交流，取決於溝通者的能力，甚至與溝通者的起心動念有緊密關聯。學習是一個長遠的過程，初學階段向動物提出話題，讓牠理解這個話題，並且收到牠的回應，記錄下來後與照顧者核對、討論，如此一問一答能清楚掌握，已經是很棒的成果，表示你的身心都處於適合的狀態，對基礎概念有足夠的理解，累積了一些經驗值，能勝任基本翻譯的角色。

當你與動物的交談有穩定成果，透過溝通協助照顧者知道他想了解的部分後，接下來，讓我們認識如何與照顧者進一步探討他的心情和想法，讓下頁圖中的②「同理與溝通」更細緻、深入的進行。

協助照顧者對焦他的情緒和感受

有些人覺得人類複雜，人與人之間來往很辛苦，因為不喜歡與人互動所以想學習動物溝通，期待沉浸在與動物交流的單純和幸福裡。但別忘了，絕大多數溝通師是接受毛孩照顧者的委託，所以與照顧者這一方溝通互動不但不可或缺，有時甚至比與動物這一方溝通更為重要。

② 同理與溝通　溝通師　① 感受與接收

③ 行為與情緒回饋

照顧者　毛孩

透過被同理和傾聽，照顧者心念的轉換會帶給毛孩更適切的陪伴

良好的關係來自雙方的共識，毛孩的情緒會影響到照顧者，照顧者自身的情緒與需要，與毛孩的生活同樣習習相關。因此，協助照顧者對焦自己的情緒與感受，才有機會促進雙方關係，得到改善和調整。追根究柢，真正有機會促使情況轉變、讓相處更融洽的，源自於照顧者心念的轉換和親身付諸的行動。

愛與責任密不可分。當生活中出現壓力或毛孩的問題狀況時，急著想解決問題、使之立刻獲得改善是大多人的習慣；然而，現實中有許多事並非透過「解決」就能完成，這就是為何需要透過關係來學習愛，這近似無條件的、深遠的，需要更大的責任感為彼此的愛作改善或學習接納。這樣的學習心態並不只針對毛孩，當

我們願意進入到任何關係的那一刻，都能帶著自己去練習與成長。

許多照顧者多半在毛孩身體或行為出現重大問題時尋求動物溝通師的協助，進行溝通之前，照顧者必定有相關的情緒（可能是擔憂、害怕、難過、不安）。認識與面對自身情緒並不被這個社會鼓勵，很多人知道自己心情不好、感覺不開心，卻缺乏面對自身情緒的經驗或練習，因而不斷處在徬徨之中，摸不清究竟是哪種情緒？來自於哪裡？帶來的感受和影響是什麼？

藉由動物溝通，除了理解毛孩的狀態之外，照顧者也有機會在溝通時整理自己的心情，面對內在狀態時，心情和感受被看見、被接住、被允許後，情緒會開始流動，對毛孩和照顧者雙方的整體關係與問題狀況都有幫助。

你可以參考這些重點來引導照顧者：

◉ 聯想式記憶
引導照顧者回想過往經驗，延伸討論為何毛孩會在溝通時提出某個訊息？其意義在哪裡？搭起照顧者和毛孩雙方情感連結的橋樑。

◉ 引導性討論
鼓勵照顧者說出面對毛孩訊息的內心想法和感受。

◉ 同步性對話
當照顧者有情緒時，同步他的情緒，讓他知道他的情緒是被允許的，再給予同理。照顧者一定有想解決問題的心意，否則不會來溝通，要讓他感受到他的心意有被理解、被看見，針對這部分進行對話。

◉ 建構同理心
同理不等於認同，同理是指「我知道、我理解你的感受」，當照顧者被同理時，他會比較容易同理毛孩的心境和行為，進而在相處上作調整。

溝通師給予照顧者情緒引導、心理支持

對照顧者來說，找動物溝通師的主要目的是與毛孩溝通，期待獲得改善的機會或促進雙方更深層的認識；因此站在照顧者的角度，理所當然覺得與溝通師會談時，談論的焦點只有毛孩。向不認識的陌生人坦白自己的想法和情緒並不容易，如果溝通師開門見山、張口就對照顧者提出要求或質疑，這個會談肯定窒礙難行。

別忘了將你的耳朵打開，用心聽照顧者說話。運用同步性對話開啟照顧者對溝通師的信任，能使他感到比較舒服，慢慢卸下防衛心和緊繃感。聽到照顧者的難處時，可以說「如果我是你，也會感到很沮喪」、「聽起來實在很不容易、很辛苦！」同步性對話不只是與照顧者的言語同步，要能深一層同步他的情緒。

溝通師沒辦法、也不應該介入照顧者與毛孩的生活，我們能掌握的是為照顧者創造出更好的正向循環，所以必須先同理照顧者的困難與用心，傳達「你願意理

解毛孩怎麼了，你就能給牠最好的關懷」這樣的信念，再一起尋找可行的方法。

當溝通師以「陪照顧者一起找方法」的心態出發，讓照顧者認為我們是同一陣線的、是得到支持的，而不是以「你都知道該這樣照顧牠，為什麼還做不到？」的指責態度，更能陪伴照顧者走向此刻他能力所及的作法。

當溝通師發現照顧者因為某些想法而做出某些行為，試著想把他引導到某個方向時，「以提問句取代直接給予意見」的說話技巧就非常實用，除了避免單刀直入可能引起的衝突和防衛，有技巧拐幾個彎，引導照顧者說出他最核心的、最在意的是什麼，讓他自行表達，過程沒有被勉強、被指責，感覺是舒服的——如此達到自覺的深層明白，遠比溝通師直接批評他、否定他來得更有力量。

對話案例一

情境：照顧者認為毛孩不乖就要兇牠、打罵牠，雖然我不認同他的方法，但我能同理他想當一個負責任的照顧者的態度。

溝通師：「我很好奇，為什麼你想把狗狗教好？」
照顧者：「養了牠就應該負起責任呀！」
溝通師：「那你打牠以後，整體有什麼變化或改變？」
照顧者：「有時有用、有時沒用。」
溝通師：「你有嘗試過不同的方式嗎？」
照顧者：「有，沒什麼效果。」
溝通師：「如果我是你，花了這麼多心思，一定也感覺很沮喪。如果你願意，我們一起討論有沒有沒嘗試過的或更適合的方法。」

當照顧者聽到溝通師這麼說，能感受到溝通師是站在他的角度著想，沒有指責，是真心想協助他，這樣的對話就能創造出正向循環。

對話案例二

情境：貓有尿道問題，照顧者希望毛孩多喝水，或把乾飼料改成濕食以增加飲水量。照顧者貿然換了濕食，貓卻不肯吃，過幾個小時後照顧者妥協，無奈讓貓吃乾飼料。

照顧者：「請你告訴牠，務必要吃濕食和多喝水。」

溝通師：「感覺起來你相當關心毛孩的健康。」

照顧者：「當然，我希望牠可以陪我很久很久。」

溝通師：「我能從電話中感覺到你有多愛你的毛孩。」

照顧者：「對啊，我強迫牠吃濕食牠卻不吃，我因為擔心牠餓太久，最後只能妥協給牠乾飼料。」

溝通師：「如果我是你，我一定也很捨不得自己的孩子餓肚子，但是這樣來來回回，牠最後會選吃乾飼料，還是偶爾吃點濕食呢？」

照顧者：「我覺得牠會忍到有乾飼料可以吃。」

溝通師：「聽起來我們似乎需要做一些改變，因為我相信你期待毛孩吃了濕食之後身體更健康。你覺得呢？」

照顧者：「我好像應該要更有原則，再堅持一點，對嗎？」

溝通師：「我也相信你一定會成為更有原則、更堅定的照顧者，因為你像媽媽一樣，是最能支持改善毛孩現狀的人，那份心意很可貴。」

當照顧者深陷自己的責任與努力時，很難發現更多的視角和可能性，透過來回對話聊出照顧者的心情，聊的過程中照顧者會表達更多心情和想法；當他表達更多，才更能得到他與毛孩關係的全貌，讓他對毛孩的愛得到認同與支持，然後找出有機會調整或改變之處。

生活中的突發事件，有如照顧者與毛孩之間的一場雨

柔穎的故事：成全與放手，因為愛

用一個我實際經歷的臨終溝通經驗，帶你走入更深一層的領域。

主角是一隻被救援回來的流浪狗，本身有慢性疾病，身體狀況已經衰敗，沒辦法醫治了。進行溝通時，照顧者一開始並沒有提出安樂死這個話題。

當我問毛孩，牠對照顧者媽媽有沒有什麼感受時，牠用崇敬的態度，強調自己有一個非常勇敢的媽媽，表示真心感謝這個媽媽。

我把「媽媽你好勇敢！」這句話傳遞給照顧者，她聽了便說：「在我的救援回憶裡，半夜經常自己騎摩托車去山上摸黑餵流浪狗，一個女生單獨做這件事情實在需要勇氣。那天我把這隻狗救回來是因為牠在山上已經有失溫的狀況，必須帶下山就醫，暫時住在我家後，一直無法成功送養，自然成為家裡的一員。」

「狗的病情並不樂觀，每況愈下，需要不斷的照顧和就醫，獸醫師已經提出安樂死的選項，認為是減少毛孩承受身體痛苦最好的考量。在溝通前這一個多月，狗因為身體疼痛，半夜醒來會哀嚎，我必須不斷為牠翻身、照顧。」

溝通到後半段，照顧者提出安樂死的問題時，我感覺到她有很深的感受和無奈的情緒。站在溝通師的角度，我回應她：「如果今天我是妳，我可能做不到妳能做到的。所以，妳有這些心情和感受是必然的，那不是一般人能輕易做到的。」

我試著讓照顧者知道，她在能力範圍內已經盡全力了。

與照顧者對話時，毛孩給出一個訊息：「媽媽的手腕、腰都不舒服，她晚上無法好好睡覺，平常也很忙碌。」

我把這句話轉給照顧者時，問她：「聽見狗狗說這句話時，心情如何？」

她笑笑的、有些靦腆的回應：「的確，我有大半年是這樣陪牠過日子，原來牠都有感覺到。我把牠帶回來，對牠就有責任。」

當照顧者說這句話時，我也能深深感受到她強迫自己負起責任、承受一切。

毛孩回應了她：「媽媽沒有在我失溫時救我回來，我的生命早就結束了，我能在溫暖的家活這麼久，媽媽已經做到她能做的了。」

照顧者聽到時，彷彿鬆了一口氣，從龐大的壓力中找到被理解的出口，毛孩能理解她的決定，知道媽媽是用最尊重和減緩疼痛的心意做下的安排。

來回對話的過程，照顧者開始大方分享，為何她會思考獸醫的建議，和想了解毛孩是否願意接受安樂死。但在溝通的前半段，她其實是抗拒這個議題，甚至說不出口。

當照顧者提到這個話題，毛孩立即表示：「媽媽已經多次跟我聊過安樂死，我很清楚和尊重媽媽的想法，欣然接受。當我成為這個家的一分子，那些多出來的日子有媽媽照顧是最幸福的，所以我能接受她的決定，讓媽媽不用因為我的病痛而害怕、擔憂。」

我依循以上四個重點（聯想式記憶、引導性討論、同步性對話跟建構同理心）與照顧者互動，深入勾勒出她們的情感連結，也引導照顧者說出真正的感受和想法，讓她看見自己的情緒是被允許和理解的。

當照顧者感受到被理解，便能自然而然同理毛孩的心情。透過理解，在對話中建立更深的信任後，溝通師可以協助照顧者站在彼此同理的角度，去與照顧者討論接下來面對問題時，能如何調整。

每段關係都會經歷低潮，
需要彼此的理解與支持，攜手向前邁進

除了 P.123 這四個引導照顧者的技巧，還有第五個很棒的技巧：隱喻法。

● 隱喻法

每個人都喜歡聽故事，透過故事的角色和敘述，我們能得到某些感受和啟發。
利用情境式或故事性對話，把狀況以隱喻方式告訴照顧者，這是人們面對問題
時感到比較舒服的距離，不會覺得被針對或被指責，會比較自在並自然進入隱
喻的故事中去理解對方的心情，進一步理解整個情況。

特別是遇到重病、臨終溝通時，照顧者通常難以跳脫此刻自身的情緒困境，藉
由隱喻和說故事的方法引導照顧者，能讓他稍微抽離自己的情緒和狀況。絕大
多數的照顧者都期待自己是完美的、是不讓自己和毛孩失望的，正因如此，容
易陷入一定程度的壓力和情緒，看不到其他視角，只能不斷督促自己在原本的
路上努力不懈。

藉由隱喻和說故事的方法，能在輕鬆、沒有壓力的狀態中，帶領照顧者看到其
他的視角。

對話案例三

情境：毛孩生病時，家人的關懷和照顧有時候會成為一種隱形的壓力。

照顧者：「狗狗生病那麼久了，我們也常帶牠看醫生，我很想知道在照顧上牠還需要什麼？我們還能為牠做些什麼？」

溝通師：「照顧生病的毛孩的確很辛苦，感覺你們為牠做了很多，因為毛孩生病，你們的生活可能也必須做出許多調整吧？」

照顧者：「我們全家輪流照顧狗狗，為牠清理傷口、餵飯、喝水、翻身、換尿布等等，甚至偶爾半夜牠驚醒哀叫，我們都必須從睡夢中起身安撫。」

溝通師：「狗狗生病似乎讓你們全家都動員起來，在牠還沒生病前，你們怎麼跟牠互動呢？」

照顧者：「帶牠散步、陪牠玩、牠陪我們看電視，參與我們的生活。」

溝通師：「聽起來在牠生病之前，你們有許多開心、輕鬆的日常，這也是狗狗很懷念的日常。溝通中，狗狗說因為自己生病需要大家照顧，日子久了，好像在家人眼裡牠只是一隻生病的狗，而不是以前那隻活蹦亂跳的狗，不能再和往常那樣帶給大家歡樂，對自己感到失望和沮喪，那種心情是五味雜陳的。當你聽到狗狗這麼說，你有什麼感覺呢？」

照顧者：「非常捨不得牠，所以我們更想要為牠做些事情。」

溝通師：「對，如果我是你，我也會感到非常不捨。你有沒有類似的經驗，可能是生病不舒服，只能躺在床上、行動不太方便，需要家人照顧，可是時間久了，開始隱約感覺自己成為別人的負擔，即使他們沒多說什麼。」

照顧者：「嗯⋯⋯」

溝通師：「我曾經溝通過一隻上了年紀、有過度舔毛問題的兔子，牠覺得自己的身體狀況讓容易緊張的照顧者擔心，為了不讓忙碌的家人掛念，牠認為應該要更努力照顧身體，所以很努力舔毛，一直舔，不小心照顧過了頭。

溝通師：「大多數人都喜歡自己是有用的、能帶來光明和歡樂，也是被需要的。當我們感覺到自己彷彿是負擔，自然轉變成一種隱形的壓力，而毛孩也是如此。狗狗仍然需要醫療照護、身體照顧，進行這些照顧的同時，試著淡化「牠是病人」的心情，多融入以往日常的互動方式或對話，這樣一來，狗狗比較不會覺得因為自己生病而改變家人的生活，讓家人因為牠而愁眉苦臉。」

希望藉由以上的案例和對話，能讓你更明白動物溝通不只是訊息交換而已，當我們培養出細膩的覺察，便有機會深化動物溝通，梳理出更透徹的脈絡。如果你也想成為「不只是翻譯」的動物溝通者，第六章將進一步引領溝通者更加認識自己、具備更深度的同理心和柔軟的心。

練習！

閱讀完 2-1 到 2-4「與動物溝通的技巧」，你學習到哪些重點？有什麼感想？

練習 2

閱讀完 2-5「與照顧者溝通的技巧」，你學習到哪些重點？有什麼感想？

....

....

....

....

練習 3

以上內容哪些部分令你印象深刻？哪些還比較難做到？比較困難的部分，你可以經由哪些方法提升？

....

....

....

....

本章重點整理

- 溝通最重要的步驟，是敞開心胸、積極聆聽對方的需求、想法、感受和心情，以中立、不偏袒任何一方的姿態，帶著尊重、友善、與照顧者和動物合作的心，對雙方表達同理、支持，創造正向交流。
- 與動物從輕鬆的話題開始聊，建立彼此的信任，再逐步聚焦到照顧者最重視的核心話題。針對一個話題可以提出多面向的問法；溝通時運用「同步傳送兩種以上的超感知覺」能增進溝通效率。
- 溝通者應如實表達，並謹守道德原則。
- 除了動物那一方，溝通師也需留意照顧者的感受，引導他表達情緒。

Chapter

3

探索生命的可能

動物溝通者與在世動物做過溝通連線、累積一些經驗以後，自然會想嘗試與過世的動物溝通，也有不少人因為歷經自己的毛孩過世，促成他們學習動物溝通。然而，當面對自己過世的毛孩寶貝時，心中往往依然懷抱著高漲的情緒和滿懷的思念，一不小心就容易讓自己淹沒於情緒之中。所以，如果你的悲傷仍然有待處理，先別急迫的想親自連線溝通，請先好好療癒自己，正視你的悲傷，等到情緒比較穩定時（仍有波動，但不受到太大的影響）再親自和牠溝通。

對照顧者來說，離世溝通中最在意的，莫過於已逝毛孩會前往什麼地方，盼望知道臨終時牠的身心靈狀態，以及離開後的牠，此刻是否無恙。但在談及離世溝通之前，我們要先從「臨終關懷陪伴」與「臨終溝通」開始探討與學習。

無論是談論毛孩的臨終關懷或離世溝通，生老病死的課題必然會觸及每個人對生命的觀點與靈性認知，甚至宇宙觀的開闊性。東方文化在關於死亡的議題上，經常帶著迴避的心態與抗拒面對的觀念，有種莫名的忌諱，認為死亡是不吉利的，不應該去觸碰討論，能避免就避免。可是，避而不談並不會讓死亡與我們無關。

孔子曾云：「未知生，焉知死。」還未知道如何好好的活著，何以理解死後的事情；道家老子說：「出生入死。」生命的起落就是自然規律的運作，從出生到死亡的循環有如太陽從東邊升起、西邊落下；莊子有云：「方生方死，方死方生，即生即死，即死即生。」壽夭無異，死生同狀，無論是「未知生，焉知死」或是「未知死，焉知生」，珍惜並且清楚生命生於當下的存在與死後的精神，都是無比重要的。

一個人面對死亡的看法，會深深影響他對生命的觀點與態度。當我們將死亡視為生命的終點，卻對終點一無所知時，就彷彿失去了目標或方向。所以生命死亡即是終點的信念，無形之中牽動著一個人在世時的人生觀與生活態度。

1
臨終關懷與臨終溝通的陪伴

什麼是臨終溝通？

要談臨終關懷，首先讓我們從定義臨終開始。佛家說人生有四苦：一是生老病死，二是求不得，三是怨憎會，四是愛別離。第一苦的生老病死，所談的內容是經驗出生、衰老、生病、死亡的過程，生病也許不是所有人的必然經歷，但從生至死，對於任何有氣息、心跳的生命體都是必經之路。

死亡的降臨不單指老死或病死，還有太多無法掌控的意外與未知的存在（此處的存在是指與人類肉身不同頻率的各種意識能量）。任何時刻都可能成為迎接死亡的瞬間，儘管如此，我們仍須學習活在當下，放下對死亡的恐懼，認識生命不只存在肉身裡，日常生活中就要作好面對無常的準備與臨終關懷。

讓我們回到「動物臨終關懷」的視角。從人類的角度來看，我們需要去理解因應動物臨終所發展出的認知與視角，基礎來自於這些世紀以來，人類文明介入了動物的生存，甚至是基因改造的變化，無論從實用的現實主義、動物研究臨床

實驗、寵物的繁殖配種，到近幾十年來人道精神的發展與尊重生命意識的抬頭；人類與動物的關係起了巨大的變化，不再只是牲畜或盤中食物，越來越多寵物成為了形同家人的陪伴關係。定位上的轉變，讓我們開啟了對動物的重視與其生命的價值感，也是人類文明朝向「更尊重非人類物種生命」的躍進。

救援領養、復健治療、安樂死，都凸顯出人類在自然生物中的優勢主導，當寵物進入人類社會結構，牠們的角色定位明顯與以往不同，我們賦予家中的毛孩成員更高的地位，珍視牠們為同等生命體，無形之中投以人性尊嚴的觀念在毛孩身上，並進一步將人類社會形式中才有的臨終關懷概念，延伸至與毛孩之間的情感關係裡。

習俗觀念認為，當死亡來臨前，即將往生者需要與家人們圍繞在一起，要回到自己的家，要吃飽，穿上漂亮的衣服，將一切打理好，整裝完畢，才能讓即將離世者沒有遺憾。身為照顧者的我們往往也會將這種觀念轉移到臨終毛孩身上，但如果理解動物本能的習性與特質，就會知道牠們面對臨終的方式與人類作法南轅北轍。

曾有報導指出，在自然界中，當大象意識到自己生病衰老、即將死亡之際，會默默離開身處的象群，無非是為了保護其他同伴，亦或是飼養人夥伴（東南亞有馴養象童文化）。因為大象生前進食量龐大，再加上體型巨大，當死亡來臨時內臟會在體內快速腐爛，甚至產生有害氣體；而當體內氣壓失衡，死亡的大象遺體就如同一個膨脹的氣球，一旦受到某些外在因素影響，就會瞬間發生爆炸，讓腐爛的臟器噴射出來，這種威力不僅非常大，還容易傳染疾病。大象群本能的明白這些，又為了保護其他同伴、不破壞原有生態環境，它們會在死亡前一個月離開象群，尋找墓冢，靜靜等待死亡降臨。

貓或狗在死亡之際，也常發生選擇躲避的行為，甚至挑選照顧者熟睡的凌晨時刻不讓家人發現，也是出於防禦的本能反應——在預知死亡的前夕，牠們了解自己的身體正在發生無法控制的變化，由於身體虛弱、無法抵擋外敵，只能用

躲藏的方式保護自己，讓遺體不被叼走或引來侵略者。即使牠們已習慣人類的圈養，根生於基因中的動物本能依舊是與生俱來的天性。

當動物溝通師理解動物的天性，較能在客觀且懷抱尊重的心境下進行臨終溝通，並適時提醒自己暫時抽離人類的視角，回到單純中性的立場去體會毛孩的訴求與感受，為照顧者和毛孩之間找到平衡。最常見的狀況，是照顧者強烈想透過一切醫療行為延緩毛孩的病症與死亡，但毛孩已認知自己身體的衰敗並且坦然接受，隨時做好離開的準備，這類型的例子在臨終議題裡屢見不鮮。

照顧者與毛孩不捨得分開，但是終究要學會放手

溝通時，毛孩常給予溝通師早年與照顧者生活的點滴記憶，此時便很適合透過反問、反饋的方式引導照顧者一起回顧，就此討論聽見過往回憶時，照顧者的感受、心情與想法；藉由回顧過往的喜怒哀樂，有意識理解到毛孩所剩下的日子中，除了生理需求的治療協助外，還要把握每個當下。鼓勵照顧者表達對毛孩的心情、學習向毛孩道別，這個過程便是臨終溝通很重要的核心。

毛孩與照顧者的依附關係、家中角色的定位

近年來，無論是臺灣或全球，人們生育意願逐漸減少，將愛轉向照護寵物，所以稱牠們為毛小孩，擁有毛孩成員的家庭數量年年不斷增加。根據臺灣內政部公布的人口資料顯示，國內15歲以下孩童數每年約以4％的速度減少，而農委會統計的犬貓數卻逐年上升，每年成長速度達6％；2020年下半年，全臺灣犬貓數首度超過15歲以下孩童人口數，2021年達到295萬隻，超過283萬名孩童的數量，少子化現象轉為毛孩飼養，取替人類社會在關係中的情感依附。

有研究統計，美國67％的家庭飼養最少一隻以上的寵物，而在人類飼養下的動物們，也開始發展出類似人類的社交行為與心理狀態

根據《當代生物學》（Current Biology）期刊第29期的研究指出，貓咪具有與人類相似的依附關係行為表現，美國俄勒岡州立大學的動物科學家克里斯汀・維塔萊（Kristyn Vitale）表示：「貓和狗一樣，都會與人類建立起社交上的依戀行為，而大多數的貓都會安全依附牠們的照顧者，並以照顧者作為探索新環境的安全指標。」

關於貓對人的依附研究，維塔萊在2019年發表他的實驗結果：「我們的研究表明了當貓咪對於人處於依戀狀態時，這種依戀的行為是敏感的，大多數貓也會把人視為安慰的來源，互動中也就有了彼此安全依賴的心理影響。」

研究實驗在俄勒岡州立大學的「人類與動物互動」實驗室進行。此實驗招集了79隻小貓和38隻成貓，與其照顧者們進行「安全堡壘」實驗（Secure Base Test，簡稱SBT），此測試過去用於評估狗與靈長類的依附品質。

實驗在一個空房間進行，空間對受測貓都屬於陌生的新環境，在實驗房間的地板上有個半徑一公尺的圓圈，圓圈外地板放上三個貓咪玩具分散在空間四周。實驗規定，照顧者必須坐在圓圈中心點，並在貓進到圓圈內才能有互動，在圓圈外時不可以主動有眼神接觸與肢體接觸，對貓的表現需要出於被動。

研究一開始，受試的貓與其照顧者先一同處在房間中兩分鐘，接下來照顧者離開房間兩分鐘，最後照顧者再回到房間與貓共處兩分鐘。透過觀察實驗中的三個階段：①貓主動接觸照顧者所花的時間、②有無凝視照顧者的眼睛、③分離時所表現出的行為（跟隨、哭泣）、探索環境行為等，對貓進行分類評估。

實驗結果將貓的行為進行依附分析，分成四種類型：

1. 安全依附型
貓很少反抗與照顧者肢體接觸，並會主動積極的與照顧者互動。照顧者返回後，貓會降低焦慮並持續探索環境。

2. 逃避依附型
當照顧者離開時，貓不會產生特別的焦慮，當照顧者返回時亦無明顯反應，但不抗拒與照顧者有肢體接觸。

3. 衝突依附型

當照顧者進到空間後，貓會積極展現出過度的肢體接觸，但當照顧者主動抱起時則會快速掙脫。

4. 混亂依附型

當照顧者在身旁時，貓會強烈抗拒接觸，當照顧者離開後，卻又看似無聊、漫無目的在空間中遊蕩。

人們以為很獨立的貓，其實也需要能感到安全的依附

依附行為表現在小貓與成貓身上，貓就像大多數動物一樣，會保留幼年特徵到成年，研究團隊預測貓對照顧者的依附行為也會在成年後展現。研究顯示，成貓在依附類型上的分布與小貓的分布情形相似（68.8％的安全依附，34.2％的不安全依附；請參考P.144延伸閱讀），可見跟人類嬰兒時期一樣，一旦受到不同類型的照顧而產生不同依附風格，成長後也會表現出一樣的依附類型。

實驗結果顯示，貓、狗與人類有相似之處，會對主要照護者產生依附關係，並

穩定維持依附狀態。儘管貓常被視為高冷的動物，跟狗相較之下較少主動與人互動，然而「社會連結」的重要性對於貓而言，其實比我們想像中高許多。

最終統計的結果讓科學家大吃一驚，貓對人類展現出「安全依附」的比例高達64%，不僅僅接近人類嬰兒的程度，甚至比狗的依附需求更高一點。在相同實驗下，狗的安全依附比例為61%。

回到臨終溝通，若能理解毛孩與照顧者在關係裡、生活互動中呈現的依附方式，當彼此的安全依附越緊密，在臨終道別時越需要引導照顧者在身心靈與生活機能上，給予自己更多時間去練習珍視當下。

不僅僅是照顧者有不捨或難以放手的情緒，許多案例曾出現即將離世的毛孩尚未與照顧者好好道別，或是照顧者過度執著、處於不捨的情緒中，毛孩會選擇呈現拖延或彌留的狀態；有些臨終案例是即便獸醫診斷評估在世時間所剩無幾，毛孩卻又多停留了些許日子，延遲了離開的時間。

進行臨終或離世溝通服務時，溝通者可以讓照顧者運用右頁的依附關係同心圓，去認識自己與毛孩間的互動緊密度。透過依附關係圖能看見照顧者和毛孩的生活中最重要的關係是什麼，畫出這張圖，能使照顧者看見自己在生活中其他重要的關係和事物，發現毛孩處於當中的哪個位置。

照顧者也為自己的毛孩填寫牠的同心圓，看見自己處於牠生活中的哪個位置。藉由畫出這些同心圓，能清楚辨識出毛孩在我們生命中的比重，和我們在毛孩生命中的比重。

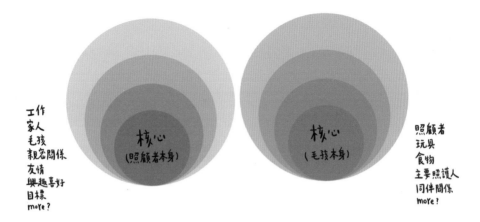

工作
家人
毛孩
親密關係
友情
興趣喜好
目標
more?

核心
(照顧者本身)

核心
(毛孩本身)

照顧者
玩具
食物
主要照護人
同伴關係
more!

練習 1

畫出你與毛孩的依附關係圖

如果你有飼養毛孩，請畫出以你為核心，和以毛孩為核心的依附
關係圖。

延伸閱讀
依附理論

依附理論（Attachment theory）是由美國心理學家哈利・哈洛（Harry F. Harlow）對恆河猴所做的一系列實驗觀察。在新生恆河猴出生不久後便從母猴身邊帶走，並為牠們提供了兩個代理母親玩偶猴，一個是由生硬的鐵線做成，另一個是木頭套上泡沫橡皮和毛衣做成，兩個假猴偶皆加溫並可在胸前裝上奶瓶提供食物。實驗目的是為了觀察猴子會趴附提供柔軟衣物接觸的猴偶或提供食物來源的猴偶，實驗結果是，這些小猴子會趴附在柔軟衣物猴偶身上，無論猴偶是否提供食物。當小猴子在柔軟衣物猴偶旁邊，也較為積極探索周遭，似乎柔軟的假猴子媽媽為牠們提供了安全感。

依照1973年瑪麗・愛因斯沃斯（Mary Ainsworth）對一歲到一歲半的嬰兒所做的「陌生情境實驗」（Strange Situation）結果，將情感依附所表現出來的行為，分成四種類型：安全依附型（Secure Attachment）與不安全依附型（Insecure Attachment），其中不安全依附型涵蓋了另外三種分別是逃避依附型（Avoidant Attachment）、衝突依附型（Resistant Attachment）、混亂依附型（Disorganized Attachment）。

這些類型分別會表現出的行為如下：

◯ 安全依附型
主要照顧者在時，嬰孩會自在安心的玩耍探索環境，並容易與陌生人產生連結接觸；當照顧者不在同空間時，則產生些許焦慮，一旦照顧者回到該空間就會停止這些緊張焦慮，並尋求照顧者的安撫，自然回到安定的感覺。

○ 逃避依附型

此類型的嬰孩對於主要照顧者是否持續存在與不存在，沒有出現特別的情感表現，對於陌生人的反應與照顧者差異不大。當照顧者返回身旁時，嬰孩的回應很慢或會迴避與照顧者親密接觸。

○ 衝突依附型（又稱矛盾依附型）

儘管照顧者在身旁，嬰孩仍然害怕探索新環境，並容易對陌生人產生焦慮。嬰孩在照顧者離開時會感到格外沮喪，並在照顧者返回時產生並表現出憤怒，儘管他渴望與照顧者有親近的接觸。

○ 混亂依附型

此類型嬰孩對事件發生比較沒有固定的行為表現，會依據情況環境不同而展現出焦慮和抗拒。

依附理論的研究是透過觀察嬰兒行為所得出的論述，雖然研究對象為小嬰兒，卻深深影響長大成人後，與他人建立親密關係時的心理行為展現。除了人類的依附理論，科學家對動物與人類的依附關係亦有研究。

毛孩臨終前的身心照顧

高度發展的醫療技術，與毛孩在人類社會定位上的重視與觀念轉換，寵物壽命也變得越來越長，屬於人類臨終關懷與安寧照護的觀念便順理成章運用到毛孩身上，面對年邁或重症毛孩時，安寧照護與安樂死的決定，需要照顧者有智慧的深思熟慮。

● 聆聽專業獸醫師的評估

動物的臨終安寧，並非消極、完全不給予治療，而是當毛孩被診斷出「不可逆」的疾病，且經專業獸醫師評估針對該疾病不再進行積極或侵入性等治療方式（例如插管、急救），而改以減緩疼痛和達到營養為目標，讓牠承受最小痛苦為原則，維持臨終前應有的生活品質。

● 理解每個階段治療的有限與設定停損點

動物臨終關懷與安寧照護需要格外慎重，是容易觸及悲傷情緒卻又無可避免的議題，安寧照護與安樂死都必須依照動物身體狀況和實際醫療成果來判斷，獸醫師給予專業評估和建議後，最終的決定還是回到照顧者本身。

照顧者需要考量的除了毛孩的身心狀態外，自己心裡能承受這些壓力的時間點、精神狀況、生活品質、持續的醫療費用等各層面都需要深入思量，找到平衡與停損點；不僅如此，考量「毛孩是否感到舒適」時，要選擇強力介入的積極治療或安寧照護？還是選擇安寧照護或安樂死？要做出艱難的決定，照顧者難免承受心理壓力，甚至難以獨自面對抉擇，需要多方支持與陪伴。

● 強化臨終毛孩的心理陪伴

身為溝通師，當下最重要與需要去進行的，除了尊重獸醫師的診斷評估外，也要如實向照顧者傳達毛孩面對身體不適時的自身意願（有些毛孩高度接受身體衰敗的事實，明瞭所剩時間不多），坦然面對即將道別的焦慮與不捨，仍有少數案例的毛孩表示希望再努力一點，爭取多一些時間陪伴照顧者。這些過程也能藉由溝通協調，讓照顧者把握最後的時間，在照顧臨終毛孩的每個當下，不只停

在生理需求及醫療支持，進而關注到毛孩也期盼的互動方式去進行最後的陪伴。

● 醫療以外還能運用的陪伴元素

如同人類的醫療趨勢，動物的醫療方式也越來越多元，除了中醫、西醫、復健等整合醫療，也有整全療法、順勢療法，近年來身心靈領域療法也慢慢從人的療癒安寧陪伴轉至寵物的臨終照護，像是靈氣療癒、精油按摩、花精、冥想音樂、頌缽聲音，都非常適合照顧者與毛孩一同體驗。

註：關於寵物臨終、安寧照顧的詳細介紹，請見《寵物終老前，還能為心愛的牠做什麼 末期寵物的心情安寧照護指南》張婉柔著，麥浩斯出版。

除了照顧你的身體，我更在意你的心

照顧者面臨老病毛孩的自我身心照護

照顧者是毛孩最親近的夥伴、家人和照顧者，面對毛孩重病或年老所承受的心理與生理負荷不可被溝通師忽視，特別是臨終溝通的案子中，更需要付出多一些理解與支持。通常此時的照顧者可能正在面臨的身心狀況有：

● 身體負荷

毛孩重病或年邁，其生理現象產生失智、認知錯亂、疾病疼痛、大小便無法自

理，需要照顧者密集照顧（兩、三個小時就必須清理、餵藥），有些毛孩更會在半夜失控吠叫、抽搐等，打亂照顧者原本的生活節奏。因為作息紊亂，使得照顧者出現睡眠不足、精神疲倦，甚至因為移動、搬動無法自理的毛孩而造成筋骨疼痛等身體不適。

● 情緒負荷

在這樣擔憂又忙碌的照護過程中，照顧者除了情緒緊繃、心情鬱悶，也容易對毛孩的病症有力不從心的挫折感，以及產生無奈的內在情緒；為了照護毛孩，只能選擇犧牲日常的社交活動，有些照顧者甚至不允許自己去參加任何運動、活動、朋友約會，過度堅持將所有生活的焦點放在毛孩的陪伴照護上，擴大影響與其他家人的相處關係、工作表現、經濟等。

可想而知，內外交雜的狀況將引發多重身心壓力，容易面臨心力交瘁與身心耗竭。此時，提升自我意識與自我關照，絕對是溝通者在臨終溝通裡必須引導照顧者去發現與調適的部分。當動物溝通者發現照顧者正在經歷過度的身體和情緒負荷，可以帶著照顧者一同探討的方向有以下兩點。

了解自己的需求和限度

進行臨終照護的照顧者，常忽視自己的基本生理需求與心理需要，要引導照顧者覺察自己的情緒反應，注意生活各層面中的變化是什麼？反覆出現什麼樣的心情？並且不否定一切感受，去接納這些情緒。

舉例來說，照顧者即使已經很疲倦了，仍然要求自己不能哭、要再更努力付出、再更仔細照顧、還能再多做些什麼才能讓毛孩舒服些、經常想著我做的毛孩都喜歡嗎、牠吃飯吃這麼少該怎麼辦才好等等，這些反覆的心情與自我壓抑的喊話，不但無法幫助調適身心巨大的壓力，反而容易暫時性逃避面對自己的需求，或是忽視自己的需求，把自己放到最後。

認知沒有「完美的照顧」

放下自我批評

身為照顧者，在毛孩罹病、身體衰敗之後，要保有生活樂趣、持續進行休閒活動可能是困難的事，除了要兼顧工作、家庭關係，照護幾乎占滿所有的時間，不自覺認為此時擁有生活樂趣是奢侈的，甚至是自私與罪惡的。

當這些觀念萌芽，便不自覺經常告訴自己「我不可以這樣」、「我不應該去做那個」、「我不能把時間花在沒有幫助的事情上」、「牠都這樣了，我怎麼可以休息」、「我好糟糕」、「沒辦法讓牠更舒服都是我的錯」等等。

維持生活中的平衡

想維持生活的平衡，身心、工作與家庭都息息相關。在照護者的處境裡，照護毛孩的工作與自己的生活面如何取得平衡，是溝通師可以與照顧者一同探討之處。邀請照顧者表達目前面臨的種種壓力與想法、不否定自身的需要，藉由溝通師的同理過程討論能執行或調整的方向。

這也是為什麼動物溝通者需要持續鍛鍊自我覺察、自我照護的能力，以及提升悲傷陪伴技巧的關鍵因素。

練習 2

自我對話練習

以下的自我對話練習，溝通師可以帶領照顧者進行，照顧者也能自己多練習。

自我對話一

照顧者：我很累，但無論如何我都需要撐住、再努力才行。

轉換為：我很累，所以先給自己半小時休息，這樣我就有更充沛的心力可以照顧毛孩。

自我對話二

照顧者：我哪裡都不能去，你現在最需要的就是我，我要24小時陪著你。

轉換為：我們彼此都需要對方，我深愛著你，就像你也深愛著我一樣，我喜歡你快樂的樣子，你也期待看見我快樂的微笑，所以我需要保有正常生活的心情，才能帶給你發自內心的微笑。

自我對話三

照顧者：都怪我沒有提早注意到你的病況，如果我能早點發現，是不是就不會這麼嚴重？

轉換為：你生病了，但我不要只把你當成病人看待，除了生病，我們的生活還有很多美好的互動和回憶。

自我對話四

照顧者：每次你不想吃，我還是硬餵你吃藥、吃飯，我真的很討厭自己必須這樣強迫你。

轉換為：小時候我生病時，醫生和大人也是強迫我打針吃藥，那時的我也很生氣，但長大後就知道如果當時不吃藥打針，可能會更嚴重跟痛苦，所以我選擇按照醫生的交代來照顧你的健康，此刻不論你或是我，都正在為你的身體努力。

我們盡力了就好

臨終溝通的核心目標

臺灣安寧療護之母趙可式教授，多年來在人類安寧醫療界以四道與三善(註)積極推動面對生死的觀念，雖然起點是由人類的生命文化出發，同樣適用於毛孩。前面提過，人類文化進展成與其他物種緊密依附的關係，毛孩在家庭結構所扮演的角色不僅僅只是寵物，成為極其重要的家人，當我們將毛孩視為珍貴親人時，臨終關懷的核心原則順理成章發揮效益。

將此核心原則運用於臨終溝通中，支持毛孩安然離開，陪伴照顧者減少內心遺憾，學習道別與放手，是動物溝通師的關鍵任務。在此，讓我們談談臨終溝通中極為重要的「三善」目標：善終、善別、善生。

註：四道是道歉、道愛、道謝、道別。三善是善終、善別、善生。

● 1.毛孩的善終

溝通師透過溝通來理解毛孩當下的心境，與照顧者對談以了解他的真實想法和處境，並且引導其理解：在不可逆的重病或臨終過程時，不再執行過度且無效的治療（透過醫療、用藥、手術強行延續毛孩的死亡時間），或倉促決定執行安樂死。比較妥善的是在尊重毛孩需求、想法與專業領域獸醫師的評估下，考量如何陪伴如親人般的毛孩選擇安寧照護或減少承受疼痛時間的安樂死，深思熟慮說再見的過程與方法，避免草率抉擇。

● 2.照顧者的善別

對任何人而言，說再見都是需要一輩子練習的沉重課題，遑論道別時刻已近在眼前的照顧者與毛孩，離別的鐘聲隨時會敲響。因此，溝通師特別需要引導照顧者保有意識，在毛孩仍在時把握時間進行道別。

把感謝說出口

真實回溯過往情懷、回憶，面對即將終老的毛孩，眼神交會總能傳達最真誠的

情感，照顧者可以透過彼此雙眼的凝視傳達心意，或是輕觸牠的毛髮，將內心想說出的感謝一一表達，無論是感謝牠的陪伴，或細數共同生活的點點滴滴、高低起伏。嘗試勇敢去表達，一旦開口，你會發現原來有這麼多的美好值得對牠表達感謝。

回顧曾經想說或此刻想說的抱歉

沒有一百分的照顧者，也沒有完美的陪伴，愛不是完美無瑕的藝術品，愛是一門從生至死都在引領我們學習的課題。回顧彼此之間的相處，或回想起當時的不足（也許可以為牠再多做些什麼、多注意某些細節就可能避免某事發生）與愧疚而深感抱歉時，試著輕柔凝視彼此的雙眼，或是輕觸著牠的毛髮，在牠還在身旁的當下，好好說聲對不起。

還能擁抱時的肢體接觸

再多的言語都難以百分百表達照顧者內心對於毛孩的愛，而言語與文字有時往往不及身體的觸碰，這也是人類如此深愛毛孩在身旁撒嬌磨蹭的重要原因。接觸彼此的肢體，傳遞的愛是更具安全感與溫暖的展現；但請記得，此時的牠生理上可能較為虛弱，碰觸與擁抱的方式要視毛孩當下的身體條件進行，可用撫摸毛髮或輕揉臉龐取代擁抱，同樣能傳達想給予牠的愛。

不否定任何情感情緒的表達

毛孩與照顧者的情感息息相連，照顧者沒說出口的心情，牠仍然能感受到。面對衰老、病重或即將離世的毛孩，照顧者難免會壓抑自己的真實情緒，在毛孩的面前故作堅強鎮定。但是，毛孩總能發現照顧者的偽裝或不自然，在溝通時希望溝通師為牠們傳遞對照顧者的牽掛，希望照顧者也要照顧好自己，不要這麼逞強、經常擔憂。

嘗試練習道別的對話

別因為害怕道別而錯失好好說再見的機會。動物天生嗅覺敏銳，早在自己身體開始衰敗時，就能聞到身上氣味的變化。無論是老一輩的經驗分享，或是國內外對於動物研究的結果都發現，許多野生動物（包含已被人類馴化後飼養的動

物）在自己即將離世前，都會出現特殊的、違反日常的行為。

家中的毛孩同樣明白身體正在快速轉變。進行溝通對話時，溝通者所扮演的角色極為重要，特別是在東方文化中，我們少有機會去探討、甚至是與家人談論終將離別的事實。溝通者能有意識的帶領照顧者以不逃避的心情聆聽毛孩的最終心意，好好告別，也能支持照顧者面對這個過程時，不只沉浸於高漲的難受與失落，不會錯過更重要的心意傳達，把沒來得及說的話說完，或再帶著毛孩去一趟牠最喜歡的草地，完成最後一次散步。

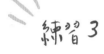

練習 3

道別對話練習

照顧者可以對毛孩說：「謝謝你來到我的生命裡，帶來這麼多的歡樂和陪伴，我想讓你知道我一直都很愛你，很抱歉在我忙碌的時候不是每次都能好好陪你，我知道我們終究會離別，我會很珍惜接下來的每一天，我會努力讓自己準備好，和你說再見。」

善別的四道人生習題

道謝、道愛、道歉、道別，四道人生的習題並非只能在臨終時或過世後才做，如果能在毛孩活著的時候好好對牠表達心中最誠摯的感受，這份心意本身就具有深刻的療癒力。不只是療癒毛孩的心，對照顧者而言，把一直想說卻沒說出口的話表達出來（也許是愧疚，也許是自責），就能慢慢鬆開梗在心裡的難受，才有機會放下。如果毛孩已經臨終或過世，照顧者沒有機會在牠生前做四道，動物溝通師就有責任引導照顧者表達，協助傳遞他的心意。

在古老的夏威夷療法中，念誦這四句話十分經典：對不起、請原諒我、謝謝你、我愛你。作為意識的清理，我們的神性智慧會與瑪娜連結（Mana，意思為神性擁有的力量），據說此力量會清理記憶，進而體現出靈感。只要發自內心的清理，即使看不到、觸摸不到當事人或渴望處理的事件或創傷，也能產生不可思議的改變。

只要透過念誦這四句話清理，即便當下還未能理解問題的根源，就只專注在清理；不懷抱期待，讓心識專注於清理即可，因為那是一股和解與寬恕的力量。夏威夷療法的代表人物是修藍博士（註），他在1983年到1987年於一間醫院精神科任職五年，運用此心念療法治癒許多精神病患，大大突破傳統的病患治療方式。

（註）修藍博士Ihaleakala Hew Len, PhD.，1939-2022，推廣夏威夷「荷歐波諾波諾療法」（ho'oponopono）至世界的代表人物。

對不起、請原諒我、謝謝你、我愛你，這四句話有神聖的力量，並非臨終時才做，溝通者應該鼓勵照顧者在毛孩在世時，把握時間回顧毛孩的一生，看見毛孩帶來的一切美好和種種讓照顧者學習的課題，鼓勵照顧者表達內心的情感，帶著感恩的心放下遺憾。

許太太的經驗：小綠
我妹妹多年前養了一隻黃金獵犬，名叫小綠，牠就像大天使一般善良可愛，是最棒的夥伴。由於小綠年紀大，皮膚逐漸出現無法治療的腫瘤，生命最後的階段經常在醫院裡，家人們輪流去陪伴牠，跟牠說說話。最後，妹妹決定將小綠帶回家裡善終。

還記得那是冬至的夜晚，小綠躺在牠專屬的柔軟大床上，頭倚靠著那圈床緣，

● 3. 照顧者的善生

對照顧者來說，這段時間裡最重要的也許是全力給予毛孩照護，生活唯一的重心也可能是把握最後與毛孩相處的時間。當生命畫上句點，生死離別，照顧者將會立刻面臨失去生活重心的失落情緒；溝通師可在臨終溝通時帶領照顧者學習建設新的生活，當毛孩離開時帶著對毛孩的思念之情，延續他仍想為毛孩做的事情（也許是為牠做一個紀念品，帶著紀念品去旅行，以這種形式讓牠持續參與照顧者的生活），讓毛孩的離世不會終止共同的回憶與快樂，而是即便懷抱不捨，也會試著用「照護好自己」的生活方式，讓愛綿綿不息。

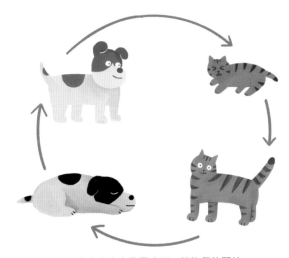

肉身結束也是靈魂下一趟旅程的開始

幾位親近的朋友圍坐床邊，大家人手一碗小湯圓，邊吃邊聊往事，就好像日常聚會那樣自在。小綠認真聽著，用眼神互動，牠的心情很好，我們拍下一張合照留念，照片中，微笑在每個人的眼角和心裡。夜深了，朋友陸續回家，當所有人熟睡時，小綠在最熟悉和溫暖的家裡闔上雙眼，離開牠的身體。

儘管哀痛仍然像海浪般襲來，我們卻很高興那天有最後的相聚。不論對人或對毛孩，能善終是一件多麼幸福、多麼美好的事呀！

臨終溝通可能發生的情況

在許多臨終溝通的案件中，因為處於生死關頭，常以十萬火急的速度來到動物溝通師面前，照顧者急迫希望在毛孩嚥下最後一口氣之前完成最後的內心交流，聽聽牠的遺願，渴望得到深入和豐富的溝通。

然而，在死亡降臨的過程，毛孩會經歷身體各方面的崩解、腐壞，當牠感受到自己的身體正在快速衰敗，心情沮喪甚至感到害怕都是應該被理解的，畢竟不是每隻毛孩都以豁達的態度面對死亡。況且，當牠的意識也逐漸在消退時，面對身心巨大的變化，即使照顧者找了溝通師，牠可能不見得想要與溝通師這個外人有太多互動，反而會想專注在離開的過程。

溝通者不僅能在量子信息場捕捉與毛孩相關的訊息，也能感受到毛孩，但是否願意與溝通者互動取決於牠自己。此刻牠最需要的往往不是溝通師不斷對牠提問，而是讓牠的家人與牠好好相處，對牠多說說話，聊聊曾經的美好回憶，讓牠知道自己在家裡的地位，不會因為牠過世而被遺忘。親口對牠表達愛、抱歉、感謝和祝福，才是此刻真正能為毛孩帶來幫助的。當照顧者這麼做的同時，也給自己的情緒和情感抒發的機會，透過真心的傳達讓雙方遺憾減少。所以，越是急迫越需要順應，不要強求，因為老天都有最好的安排。

柔穎的經驗

曾有一隻下半身壞死又有敗血症的貓，醫生評估只剩下一週左右的生命，溝通時，照顧者表達看到貓咪這麼辛苦，醫生認為安樂死比較適合，貓卻清楚表達自己曾是有人飼養的家貓，後來被棄養成為浪貓，此刻牠非常喜歡被照顧者疼愛照顧的感覺，即使身體如此糟糕，仍然不想離開，所以不接受安樂死。牠想要為自己多爭取一些時間留在照顧者身邊，感受照顧者的關愛，等到感覺到足夠的疼愛，自己就會離開。後來，牠超過醫生的預期多活了三週，安然離世。

每次臨終溝通中，每一個毛孩都是獨特的，牠們擁有自我意識進行選擇，即使溝通師有豐富的臨終溝通經驗，也必須避免把經驗放到下一個案子中——因為溝通師必須忠於毛孩給予的訊息，如實陳述。

2
認識基礎的離世溝通

離世溝通的故事

非常巧，許太太和柔穎的第一個離世溝通都是毛孩自己找上門，促成了溝通的經驗。當你準備好，老天自然會把離世溝通的機緣送到你面前！

許太太的第一個離世溝通

成為全職動物溝通師的初期，我並沒有接離世溝通的案子，其實沒有什麼特別的原因，只是單純不想做，沒那個動力而已。

Viola 是一隻很可愛的黃金獵犬，我曾經和牠聊過兩次，那時牠大概九歲，儘管有些年紀了，仍然是黃金獵犬那天真又傻呼呼的標準個性，每回和牠聊天總能帶給我許多歡笑和溫暖。

有一天，為了尋找可以讓學生練習的動物老師，突然想到很好聊的 Viola，我便坐在電腦前發訊息詢問 Viola 的媽媽。我輸入訊息的同時，邊打開 Spotify 的視窗隨意點入一個陌生的歌單，讓音樂隨機播放。輸入完訊息離開視窗，看到 Spotify 正在播放的歌曲，曲名居然叫做 Viola's Theme（Viola 的主題曲），溫柔的鋼琴獨奏，旋律彷彿踏著輕快的腳步去旅行，短短兩分多鐘的音樂，呈現一個生命單純的性格與自然的流動，圓滿中帶有一絲絲嘆息。看到樂曲的名字，頓時，雞皮疙瘩從我背後竄了上來。

媽媽很快就回覆訊息，說他們很樂意讓 Viola 當動物老師，不過，牠大概在一週前突然過世了。看到這個消息讓我感到相當震撼，原來 Viola 可能已經找我找了好多天，只是我一直沒聽到牠的呼喚。

帶著這份驚訝和震憾，我走到家對面的公園，找一塊空草地坐下來，在那裡好好沉澱一下心情。就在這個時候，我突然聽到 Viola 對我說話，牠的情緒好像水，彷彿從水桶直接倒下來澆在我身上。牠開始嚎啕大哭說：「我好想念媽媽，我好想念家人，我好愛他們！」而我在接收這段情緒的同時，眼淚也跟著流不止。過一會兒，等牠情緒比較平復了，才繼續說：「我現在過得非常好喔，不用擔心！」接著露出一個黃金獵犬那種舌頭掛在外頭、傻呼呼的標準笑容。

我把這些訊息和感受傳達給 Viola 的媽媽。也許，Viola 就是第一個讓我練習離世溝通的動物老師；也許，我一直在等待這個機會，開啟我的第一個離世溝通體驗。於是，我和媽媽約好，讓我和 Viola 聊聊，媽媽欣然答應。

溝通當天，我感受到的 Viola 和以前完全不同，已到彼岸的牠非常平靜、穩定、超然與豁達，一點也不像是毛孩時的小孩樣、狗狗樣。現在的牠是光，明亮溫暖的光，輕飄飄的，但並非飄忽不定，而是輕盈。

和牠說話時，我覺得自己進入到更高的維度，牠是一個純粹的意識，反應回話並不多，但也不是冷淡的態度，就只是單純覺得不需要多說什麼的平靜，沒有執著，也因此對於很世俗的問題回答得更少。

我先開口：「你在哪裡？你好嗎？」

「我一直都在。」Viola回答時散發著穩定、平靜感。

「之前生病會不舒服嗎？」我問牠。

Viola沒有明確的回答，可能因為牠是突然癲癇、腦部問題過世，此時我的
眉毛上面有點疼痛。

「死亡後離開身體是什麼感覺？」我再問。牠讓我感覺左邊的膝蓋不舒服，
接著飄離身體，就不痛了。

「死亡時你會害怕嗎？」我沒等到答案，依舊停留在那份平靜感。

「你知道自己的下一步是什麼嗎？要去哪裡？要投胎嗎？」

這時，明確的答案出現了：「等待。你們想我的時候，叫我，我就會過去。」

原來你正處在等待期呀，我心裡這麼想。

「媽媽想問你，幫你挑的骨灰罈如何？放
的位置和布置有沒有意見？」

此時，我突然感覺身處在一個長方扁形
的空間裡，還有光線從邊縫透入，瞬間
「黃色」和「妹妹挑的」跳入腦中。後來
媽媽說，Viola的骨灰的確放在妹妹挑
選的長方土黃卡其色紙盒裡。至於媽媽
想問的骨灰位置和布置，不知道是不是
這些問題太世俗？進入高維度、更寬廣
世界裡的牠都沒意見。

謝謝你們愛我，
我沒有不在，
我一直都在

「媽媽想問你，還願意再來這個家當寶貝嗎？」

「時間到就會去。」Viola平靜說道。

在更高的高維度中沒有時間、空間，那裡的意識常常會給不太明確的回答，彷彿不急著要做些什麼，但如果我是照顧者，可能也會對這樣模糊又簡短的答案感到失望吧。

出於自己的好奇，我問：「為什麼那時你叫我聯絡你媽媽呢？」

頓時我腦中浮現一個畫面，Viola跑到我書桌旁坐在地上，看著桌子螢幕，而我坐在書桌前打字。

「你覺得現在的自己，和當狗狗的自己有什麼不同？」

「以前我可以汪汪叫很大聲，現在我很自在。」

「爸媽、妹妹都非常愛你，很感謝你來他們身邊，謝謝你愛妹妹，愛爸媽，謝謝你豐富他們的生命，他們很想念你。」

Viola終於出現一點情緒波動，有些哽咽的說：「愛他們本來就是我該做的，我很愛他們，我希望他們接下來都能好好的。我們以後會再次碰面。」

溝通進入尾聲，我問：「有沒有想跟爸媽說的？」

Viola給出家人雙手環抱牠的樣子，並且表達：「謝謝你們愛我，要好好生活。我沒有不在，我一直都在！」

「想跟妹妹說些什麼嗎？」

Viola送出很多親親在臉上，那是給妹妹的親親。

結束溝通後，我有一點落地的重量感，彷彿回到人間。

那晚我和Viola的媽媽在電話上聊了許久，除了溝通內容，我們也聊對於生命的想法和啟發。我想，可能因為Viola的靈魂純淨，家人沒有太沉重的掛念與執著，讓牠能加快脫離在世間的狗狗本性，回到高維度的原本樣貌。

這個溝通帶給我全新的體驗，打開另一扇門。我讓自己呈現白紙狀態，不帶任何宗教框架、沒有先入為主的想法去和離世的毛孩互動，用平靜的心純粹去感覺對方，是相當深刻又特殊的經歷，與在世毛孩溝通截然不同。

原來彼岸世界如此祥和、寧靜，在那裡沒有什麼好或者不好，一切安然、自在。我沒有見到彩虹橋，也沒看到其他景色，沉浸在這個氛圍已經足夠。

不知為何，過世的牠們經常以輕柔的口吻表達：「我們還會再相遇，至於是什麼時候，不用強求。」以前也常在電影中、小說裡看到離世者說：「我一直都在、我是來愛的、時間到了就會發生」，好像成為離世的代表話語了；而在這次溝通，即便聽起來有些老梗，但當我親自感受到對方說出這些話時，卻又很真實，很立體，很靠近。

我第一次經驗到，原來離開肉身後的靈魂是那麼純淨，對於世俗的問題似乎不感興趣，高頻率的牠只和同為高頻率的「愛、祝福、感謝」共振，對這些高頻率的話題有所回應。這不也提醒我們，應該常常給予身邊的人愛、祝福和感謝嗎？

後來，照顧者媽媽傳來一張自己創作的油畫，透過繪畫懷念寶貝，透過繪畫療癒自己。畫中的Viola側身站在綠色草地上，金黃色蓬鬆的毛與尾巴自然落下，草地上有一棵綠色的小樹，後面有一大片蔥鬱高大的樹叢，再過去是一片海。夕陽西下，Viola站在草地上吹著微風，望向海面。日暮前，橘黃色的餘輝從右邊暈染過來，她的影子斜斜映上綠地，暖暖的。

練習 4

畫出你心中的彼岸世界

不論你有沒有學習過動物溝通，讓我們先一起做個簡單的練習。

閉上雙眼，讓腦中繁雜的思緒慢慢沉澱，透過專注於吐納之間的數息片刻，讓身心循序漸進的專注於寧靜，慢慢感到放鬆。

伴隨大腦意識逐漸放鬆的同時，去想像與感受內在浮現出的彼岸世界是什麼樣的空間與樣態，請專注在你內心的感受中，讓感覺或影像自然浮現。自然去接收、感覺它帶來的是怎樣的場景、什麼氛圍，沉浸在那裡一會兒，等張開雙眼後，把它們逐一畫下來或描述出來。

認識自己的濾鏡

每個人或多或少會帶著來自生長環境、文化背景中，任何有機會接觸到、聽聞到的事物，這些龐大資訊會儲存在我們的潛意識裡，也容易造成認知上的某些特定觀點，形成既定的印象和觀念。

當一個人面對生活事件發生，不論是已知或未知的領域，大腦的潛意識會快速搜尋過往經驗或曾經吸取過的資料庫（有些是意識裡有記憶殘留的，有些是無意識中的資訊），從中找出相關資訊或抓取過往經驗，再重新排列出另一個認知經驗（例如夢境的情景發生）——這也就是心理學大師佛洛伊德跟榮格的畢生研究，他們極其所能的去探討、挖掘潛意識對個人一生所具有的影響性，以及對人格特質的重要性。

成為離世溝通管道的溝通者，進行離世溝通時，會與照顧者核對毛孩生前的資訊，毛孩會受離世後所處的彼岸空間和靈魂狀態影響，提供的訊息看似抽象卻真實，需要透過「不帶個人潛意識認知投射的觀點、不帶個人主觀經驗」去判讀，當溝通者放下濾鏡，以中性的角度進入溝通，不夾雜溝通者的個人信仰，傳達毛孩靈魂的任何資訊才能清澈、貼近原貌。

先發現自己戴著什麼濾鏡，才有機會拿下

如果一個動物溝通者本身有宗教信仰，或生長在某些宗教信仰的環境之中，該宗教對於死後世界的信念、生者應該做的儀式都會在腦中留下印象。

舉例來說，某位溝通師受到佛、道教的薰陶，自然認為應該為死者燒蓮花、念經，而可能在溝通時投射這些信念，告訴照顧者毛孩希望家人在牠死後燒蓮花給牠；可是動物單純的意識並不存在人類宗教儀式的概念，當溝通師收到這樣的訊息時，有很高的機率來自於自身潛意識的投射。

如果你想要成為一位具有明確宗教背景的動物溝通師，是完全沒有問題的；然而，放掉對宗教的信念，甚至放掉對宗教的執著，有助於溝通的純粹。溝通師只是一個讓訊息和感受流動的管道，要盡可能確保每次溝通時的歸零，期許自己不把上個經驗的認知帶到下一個經驗中，將濾鏡擦拭乾淨，才能保持完整接觸時的純粹，以白紙般敞開的心態進行離世溝通，用不預期心理感受一切。

學習離世溝通之前，溝通者務必去認識自己可能帶有的任何濾鏡。唯有了解自身潛意識對於靈魂彼岸懷有哪些觀點，真正進入離世溝通後，才有機會覺察、分辨當下這些感受是來自個人的觀點經驗，還是身處彼岸世界的毛孩。

如果沒有經過此層面的辨識就進行離世溝通，溝通者往往容易無意識的將個人潛意識認知與文化信仰的色彩投射至溝通對話；而離世後某些訊息難以在現實世界中被核對，更凸顯溝通者中立與辨識自身濾鏡的重要性，且應該被視為必須提升、堅守在離世溝通中的職業品德。

柔穎的離世溝通案例

某個離世溝通中，對象是一隻白貓，我依循著每次溝通前的安住狀態，很快就與這生前年長的白貓連繫上了。

當時我感受到的是一種無比安詳、輕盈的能量場與頻率，並且完全感受不到任何有關貓的形態，我的內在視覺收到一朵白色的蓮花，要我轉達照顧者牠是來陪伴媽媽跟家人修行的，說著說著，一瞬間彷彿有鮮明的觀音能量氛圍不斷傳遞過來，讓我深感驚訝！

當下我並不知道照顧者家中是否有這樣的信仰，在傳達這個訊息時也詢問了照顧者。此時照顧者才回答說，貓咪從小就會陪著照顧者和家人進佛堂念經，家中也真的祭祀觀音菩薩像，照顧者歡喜接納已故毛孩給予的訊息，卻也因此感到十分驚訝。

佛教在照顧者家中相當重要，他們卻壓根也沒想過已故毛孩會因為要參與修行而來到這個家，更沒想到毛孩一直參與日常禮佛的行為並深化於靈魂之中。對我個人而言，同樣是非常微妙的體會，因為在傳統佛教的教義中，毛孩、寵物、動物皆屬六道眾生裡的畜生道，與人不一樣，是沒有機會念佛與修行的，但這次溝通的經驗完全顛覆了過往認知。

雖然生前是貓身，牠卻有足夠智慧跟隨照顧者修行佛法，這個經驗讓我體會到，生為人身的我們需要有意識的、謙卑的去感受毛孩，因為往往毛孩不只是毛孩，有牠們的靈性智慧，牠們沒有人類複雜的情感關係與生活型態，反而更具簡單與豁然的智慧。

偶然閱讀《達賴喇嘛的貓》系列的三本書，更讓我體會到不要以有濾鏡、固定的印象解讀不同於人類物種的生命。生命藉由不同形式展現，都蘊含著智慧來到你我身邊，唯有秉持一顆全然開放的心，時時保有空白與中立，用客觀與謙卑面對未知的世界，才更有機會經驗到靈魂的智慧與彼岸的世界。

現代科學在人類生活的各層面蓬勃發展，除了月球，各種登陸火星的計畫方興未艾，科技帶領人們加速探索浩瀚的宇宙，太空世界幾乎觸手可及，儘管如此，直到現在，我們對於生死靈魂的議題所知仍然有限。

2012年，英國醫生山姆・帕尼爾想證實人類除了肉身以外，仍有靈魂或不依靠肉身存在的意識，共有33位研究人員和位於英國、澳洲和美國的15家醫療單位參與計畫，目的是測試當心臟停止跳動時，病患的意識、記憶和覺知狀態。

研究人員利用特定的方式測試瀕死病人的聽覺與視覺精準度，在容易發生心臟停止的病房天花板上放置一些只有研究人員才知道的小物品，病房內的醫療人員無法看見。這項符合科學的研究，確實發現很多被搶救回來的病人能正確說出天花板上的小物品，以及當他心臟停止數分鐘內病房中發生一切能被證實的事情。病人描述離開自己並從上往下看自己的身體，看到天花板以上的東西，聽見許多聲音。其他類似的相關實驗仍在進行中。

儘管科學實驗說明人在死亡之際仍具有肉身以外的部分，生命依舊無法破除生死之關，人人都樂生畏死，沒有誰能逃離這個自然的規律。從古至今，從西方世界到東方文明，每一種哲學、宗教、部落都闡述靈魂、超越肉身的意識，試圖為生死賦予答案，為人們描述一個在肉身中難以理解的幽邃玄妙境界，把對死的畏懼心減少，使人們在死亡來臨時能安然、勇敢的接受。

這些讓人們認識死亡的不同脈絡，影響了在不同文化中成長的人，當已經沒有肉體的動物以靈魂形式存在時，要了解離世溝通對象的去處和狀態，就有必要先比較宗教信仰對於彼岸的描述和立場，也讓照顧者依循自身的宗教信仰來尋找合適的溝通管道。

以下，我們簡單整理出較具有代表性的溝通系統派別。

宗教裡的「彼岸^(註)」

動物溝通師在進行離世溝通時，應該以照顧者的信仰需求為主？還是透過已逝毛孩的視角如實表達所見？宗教文化往往最容易讓我們在潛移默化中認知彼岸世界的模樣與形式。

註：本書提及的「彼岸」是指死後世界，不是佛教指的涅槃、悟道。

◉ 宗教式

佛教

佛教的生死觀依循六道輪迴、十二因緣等生滅輪迴概念。人類社會中記載生命輪迴轉世的有來自古印度的婆羅門文化，《梨俱吠陀》中隱喻人死後有靈魂之歸去，而《梵書》、《奧義書》、《薄伽梵歌》中，明確記錄了更完整的生命輪迴。

佛教認為人生最終超越輪迴，追尋的是無生涅槃的境界，唯有無生，才能從生命的煎熬痛苦之中超拔出來，才是究竟常樂的清淨生命。

佛陀證悟後，出廣長舌，教化眾生，對「輪迴」也提出許多看法，如《心地觀經》云：「有情輪迴生六道，猶如車輪無終始。」《大智度論》云：「業力故輪轉，生死海中迴。」佛教認為生命輪迴的主體是「阿賴耶識」，而輪迴取向的決定是「業力」。

阿賴耶識是生命受生的根本識，既不是靈魂，也不是精神實體。生命接觸種種境緣後，產生種種善惡行為，這些行為後果的種子又回於阿賴耶識，儲存於阿賴耶識，當肉體死亡時，阿賴耶識最後離去，而在生命體投胎轉世時最先投生，因此阿賴耶識是輪迴的主體根本。

眾生每日身、口、意的造作，有的是善業，有的是惡業，這些業因業緣形成兩

股力量，彷彿拔河比賽，如果善業的力量大，就把眾生牽引至天、人、阿修羅等三善道去受生；如果惡業力大，眾生就墮入地獄、餓鬼、畜生等三惡道去受苦，因此，業力是生命輪迴的決定因素。

而六道輪迴，則是佛陀常常隨緣向弟子講述自己多劫修行的事蹟，記錄於《六度集經》、《本生經》、《菩薩本行經》等，說明佛教認為死亡是另一次生命的開始，知道生命輪迴的原理之後，人們不敢隨意作賤糟蹋，會珍惜每一期的生命；甚至可以立下宏志大願，生生世世乘願完成。

世間一切的現象都離開不了輪迴循環的道理，宇宙物理的運轉是輪迴，善惡六道的受生是輪迴，人生的生死變異也是輪迴。宇宙物理的自然變化，譬如春夏秋冬四季的更迭，過去、現在、未來三世的流轉，晝夜六時的交替，則是一種時間的輪迴。

宗教裡的生命都需要修行

原始佛教的業力輪迴觀

印度傳統的輪迴觀認為，自我（Atman）與業（karma）是輪迴思想的兩大要素。自我是造業的行為者，同時也是業力的承載者；而業力則是引導自我輪迴的方向，決定來生處境的唯一因素。因此，傳統輪迴觀有顯明的道德要求傾向，同時，善惡有報的道德律與生活原則，要依此輪迴思想才能確立。

但是佛教主張，所謂的輪迴不是個體自我靈魂的輪迴，而是生者所造之業力在進行輪迴。如同一滴水，每一滴水有染有淨，內在具有不同的物質，而當每滴水匯入大海之時，大海泯除了每滴水的差別，卻保留了每滴水的雜質；這個大海就像是業力的大海，潮起潮落，波濤洶湧。個別生命的精神與意識，則隨著色身崩壞之際而消解。

回到動物溝通的經驗中，常會遇到帶有佛教信仰的照顧者，希望為離世的毛孩誦經，像是藥師咒、大悲咒等，期望牠來世不再投身於畜生道。然而，曾經有寵物表達無法理解為什麼家人要念經、做儀式，因為照顧者從來沒有向牠解釋過，這些儀式造成了寵物的困惑；此外，已故的毛孩也有自己靈魂需要前往的地方與牠成長的進程，並非照顧者能夠干涉或予以要求的。當寵物的想法與照顧者的希望不同，身為溝通管道的我們該如何如實告訴照顧者？

當溝通者如實表達已故毛孩此刻的狀態，也如實傳達照顧者想透過自己信仰的神佛協助已故毛孩抵達自己理想的彼岸，但「理解照顧者的想法，即便溝通者認同這個想法，也不等於支持照顧者去改變已故毛孩靈魂下一個生命方向」，而是帶著更深一層的看見，去協助照顧者探尋渴望牠再次回到自己身邊，或期盼牠不再投身做動物的心情是什麼。

往往照顧者想要表達的莫過於：在未來的日子裡，他已無法為已故毛孩安排一切的食衣住行，現在還能為牠做的、能仰賴的，只有自己信仰的神佛等等，而這些盼望都是來自於不捨與愛呀！

若溝通者能協助照顧者在傳遞過程中，看見那最核心的心情與愛的表達，無論

對已故的毛孩或照顧者本身，都不再只是表象上的要去傳遞追隨照顧者的信仰，而是能支持與陪伴照顧者的心情，並且協助彼此跨越生死距離的限制，做出不執著於擁有肉身、擁有彼此才是愛的表達與學習。

基督教

基督教不同派別對於動物是否有靈魂或靈性認知分歧。上帝吹一口氣到亞當的鼻孔，使他成為「有靈」的活人——比較保守的派別以此作為區分人與動物不同的依據，認為動物沒有靈魂或靈性；有些基督徒認為動物無法跟人一樣上天堂，認定神造動物是為了讓人類有安然生存、預備生態平衡的環境，動物不可能代替人類的中心地位，因為只有人內心不可見的靈可以與神溝通，知道有關神的知識。

近年逐漸興起的動物神學，針對動物是否有靈魂、死後是否上天堂有較多元的討論。聖經中有多處引用動物作比喻：無論是兇猛的野獸、迷失的羊羔、空中的飛鳥或海中的大魚等，萬物皆是上帝恩典下看作美好的創造，是同等重要

靈魂有所安住，如在天堂

170

的。然而，動物神學或生態神學的探討，仍須跳脫東西方文化背景下詮釋差異的限制，但在這個領域的研討中，目前多導向：當新天新地到來的時候，人與人之間、人與動物之間、人與大地之間是否修復關係，一切受造之物是不是共融（Communion）。

（註：以上由台灣基督長老教會台北大專學生中心林琬婷牧師協助）

仍有為數不少的基督徒認為動物同是造物主的創造，與人同有呼吸與氣息，所以具有靈魂且死後能上天堂。假設進行離世溝通的照顧者有基督教信念，也會為已故毛孩透過祝禱，邀請聖靈降臨，期盼已故的毛孩會有天使帶領回到天堂。

柔穎的離世溝通案例

這是一次讓我印象十分深刻的離世溝通，對象是有著純白蓬鬆毛髮的大狗。

開啟溝通連結之前，我依循以往溝通的習慣，點一些藥草薰香，播放舒服的自然流水音樂，備好了紙筆，坐在固定接案的書桌前。很快的，我在幾個深度放鬆的吐納之後進到深層的意識狀態。

我發現自己快速穿越過一道走廊，映入眼簾的是一個從未見過的大教堂，放眼望去有一個巨大的十字架，傳入耳中的聲音彷彿來自很遙遠、很遙遠的地方，反覆傳唱聖歌般的和聲樂曲，所見的建築畫面巨大，無論是教堂裡的一切，甚至是那浮現的十字架，都不是在我所認知的世界內會有的存在，我只能靠著文字，盡力去形容當下的感受。

就在此時，我看到一個巨大的身影，穿著一襲白色衣著，有著一頭金黃色的頭髮。那身影靜默微笑的看著我，在那瞬間，我明白在我眼前的就是大白，當下我非常訝異、震撼。

我溝通的對象生前是隻大白狗，牠的靈魂樣態確實是如此巨大又安詳。那時大白告訴我：「請告訴我的媽媽，現在的我很好，我也會一直在這裡。」我將所感受到的一切與照顧者核對討論，透過核對，才知道原來照顧者家庭是基

督教徒，而大白生前最喜歡的就是和照顧者爸爸到家附近的天主教教堂園區散步。

大白病重離開前，照顧者媽媽一直播放著聖歌陪伴牠。當照顧者知道此刻大白的所在之處，要我告訴大白，她希望大白有自己想去的地方跟自己的靈魂選擇，不需要因為爸爸媽媽的信仰而選擇待在那裡。轉達完畢，大白微微一笑，看著我說這是牠本來就在的地方，只是經過成為一隻狗的旅程後，再次回到原本靈魂居住的地方，要媽媽放心。

接著，照顧者想問大白，那裡的世界真的有天堂嗎？也真的有地獄嗎？大白微笑對我說：「請你告訴我最愛的媽媽，當你堅定相信有天堂，天堂之門會為你而開；當人們認為自己會來到地獄，地獄之門就會為他存在。」

我好奇問了大白：「你真正要我傳遞給媽媽的心意是什麼？」大白又微笑表示：「請告訴媽媽，不要害怕，不要恐懼生命的老去與死亡，我們每個人都會回到本來的地方。」

那次與大白的對話，創造了面對離世溝通感受彼岸世界的不同經驗，與理解靈魂旅程中另一種形式與視角，再次深感溝通者不受限於文化信仰的重要性；透過每次中性的角度和保持白紙般的心態，與已故毛孩的靈魂連結，會有更多機會展開視野，去認識另一個維度空間的樣貌。

民間道教系統

道教是華人世界中歷史最久遠、最廣泛的宗教，內部門派眾多，名稱各異，錯綜複雜。道教將人的靈魂分為三魂七魄，三魂包括天魂、生魂、地魂；天魂代表意識、智慧、道德，地魂會留在牌位、墓地，只有生魂會前往投胎。與人不同的是，動物只有生魂與覺魂之分。

道、釋、儒三教合一，是梁武帝在哲學上對中國佛教的貢獻，突出之處是把中國傳統的心性論、靈魂不滅論和佛教的涅槃佛性說結合起來，他本人是屬於涅槃學派的，主張「神明成佛」。所謂「神明」，是指永恆不滅的精神實體，它是眾生成佛的內在根據，神明也就是佛性。

梁武帝又提出三教同源論，認為儒、道二教同源於佛教，老子、孔子都是釋迦牟尼的弟子，所以從這個角度來看，三教可以會通──因此民間道教系統也藉由六道輪迴觀念，認為毛孩屬於畜生道，透過做法會、燒金紙，鼓勵照顧者們必須多超渡離世的毛孩，以超渡讓牠遠離畜生道，擺脫此生業障，藉由宗教儀式，讓照顧者們的心更為安定、平靜、放心。

而有些依循道教系統的動物溝通師，會要求在毛孩故去後七七49天才可以進行溝通；某些溝通師則運用所謂「吊生魂的魂魄」來溝通的方式，吊不到魂魄則表示已經去投胎、無法溝通。

◉ 身心靈式

薩滿、新時代

薩滿是人類最原始也是全球原住民的信仰，信仰核心是萬物皆有靈，敬天地、鬼神也尊重世間萬物，範圍大略有預言、治療與屬靈世界溝通。薩滿療癒起源自遠古時代傳下來的療癒方法，普及於北美洲、南美洲秘魯、亞馬遜流域、北歐、北亞、中亞、西藏等地方都充滿類似的文化，我們稱此「文化薩滿」，其運用的方法儀式會因為文化不同而有所差異，臺灣的原住民部落也有相近概念。

薩滿療癒並不是宗教，也沒有固定的儀式與方式，而是由執行薩滿療癒的療癒師在他的指導靈引導下完成療癒儀式，並不憑藉特定宗教的信仰或儀軌，只遵循作為管道的當事人其指導靈或族靈連結個人動物力量的引導協助。

薩滿的療癒師或祭司們學習大自然的智慧，藉此和動物、植物、大自然溝通，他們接收與傳遞的方式也各自不同。薩滿也會提及大地之母蓋亞（源自希臘神話中的大地女神），祂被視為守護萬物的地球媽媽，許多薩滿或身心靈體系的溝通師，在與動物連結時，會先與蓋雅媽媽連結大地，在宇宙父親的守護、參與下，才開始進行連結，與離世毛孩溝通。

對身心靈影響最劇烈的，莫過於起源自西方世界的新時代運動（New Age Movement），是一種透過個人的靈性覺醒轉而追求身心靈一體成長的新興靈性運動。

新時代思想是在1970年代晚期、80年代初期經過少數具旅美經驗的臺灣人士引入臺灣，隨後在這些年逐漸發展成熟，並體現為一種流動式的靈性社會運動。新時代在臺灣社會的出現與發展，無疑受到全球化因素的影響，早期臺灣新時代運動中廣為多數人所知的與神對話、光與奇蹟課程，到後期的賽斯系統、靈氣、魔法、量子信念等如雨後春筍般綻放；但只要提及新時代療癒，在多數冥想中，光和愛的連結從不缺席。

正在閱讀本書的你，對「光」的感覺是什麼？大多數人的答案都極為相似與正向，例如溫暖、安全、平靜等。在人類的集體意識中，光是正向且具有力量的，是太陽給予地球最重要的能量，幾乎萬物都需要陽光的照耀與滋潤，人是向光性的生物（無論生理條件或心理狀態），自然對於光有正向能量的連結。

反觀對於多數人，特別是身處東方文化環境中忌談死亡的人來說，在認知上容易出現亡靈有灰色的、黯淡的、甚至是不舒服的聯想。因此，初次接觸離世溝通的溝通者，很適合運用靜心冥想的過程，想像進入光並且讓整個意識在光的

包圍裡，在意念中邀請已故的毛孩靈魂一同進入光中，而透過光的冥想過程，
能協助溝通者與已故毛孩一同感受到正向的安心感與被保護的感覺。

柔穎的經驗

曾有一個臨終關懷溝通，照顧者正在面臨難以承受卻必須放手讓毛孩離開的
沉痛抉擇。

溝通過程裡，毛孩給出的回答是：「媽媽無法承受做決定後的難過心情，甚
至連和我好好說再見的勇氣都還沒準備好。」臨終的牠淡然說道：「其實我並
不執著這個已經老到不能再老的身體了，但看著媽媽的難過心情，我想試著
等她理解我即將離開的事實，我想陪著媽媽做離別的準備，但我無法控制此
時身體不舒服的症狀，那會讓媽媽格外擔心跟難受。」

我將毛孩的心情如實轉達給照顧者，也問照顧者是否願意跟隨我的引導，為
毛孩做一個愛與光的冥想祝福，電話那頭的照顧者馬上答應。在我的引導聲
中，邀請照顧者與毛孩啟動了這個光的冥想，並且在過程中讓照顧者將內心
中的愛與祝福送給了他的毛孩。

在那個當下，照顧者幾乎能感受到自己的毛孩帶著微笑，正在向他說謝謝與
再見，並且表達了牠對照顧者那份深很深的愛，照顧者也在這個過程中理
解毛孩的離開不代表失去，而成全與放手、讓牠安心的走，更是對於此刻的
牠最好的祝福。

完成這個溝通之後，隔天早上，我收到照顧者深夜傳來的訊息，說溝通完後
毛孩就格外安靜，沒有哀嚎、抽搐的症狀，就在半夜他起身查看時，毛孩彷
彿睡著了一般，安然離開。

● 唯心式

一般而言，「唯心主義者」是指那些認為人類的存在很大一部分來自觀念或精神領域的人。形而上唯心論認為現實世界的本質是無形的或精神上的，唯心主義宣稱人的意識是萬物的根源以及物質現象發生的先決條件。根據這個觀點，意識作為物質存在的前提是存在於物質之前的、是意識創造並且決定了物質，而非物質產生出意識。唯心主義者相信，心智及意識是物質世界的起源，並嘗試藉由上述的法則解釋世界萬物的存在。

許多重視精神領域的人，對物質不那麼看重，想追求心靈與精神上的探索，利用各種方式學習向內探索與養身之道，往往會出現不約而同的相似之處，都在於關照與覺察。

所以，越來越多人開始學習與了解動物溝通後，會意識到可以藉由各內觀、禪修、冥想、習修太極拳、氣功等有意識去鍛鍊自己的心。當一個人有靜心的習慣，或常處於心比較寧靜的狀態時，在生活中感知的敏銳度也會跟著提升，打開感知的源頭。

也有人最初接觸靜心並非從動物溝通開始，藉由向內探索的過程自然打開了敏銳的內在感知。少數長期投入在修心的人甚至能發展出他心通（知道別人在想什麼）或預知的能力，或追求通透生命的實相，達到天人合一的境界。

有些人練習動物溝通後，慢慢開啟了靜心冥想的練習，使得內在的感知能力逐步精進、細膩，因為感受到內在能力的增長，進而探索自我意識成長的途徑，或是個人靈性的修行。

動物溝通和離世溝通是通靈嗎？

這一直是很多人的困惑（說是偏見也不為過），也是我們推廣、教學時經常被問到的問題之一。與沒聽過動物溝通的人分享動物心靈溝通，他們第一個反應往往是──那不就是通靈嗎！？

● 通靈的普遍認知

通靈到底是什麼？一個人所處的文化、環境、接觸過的資訊，會形塑出他對於通靈的概念與態度。一般人對通靈的認知是有著神秘甚至可怕的面紗、常常跟鬼故事連結在一起的超自然現象，夾雜許多負面感受。自古以來，人們對死亡有深切的恐懼，對彼岸世界的未知（或甚至不認為死後仍然存在等觀點）使得靈魂和死亡一直是個充滿禁忌的話題，避之唯恐不及。

一個陰暗的房間裡閃爍微弱的燭光，靈媒招喚亡靈，過一會兒在鏡頭前開始扭動身軀，雙眼往後翻卷，恍惚狀態中用不是自己的聲音說話──電影中描繪的通靈總是令人毛骨悚然，加深人們對無形世界的畏懼。

心靈本來就有連結與接收的力量

● 通靈的定義

國際知名通靈師約翰・霍蘭德（John Holland）在他的著作《生死溝通》中對通靈做了詳細的介紹。通靈其實有許多層次上的定義和不同的面向，民間習俗中常見的恍惚通靈是通靈者改變自己的意識狀態，讓其他靈魂進入，透過其他靈魂來說話，參與者時能見到戲劇效果。十九世紀歐洲興盛的物理現象通靈會出現更不可思議的情況，像是漂浮、形貌改變、隔空取物，通靈者必須具備靈外質（ectoplasm）來進行物理性改變，卻因為假冒的騙子偽造物理現象而蒙上詐騙的陰影。以上兩種通靈者必須具備某些特定要素，接受長期專業訓練後才能熟稔這些技術。在臺灣比較常見的物理現象通靈則是米卦，和法事誦經結束後香灰自動浮出字或符號等。

除此之外，療癒通靈是最高級的一種通靈形式，因為愛是我們生命中最具有影響力，也是最強大的力量。不同形式的精神能量治療例如靈氣、氣功、般尼克療法（pranic healing）等，療癒者將來自宇宙或更高存有的能量，透過他隔空傳送出去，讓愛的能量療癒人的肉體和精神層面。通靈藝術的通靈者以藝術形式傳達來更高境界的訊息和畫面，他可能一邊創作，一邊和你談話，透過心靈之眼將你剛離世的親人生動呈現在紙上，同樣具有療癒人心的效果。精神感應式是最普遍的，不需要用上任何肉體感官，是心靈對心靈之間的溝通模式，又稱為心電感應，一旦透過意念讓雙方建立連結便能進行心靈交流。

眼尖的讀者應該已經發現，精神感應式與動物心靈溝通的方法其實是一樣的。肉體已逝，意識永存！當人不只是肉體，是靈性的存在，自然能超越肉體的限制，與沒有肉體的意識交流。

英文 Psychic 這個字源自於希臘文 psychikos，意思是「屬於靈魂的」，在英文的意思是心靈、精神的、靈魂的、靈媒。當通靈的「靈」是心靈、精神或靈魂，通靈也表示與心靈、精神或靈魂相通了。從另一個層面來看通靈，是指連結，而有效通靈等於雙向通訊，有許多方式能達到雙向通訊的效果。

「間接式通訊」是一個能暢通連結精神心靈的人（俗稱靈媒）透過某個靈界的存

在得知其他靈魂或靈體的訊息；或憑藉輔助工具的連結，例如靈掛、靈擺、碟仙、牌卡、浮字等（不同文化體系有不同的工具），與不具有肉身的存在互動。

「直接式通訊」則是自己直接透過意念和彼岸的靈魂連結，同時也會得到部分來自量子信息場的訊息。無論是間接式通訊或直接式通訊，要為自己建立清楚與安全的連結，並在結束後確實結束連結，需要有正確的心態與明確切斷連結的意念；如同撥打電話給誰？意圖是什麼？通話結束時必須正確掛上電話。撥電話（啟動連結）與掛電話（切斷連結）同樣重要，這部分請參考第一章（P.68）。

透過意念傳遞與接收訊息的意念溝通方式，也叫心電感應，由於過程不使用肉體感官，本是通靈的一種，可惜通靈這個名詞被污名化了，在科學至上的年代，看不見、摸不著的無形意念被視為恐怖的、奇怪的、不正常的。意念並非肉身的一部分，現今人類習慣於有形有相的實體物質，所以當我們進行非實體的意念溝通時，自然應該把對於實體的執著放下。

世界各地文明留下的文獻紀錄中，人與靈之間的連結早已存在，看似神秘，其實已經融入人類的文化。在西方文化中，《約翰福音》4:24曾提及：「神是靈，敬拜祂的人必須在靈裡和真理中敬拜。」因為神是靈，人們必須真誠、發自內在心靈的全心全意敬拜祂。

從北歐神話的諸神信仰到古埃及文明裡人與眾神之靈的關係，還有世界各地部落的連結祖靈等，遠溯上古，時至今日，人與靈之間從未間斷過連結。東方文化與古老傳說中提及的「靈」，上至神佛，下至已故人們的魂魄，山有山靈，河有河神，除了人，廣泛延伸至世間萬物皆有靈。

道家認為人本身就分為魂與魄，是附於人體的精神靈氣，類似於西方所說的靈魂。魂是陽氣，構成人的思維才智；魄是粗糙重濁的陰氣，構成人的感覺形體，也代表靈與人之間的差異只在於有形的身體，在任何人或生命還未擁有一個形體或載體時，都是一個精神能量的存在意識，想當然耳，當肉身死亡，該生命會再次回到精神能量的存在意識。

透過這個觀點來看通靈，或許我們可以試著用更自然、不再投以任何神秘色彩的角度看待靈性或靈魂的連結。

量子力學是從科學連結到玄學或神學的橋樑，李嗣涔教授^(註)將靈界定義為信息場，量子信息場沒有時間、空間的限制，自古以來所有生命、意識、靈魂的所有經驗、想法、感受都累積在這個信息場中，也是許多熟悉身心靈方面的人所稱的「阿卡西紀錄」，現在的科技已經能證實量子信息場的存在。

（註：李嗣涔教授1974年於臺灣大學電機工程系畢業，1981年獲得美國史丹福大學電機工程博士，1986年至2019年為臺灣大學電機工程系教授。專長為半導體光電材料與元件、奈米結構光電元件；氣功、特異功能與信息場的研究。）

我們可以用更科學的角度、甚至是物理科學研究的方式來看待這些無形的、通靈的現象。當我們的認知停留在物質視角來看宇宙萬物，會認為只有看得見、觸摸得著，甚至聞得到的才真實存在；反觀那些非物質的存在，像是人內心升起的心靈情緒、想法、感受，跟某些無法質量化的自然運作，在有限的肉眼中無法看到或接觸到，就會被認定為不存在或不科學。

但是，隨著越來越多想打開宇宙未知與維度奧秘的科學家及物理學家的努力，陸續證實宇宙不只有物質空間，物質是由各種振動頻率的能量所組成，所謂的「物質世界」其實是「虛像世界」的投影，而我們所有的人類與存在意識是生存在一個多維空間的宇宙裡。

人類活在地球三維空間，自然無法以肉體感測到超出三維空間以外多維空間的存在體，而這些非物質型態的存在體，就是我們俗稱的鬼魂、精靈、神、菩薩、佛、靈魂等。即便如此，有些人天生具有敏銳暢通的感應力，能夠接收到、感知到這些無形的存在體，這種接收、感應如同收音機、Wifi訊號、藍牙等，只要調好頻道、設定密碼連結，自然就會接收到影像、聲音。因此，任何有形或無形的存在意識皆是一個發射訊息的個體，也是一個可以收取訊息的個體，包含每個活著的人都是。

其實每個人都擁有這種能力，只是或多或少或是頻率尚未校準而已。自古以來有許多「溝通」方法，如易經卜卦、印度納迪葉、古老而新穎的靈魂占星、八字命理和禪定靈修、馬雅曆、人類圖等，都是要來幫助我們以明確、客觀的方法，和虛空中的靈體或自己的潛意識心靈溝通，甚至與身心靈新時代中所提及的「高我」進行溝通都不困難；只是在實用主義的文化中，多數人從小成長、學習的經驗裡，強化了實用、具體、具象才是真實或重要的，以致於淡忘、甚至關閉了人類本有的能力。

還未學習過語言的寶寶們，能透過非語言的意念互相交流，也有孩子的父母透過寶寶安全監視器，在畫面中看到孩子與空氣中某些位置開心互動，這些通靈與通訊的交流天賦，是一個人自然的能力，當我們以開放的心去理解、尊重與靈的界線，無論進行動物溝通，或是某一天有緣分發現更多存有，都要保有清晰的覺知和界線，覺察自己的能力，不做超出個人能力的溝通。

最後，請特別注意，本書分享的是「與動物的心靈或離世動物的意識溝通」，我們不鼓勵你將此方法運用在和離世的人溝通，因為人的意識、執念比動物複雜許多，那是另一門高深的領域，不在本書範圍內。

柔穎的經驗分享

這是一個不在預期中發生的故事，地點在一個兒童畫室裡，我與畫室主人是熟悉的好友，她是個充滿童真與溫暖的兒童繪畫教學老師，也是位充滿愛心、喜愛小動物的貓咪照顧者，經營畫室這些年，陸續收編飼養了將近八隻自己送上門來的浪貓。

某天，我去畫室拜訪，好友正為小小班孩子們的才藝課備料，當大家陸續來到畫室，好友為孩子們介紹我是誰的當下，突然他們驚慌大叫，看見畫室裡一隻名叫虎虎的虎斑貓從門外走了進來，口裡叼著一隻小麻雀，孩子們激動的尖叫聲似乎也嚇到虎虎。

好友感到驚訝，因為虎虎從來不曾叼過小鳥回家，當時所有人都大叫著要牠將口中的麻雀放下，牠卻因受到驚嚇而想避開。

此時我蹲下身子將手心打開，平靜看著虎虎的眼神，對牠說：「虎虎，把小鳥給我。」那一刻虎虎鬆開了嘴，將口中的麻雀放在我的掌心。放下那一刻，我仍能感覺到麻雀的體溫，但看得出來牠已經沒有生命跡象。麻雀身上沒有咬痕，看起來不是虎虎獵捕了牠，有可能是意外從樹上掉落，虎虎只是把牠叼回家。

孩子們不約而同凝視著我手心裡毫無生命跡象的小麻雀，驚慌起鬨說著：「好可憐，好可怕，好噁心，牠死掉了耶！」在那個瞬間，我意識到死亡的發生是如此直接又真實，不論你我有沒有準備好去迎接，死亡就存在於生活中。看著眼前這群懵懂天真的孩童與手上逐漸僵硬的小麻雀，我思考著自己能做些什麼。

當下我試圖引導孩子們：「如果手上的麻雀是活的，還能飛翔，你們會覺得牠如何？」孩子們異口同聲說：「小鳥很可愛呀！」

我說：「沒錯，在你們心中的小鳥就是這麼可愛，所以我手心上的小麻雀也是如此，只是牠現在的生命結束了而已。」

此時，有個孩子向前了一步：「牠看起來像是睡著了。」下一個孩子好像也沒那麼害怕了：「牠只是不會動了。」越來越多孩子繞著我圍成一圈，有個小朋友開口說：「小麻雀去當天使了。」我笑著點頭跟他們說：「麻雀已經死掉了，但如果你們願意，我們可以一起去將牠埋在教室外頭的大樹下。」

孩子們陪著我一同走到外頭。站在大樹下，我問大家說：「你們想跟小麻雀說什麼或祝福牠嗎？」孩子們開始童言童語說著：「我想跟牠說不會痛痛了、小麻雀要去變成天使喔！」「我想祝福牠。」「我想拔小花送給牠。」

此刻，孩子們從無法接受小麻雀死亡的恐懼態度，轉變成可以正視理解、給予死去小麻雀純真的祝福。

隨著孩子們的句句祝福，我們把小麻雀埋葬在大樹下。此時我又問了問小朋友們：「當你們在祝福小麻雀時，死掉的麻雀還會讓你感到害怕嗎？」孩子們齊聲說著不會了！也覺得可以一起埋葬小麻雀的行為讓他們感到十分安心，覺得自己好像也能幫助死掉的小麻雀。

小麻雀短暫來到人間，成為孩子們的老師，帶給他們寶貴的生命教育，在他們心中種下一顆正視死亡的種子；正視死亡發生、走過恐懼之後，隨著憐憫心的升起，轉而對生命臨終產生理解與祝福而送別，認識生命的真諦。

我經常在動物溝通課程裡分享這個故事，提醒自己與許多前來學習溝通的夥伴們，當我們真正理解死亡和生命的真諦，就能將所學、所理解的觀念在日常點滴中活出來，將知識轉換為生命智慧，並且去分享與傳遞，不只運用於動物溝通，也讓所學的精神帶領自己、身旁的人們以及照顧者們，產生一份更安穩的支持。

理解悲傷

近年來許多動物溝通師開始探討照顧者與毛孩間的情感依附關係與依附行為，涉略心理學的知識以提升與人溝通的技巧和與照顧者諮詢會談上的運用。

首先，經驗毛孩臨終、離世的過程中，人可能會在不同階段展現對於悲傷的反應。這些階段會透過經驗悲傷的當事人，在生理、認知、情緒、行為等方面反映出來。

● 悲傷表現形式的四種階段：

1. 麻木 (Numbness)

麻木和震驚：經歷毛孩臨終或過世等重大事件，人可能會假裝、逃避甚至欺騙自己毛孩仍然活著，無法面對事實。有些情緒表達較為緩慢與壓抑的人可能會感到麻木或無感，假裝事件沒有發生，過著看似正常的生活節奏，這是一種心理上的自我防禦機制，允許當事人不會立刻陷入崩潰。

2. 苦思 (Pining)

思念與回盼：這個階段的特點是經驗悲傷和失去後的渴求，意識到身邊已經沒有毛孩，渴望離世的毛孩返回身旁以填補死亡所造成的空白。在此階段會湧現許多過往情感並釋放與表達，如哭泣、憤怒、困惑、焦慮。同時，大量的回憶湧現，不斷思考怎麼會發生這件事，自責、懊悔的心情隨之而來，認為若能多做些什麼可能就不會發生這件事？

3. 憂鬱 (Depression)

混亂和失落：經驗強烈悲傷的人，往往難以再與身旁人連結，甚至覺得別人的安慰對於此刻的自己是有壓力的，感到無法被理解，進而抗拒日常生活經常進行的社交活動。接受毛孩已經離開的現實後，對生活會失去某些熱情，可能轉向變得冷漠、絕望、自責、質疑。

4. 復原（Recovery）

重整與恢復：在最後階段，經驗悲傷的人逐漸意識到要回歸新的正常生活。在劇烈的悲傷期間，生理現象可能有所改變，例如吃不下、睡不著、體重減輕或突然上升。恢復的過程會開始增加生活意願和行動機能，並且對參與愉快的活動重啟興趣。悲傷雖然不能用所謂的結束來定義，當回憶湧現，悲傷仍然會再次來襲，但當人們願意去面對、去處理，難受的心情和絕望的想法會逐步減弱。

走過以上各階段的時間長短、順序因人而異，無論經驗這些過程的是我們或是身旁的人，都需要耐心給予等待的時間和空間。

⬤ 美國心理學家沃登提出哀悼歷程的四步驟重建方法

1. 接受失去的真相

接受真相，是走出悲傷的第一步。坦然面對如親人般的毛孩已經死亡、不會返回的事實，是悲傷的照顧者需要完成的第一項任務。如果沒有完成這個過程，會加劇延長哀悼的過程。

2. 正視悲傷和痛苦

面對毛孩離世，多數人反應往往是痛苦的，經歷各種情緒起伏（如憤怒、內疚、恐懼、抑鬱、悲傷、絕望等）是自然且正常的。走出悲傷的過程需要時間，給予充分的時間與步調，正視這些情緒和痛苦，不否定與抗拒它們的存在，並且在過程裡接納自己此時的脆弱。

3. 重新適應不再有牠的環境

以往和毛孩有許多互動和作息是重疊的，例如一起散步外出、餵飯、梳毛，這些長久習慣的生活方式和生活環境少了牠的存在，必須給予自己充分的時間去調整情緒和心理狀態。這個過程需要一次次回顧過往，不論以微小步伐的速度去適應與整理心情，或更長的時間來調適，透過開始願意整理遺物的過程，再次回顧過往的美好而逐漸走出哀傷。

4. 帶牠一起進入新生活

永遠無須強迫自己不再回想與毛孩的回憶，也不需要因為害怕難過而以漠視的心態去稀釋對牠的懷念。如何超越死亡的限制，並且好好去面對沒有牠的生活型態？我們可以做的就是在心中為牠找一個合適的位置，將牠放在那塊心靈聖地，讓牠永遠常在。每當想起牠，就在心中對牠說說話，經由心靈的對話傳達思念之情，讓愛超越時空的限制，即使肉體分離之後，仍然持續存在。

經驗豐富的動物溝通者因為參與多次與已故毛孩的離世對話，明瞭生命的循環，對於生死別離能夠比較平靜淡然。有些動物溝通者可能曾經歷與自己親愛的毛孩或家人離別的傷痛，每每遇到生死別離的溝通案件，就會觸及內在情緒波動。

無論此時的我們處於哪種階段，莫忘對於照顧者來說，他正在面臨毛孩離世的心情感受，都需要我們懷抱理解與同理來進行當下離世溝通的對話。

看似單純的動物溝通，最終需要的還是「與人溝通」，每次與毛孩溝通的過程，必定會接觸到照顧者，畢竟照顧者才是真正與毛孩生活並能協助支持毛孩需要的源頭；這也是為何溝通學習到最後，我們都期盼自己能增加更多溝通技巧與談話方式，因為在短短一小時左右的溝通中去接觸了解照顧者的狀態與情緒並不是太容易的過程，更遑論臨終關懷與離世溝通觸及到的情緒深度。

一個願意持續提升自己的動物溝通者，能在循序漸進的過程中同理照顧者，讓同理不只如此，並且具有智慧與溫度的引導照顧者，讓其內心想法與面對毛孩離開的情緒有宣洩表達的機會，進而獲得療癒悲傷的可能。

每個人都有經驗悲傷的時刻，允許自己悲傷，是非常重要的

● 允許悲傷的重要性

當你急著將他人從悲傷中治癒的同時，也剝奪他此刻需要好好感受悲傷的權利。因此，請允許當事人悲傷，再引導他在悲傷之中陪伴自己。

讓我們試著站在照顧者的角度，去感受他面臨離別的心情，要允許照顧者充分表達失去毛孩的心情與感受，甚至協助他找到表達情緒的勇氣，而非急著讓他遠離悲傷。

大多數人遇到身邊正在面對失去傷痛的人，時常因為不知道如何反應或未曾學習如何給予適切安慰，不自主會希望對方趕快走出悲傷，希望他節哀、不要再難過了；但這份急著要求對方走出悲傷的著急，其實也給了暗示性的否定，不允許當事人有悲傷難過的權利。

如果你想和當事人聊聊，這些是你可以表達感同身受以及表達接納的話語：「你失去了最愛的毛孩寶貝，少了一塊心頭肉的感覺一定很痛。」、「想哭就哭吧，如果現在你很需要大哭一場，我陪你哭。」

● **談話過程中，你也可以試著做這些……**

1. 如何紀念毛孩？

詢問照顧者在毛孩離開後，會用什麼方式紀念毛孩，讓他知道想念和紀念毛孩是被允許的，這份允許將滿足照顧者內在情緒被理解的需要。

2 適度定期宣洩情緒

鼓勵照顧者在設定好的時間限度，例如三十分鐘或一小時（依照個人需求而定），和在安全的、被支持的環境中回憶過往、哭泣、表達悲傷，利用這設定的時間，正視自己需要流動的情緒；時間限度和空間能讓悲傷在安全網之內宣洩，避免掉進哀慟漩渦而走不出來，每回透過訴說和回憶，自然能減輕悲傷的沉重感。

3. 接納悲傷的同時，學習照顧自己，建構未來生活的轉變

「原來我可以被允許悲傷難過，我能具體做些什麼來照顧自己、陪伴與支持自己？」這些表達會自然協助照顧者回到平靜，而以往被壓抑的、未曾表達的感覺，在這個過程中也會獲得機會逐一浮現。

毛孩與照顧者的依附關係越強烈，越需要把依賴感逐漸轉移到其他事物上，轉換生活的重心。若離世毛孩表達自己在彼岸很好，照顧者無須擔心，而與照顧者心情迥異時，溝通者能藉由毛孩的話，試著去問照顧者：「當你聽到這些話，有什麼感覺？」引導照顧者轉移自己主觀認知下的擔憂與哀傷，帶著新的理解去體會和接納毛孩離開後的狀態。

4. 協助照顧者找回生活的控制感

「以前照顧毛孩花了許多時間，往後這些多出來的時間你能做哪些以往想做卻沒做的事？」邀請照顧者找出可以為自己、為離世毛孩做的事，邀請他表達如此行動的緣由，了解在這麼做的當下，心情將有怎樣的轉變或感受。

以上的方法，能帶領照顧者一步步面對悲傷、理解悲傷到走出悲傷，對新手溝通師來說雖然不容易，需要鼓起勇氣跨出第一步，但會成為一個能持續成長、達到自我實現的指標。

練習 5

請寫下能對照顧者的難受表達同理、感同身受的話語

1. 照顧者：只要想到過世的狗狗，我就難過到吃不下、睡不著。

溝通者：

....

....

....

2. 照顧者：大家都對我說，只不過是貓死了，為什麼要難過那麼久？

溝通者：

....

....

....

3. 照顧者：朋友對我說，再養一隻就好了，沒事的。

溝通者：

....

....

....

溝通師的定位

過世的靈魂有祂們的世界，在地球上的我們有我們的生活，離世溝通的最高目的，是認知雙方關係並不會因為少了形體而消逝，透過離世溝通好好傳達彼此的心意，進行告別，讓生命沒有遺憾，達到生死相安。

依循第一章到此的內容，應能深刻意識到身為一個離世溝通管道的溝通者，在溝通中需要具備以下四大方向：

1. 如實溝通。
2. 同理表達。
3. 陪伴聆聽。
4. 整合毛孩的心意。

溝通師基於陪伴、聆聽、整合毛孩的心意，與照顧者討論執行任何需要傳達與調整的方向。此外，提升自我生命的體會、對死亡的認知與宇宙觀點的學習，都有助於溝通者的素養。我們更需要時時保持身為純粹的溝通管道，有意識去理解生命循環，認知靈魂不滅的原則——靈魂進入不同的身體中得到生命，當身體凋零壞死，靈魂便卸下這個身體，依然存在。

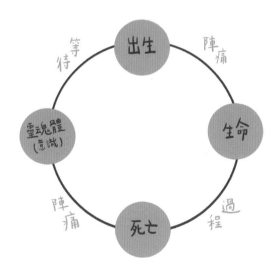

動物溝通師比一般人容易接觸到生離死別，學習生命的意義、生命的循環是動物溝通中不可或缺的一塊。當溝通師對生命有深入的認識，態度比較豁然、豁達時，當無常來臨，便有機會去支持身邊的人，進而看見每個生命循環中的美麗。

情緒的重量與能量

溝通時，能感受到毛孩靈魂的情緒、心情還有訊息，這些都以能量形式交流，不同的能量震動有不同的質地。當一個溝通者能細微辨識出能量狀態的差異，就能更清楚掌握毛孩靈魂此刻的狀態。

「情緒是有重量的！」情緒是一種能量，這句話意指能量的感覺或能量的重量感。當我們碰到正在經歷強烈情緒的人，有時身體會不自覺靠近或閃躲，例如眼前的人正在發脾氣，雖然看不見那股令人感到不舒服的情緒，卻自然會想遠離這個人，這也是為何形容心情不好的詞彙多半和「沉重」相關，因為能量振動頻率較低；又或是旁人心花怒放、喜不自勝時，自然會被那股喜悅氛圍吸引過去，並形容那股氣氛是「輕盈」的，因為能量振動頻率較高。

不論是高頻率或低頻率的情緒能量，內在狀態無法偽裝，它會自然而然、由內向外散發。練習去感覺動物靈魂的輕盈感、個性感、情緒感，避免任何用力，讓能量自然流動。

溝通者要有足夠的細微覺知能力，判讀或感受更細微的能量狀態，感受量子訊息的共振反應，培養越多經驗時，對細微能量的敏銳度會逐漸打開。有些人可能在接收訊息時會因為敏銳性增加而產生變化，例如本來只有感覺或體感，慢慢出現視覺或其他的能量感受。相關的覺察練習在第四章。

離世溝通與一般溝通不同之處

1. 連結方式

與離世的動物溝通，意念連結的方式與在世溝通相同，如果你對於離世溝通感到有些緊張，或是初學尚未穩定的狀態，需要更穩定的信念時，可以在連結前充分想像自己被光球完整包圍，以意念強化安全感，溝通的過程讓光球持續保持著，也可以邀請對方進入另一道光裡，在光中和牠互動。

藉由光，在溝通中感到既安全又穩定

2. 溝通技巧

離世溝通的溝通技巧與在世溝通沒有太大的差別，話題一樣由輕入重，你可以參考以下話題方向與已故的毛孩互動：

#生前的喜好或習慣，以開心的話題開場，目的是讓照顧者知道連結的是自家寵物的靈魂，需要邀請牠提供一些生前的訊息，讓照顧者對你產生足夠的安心與信賴。這些訊息可以是牠生前最喜歡或開心的事情，或與照顧者最親近的互動方式、生活習慣或回憶等。

#談談牠離世當下的經驗和感受。

#此刻牠所在的世界是什麼樣子？牠的感覺如何？與有身體時的不同。

#為何成為這隻動物？目的或任務是什麼？

#此生的心得感想、美好的回憶。回憶美好的過往相當重要，除了讓寵物回顧一生，牠所說的美好回憶能讓照顧者鬆開心結，強化與照顧者生活中美好的部分。

#如果照顧者對牠有所抱歉或愧疚，問問牠對此的回應，或此刻的牠對家人有什麼想法、心情或祝福。對家人說的話，都能帶給照顧者心靈的安慰。

#討論以前有沒有動物溝通的經驗。

#離世溝通與在世溝通感受上有什麼不同？與照顧者核對毛孩在世的身份之外，回憶美好過往的經歷將成為照顧者的精神支持。

#聽到毛孩的心境和想法時，照顧者的心情感受如何？

#討論毛孩離開後，照顧者將會如何支持、陪伴自己？

傳達訊息時，別忘了顧及照顧者的情緒，給予你能力上恰當的支持。如果毛孩尚未放下，要如何將此訊息傳給照顧者？和照顧者討論聽到毛孩訊息時，他的心情如何？要讓照顧者有表達的機會，以此支持照顧者的情緒。

3. 提問要點的比重

離世溝通與在世溝通最大的差別、最要注意的部分，就是對話中觸及的話題比重。提問比重上，關於在世時的日常話題比較少（像是吃喝玩樂等）。你可以和牠多聊聊在彼岸的感受、回顧在世的回憶與心得、成為該寵物的靈魂目的、和照顧

者之間的關係。如果照顧者強烈放不下毛孩的逝去，牠對此的看法是什麼、彼此的關係會以什麼形式存在。

4. 支持照顧者的情緒

照顧者在離世溝通的情緒多半比在世溝通更強烈，儘管牠的回答可以帶給照顧者許多安慰，溝通者此時也必須超越「只是翻譯傳達話語」的角色，主動給予更多關注，適當引導他的情緒和感受，鼓勵開口表達，帶他看見不同的角度。

練習6

> **如果你要進行離世溝通，會想跟毛孩聊哪些話題？請先準備好幾個口袋話題。**

> ....
>
> ....
>
> ....
>
> ....
>
> ....

能量清理

溝通後，請讓自己回到舒適安穩的生活，吃有營養、好消化的美味食物，充足睡眠，適當運動，保持正常作息，心情放鬆，這些都是平衡身體內在的能量最簡單的方法。

若天地是大乾坤，人體就如小乾坤，有呼吸、體溫、水分、皮肉等。以下簡單介紹透過地球四大元素進行清理的精華：

● 地元素

從古至今，大地擁有分解、消化、吸收的循環方式，土地也是最好的釋放跟回歸能量的地方，可惜現代環境的土地大多被柏油路所取替，但你仍能去公園或草地上走走，赤腳走在草地上能釋放身體的電離子，透過身體接觸大樹、大自然，將比較低頻的能量釋放至大地。

● 水元素

人體有70%是由水所組成的，人體如果喪失10%的水分即會感覺到不適，若是喪失20～25%就會對生命造成危險。不論沖澡與泡澡時加入海鹽、接觸海水或溪水、接近瀑布的負離子、喝大量的水，透過水元素來平衡清涼的能量，是極為簡易與重要的方法。

● 火元素

溫暖的能量可以提高人體的代謝和流動，讓身體自然運轉來排除多餘頻率。曬太陽、用吹風機加熱後頸與腳底的穴道使體內有更流暢的循環，都能幫助能量平衡。點蠟燭、香供或燃燒鼠尾草代表火元素的能量，點燃過程中，人的意識能感受到火元素在此刻帶來溫暖的熱能，藉由這種熱能在意識中達到清理與淨化的效果。

● 風元素

所謂的「風」為送氣之媒，因此，東方的「理氣」可立向、納氣、消煞等，是風水學中引申出來的關鍵技術之一，由此可見風元素與氣的運行流動是影響人體平衡的重要元素。不論身體所處的外在環境其空氣品質的循環如何，在身體的小宇宙中，我們也能透過呼吸調息、行走、甩動雙手、發聲唱誦等，運用風元素的協助去進行能量清理。

體感接收較為明顯的溝通者，完成臨終或離世溝通之後，可以透過能量清理與淨化使身體回到穩定舒服的狀態，加速排除停留在身體中不屬於你的能量。許多清理與淨化能量的方式不需要大費周章，在生活中就能輕鬆做到。

洗個光的
泡泡浴

除此之外，冥想光的瀑布同樣具有清理效果。想像自己置身於一個舒服的環境，溫暖的光從上方落在身上，讓有如瀑布的光從頭流動到腳，從上到下，甚至感覺身體的每一個細胞都充滿了光，身體和精神會在光的沖洗後感到輕鬆。

藉由物質元素或冥想，就能達到能量的淨化與清理

延伸閱讀
負離子

大自然蘊含豐富的芬多精與負離子，是最能讓人體能量釋放、紓壓放鬆的環境，根據林務局資訊與科學研究顯示，當環境中的負離子含量愈高，對人體健康會有更多的調節與幫助。

例如，負離子在生理方面可改善呼吸系統，幫助呼吸道內部絨毛清理淨化、活化大腦皮層功能、提振副交感神經系統，與加強細胞氧化還原能力；血液造血系統方面，能減慢紅血球沉降速率，延長凝血時間，使周圍紅血球與白血球數量增加等，為負離子贏得「空氣維他命」的美名。許多實驗也發現，負離子有以下改善身心的優點：

- 減緩身心壓力。
- 改善大腦皮質功能，提高腦力活動效率。
- 調整自律神經功能。
- 紓緩呼吸道，改善肺部換氣和排痰的功能。
- 殺菌、抑菌。
- 降血壓，紓緩心率，改善心肌營養狀況。
- 淨化血液。
- 增強身體免疫力，增加血中球蛋白含量。

特別的是，負離子具有「可吸附空氣中的灰塵」之特性，當空氣中凝聚的粒子大到一定的重量時，就會自然沉降，以減少空氣中的懸浮粒子，達到清淨空氣的效果。

我們何其有幸，身在有山有水的島嶼！許多研究結果顯示，山林裡的瀑布區含有最豐富的負離子，在臺灣本島，富含高負離子的瀑布有：

1.	南投仁愛夢谷瀑布	**7.**	新北三峽雲森瀑布
2.	新北平溪望古瀑布	**8.**	新北瑞芳黃金瀑布
3.	花蓮太魯閣白楊瀑布	**9.**	宜蘭冬山新寮瀑布
4.	新北烏來內洞瀑布	**10.**	苗栗南庄神仙谷瀑布
5.	新北烏來烏來瀑布	**11.**	嘉義梅山龍宮瀑布
6.	新北平溪十分瀑布	**12.**	嘉義阿里山蛟龍瀑布

值得我們注意的是，如果住在都會區，即使是負離子相對較多的公園，其負離子含量相對於人體維護健康的基本需求量仍是明顯不足；當人體長時間處於正離子多於負離子的情形時，在生理機能上容易出現精神不集中、高血壓、過敏、疲勞、精神緊繃、不安等狀況。

所以，衷心建議各位多走入大自然，享受負離子的洗禮與淨化，高山、海邊、郊外、田野間也是令人心曠神怡的選擇。

大自然能給予最好的能量支持

寫一封信給已逝的摯愛毛孩

歐文‧亞隆這位存在心理治療大師是以治療死亡焦慮著稱，卻在得知愛妻瑪莉蓮罹患癌症、來日不多的當下，也一時無法承受。即便是陪伴、治療過如此多患者走出傷痛的他，在面對失去、面對離別與死亡敲門時，依舊需要耐心與旁人的引導，好好與悲傷共處來度過哀慟。

他曾說過：「悲傷，是我們為敢愛所付出的代價。」運用於毛孩與照顧者的依附關係和情感連結上，照顧者再也不能和毛孩分享喜怒哀樂、生活經歷和想法，牠無法再參與其中；總覺得生活好像少了什麼，可能再也沒有誰可以填補這個空白；常常會有恍惚呆滯的空白，似乎做任何事都失去熱忱和動能；有時會忘了對方已離去，不自覺呼叫牠的名字或與牠分享些什麼；對死後世界有許多想像，思考在遠方的牠現在如何，困惑無解的念頭，在腦中反反覆覆。

但這些痛楚與傷感會隨時間流逝，只要有意識的去回顧、去書寫、繪畫、閱讀、參與工作以及親友的陪伴，慢慢就能回到正常生活。因為我們相信，曾經共同經歷的所有一切會長存於心，而對逝者的愛與思念也將永繫心頭。

每一位與毛孩生離死別的照顧者必有許多內心的話想說，寫信是最適合表達這些心情的方式，透過寫信，傳達心裡的點點滴滴、高低起伏。照顧者的心情需要完整表達出來，也值得被表達，因為當人正視悲傷，願意面對悲傷，整理與表達心情也是療癒的重要過程。

一個優秀的動物溝通者能感同身受照顧者的心情，溝通者對悲傷療癒有基礎的認識，甚至自己親自走過悲傷療癒之路，能大幅提升你的溝通諮詢品質，因此我們鼓勵學習動物溝通的學員親自寫一封給逝者的信。如果你沒有飼養寵物，可以寫這封信給過世的至親好友；如果你的寵物活著，仍然可以寫這封信給牠。當你親自寫過這封信，你就能帶著照顧者寫。

利用以下話題，讓照顧者梳理自己的心情，而非只停留在情緒的哀傷：

1. 第一次相遇的回憶。
2. 最難忘的一些事（酸甜苦辣）。
3. 牠在你心中的地位是什麼？
4. 如果還有機會，你想對牠說什麼、做什麼（道歉、道謝、道愛、道別）？
5. 你會用什麼方式延續對牠的思念和愛？
6. 當你在信中表達的一切，牠都能收到，你覺得牠會如何回應你？

身為溝通者，一定要支持照顧者的情緒，試著反問照顧者：「當你聽到毛孩的話，你的心情或感覺是什麼？」並且鼓勵照顧者盡可能表達心情。

練習 7

寫信給摯愛的寵物

結語

科學家認為此刻人類所認識的宇宙大概只有百分之五,浩瀚無邊的三千大千世界,是多麼不可思議、高深莫測,著實讓人感到謙卑,也因為探尋未知而感到興奮和期待。我們應該懷抱謙虛、尊重的心來看待彼岸世界,那是一個超乎人類大腦能理解的地方,透過離世溝通與到達彼岸的毛孩靈魂互動,儘管能多少拼湊出那裡的樣貌,仍舊所知甚少。

許多毛孩靈魂都提過,藉由肉身來學習,個體靈魂的成長歷程部分是自己能選擇的範圍,部分是被安排的,此階段的祂們以動物形體完成每次的學習目的,然後回到彼岸休息,等待更高主宰的安排後,再進入下一次的生命學習。

有時會帶著記者般好奇的心情訪問祂們,曾有到彼岸的毛孩靈魂提及還不能成為人,因為累積的經驗還不足夠,好似學分修足了才能進階成人;問到家人給你的法會祝福對你的靈魂是否有影響,得到的回應好似帶著 抹淺淺微笑——以後你們來到這裡就會知道了——彷彿彼岸有自己的規矩,不能隨意透露。

每每完成離世溝通的案例,心情時常是「哇,又學到一些了!」不只讚嘆這些靈魂的高度,也由衷感謝祂們分享生命經歷與靈魂任務。離世溝通能讓人在龐大又重要的生命課題上得到豐碩的成長,向到彼岸的毛孩們學習對生命的態度,開展生命的視野。這些經驗都能增加一個人內在的厚度,讓人更活在每一個當下,擁抱生命的美麗,進而欣賞每個靈魂、每個物種的生命,崇敬整個宇宙萬物。

佛陀曾言:「世界上沒有不受死亡傷害的地方,虛空中沒有,大海中也沒有,你住的山中一樣也沒有。」人之所以懼怕死亡,或許是因為不了解死亡之後的世界,與死亡後會發生什麼樣的事情;也可能在死亡貼近時,才意識到還有許多未曾好好珍惜的時刻。

如果死亡是必然,你可曾認真看待?

每個人都無法確知死亡何時降臨，也無法確定自己的壽命長短。肉體終將消亡，當人願意坦然面對生命的起落，才能真實體會「活著」的意義。

明就仁波切也曾說：「我們終其一生找尋的快樂滿足和內心的平靜，就在當下的這一刻，我們的自性是清靜而且良善的，而唯一的問題在於過度的捲入生活的起起伏伏，沒有花過時間讓自己完全的停下來，去留意本來就已經擁有的一切。」

儘管此時此刻的你我皆是凡人，或許對於生死仍懷抱某些未知的膽怯，請你試著去整理當下生命的清單，如果把每一天當作最後一天來活，自然清楚明白什麼是真正重要與在意的。去審視無常來臨時，無法讓自己放下的是什麼？將你心中的審視書寫下來，這是一個深層反思的機會，觀看內心深處的感受。

當你成為溝通的管道，並且開始向內探索自我，觸碰生命議題，進而走向體會生死，我們必然有機會在離世溝通的過程中體會更多，透過認識死亡來學習活著。

人生在不同階段有不同的體驗和體悟，如果此刻緊抓雙手不肯放開，就無法擁有接下來的一切。生命會帶來豐富的情境，讓我們學習、經驗，然後放手，再去學習、經驗、放手。

最後這句話，送給成為臨終溝通與離世溝通管道的你：「在擁有中，體會放手；在放手中，學會擁有。」

探索生命的可能，學習生命的智慧

Q 一般溝通與離世溝通的差異？

A 無論是在世或是離世溝通，運用在連結、接收訊息的方式其實相同，這兩種溝通中所需要注意的焦點、話題比重，本章已有詳細說明。離世溝通中，絕大多數的照顧者正在經歷失去毛孩的沉重情緒，溝通者需要有更深厚的內在穩定度，才不會失去重心，一同被捲入悲傷情緒而無法做好溝通的工作。

除了翻譯雙方的意思，學習悲傷陪伴的技巧，並且持續精進生死學與宇宙觀，是溝通者能為自己設定的成長期許。在一個具有深度的溝通過程裡，溝通者不只傳達毛孩最後的轉達與道別，也要持續關注和引導照顧者的情緒感受，帶領照顧者看見不同的視角，他才有機會理解與放下。這些對於照顧者與已故的寵物都是無比重要的，也是離世溝通最關鍵的精華。

Q 與離世動物溝通會很消耗能量嗎？會不會傷害溝通師的身體？

A 所有的意識都是一種能量振動的存在，能量、意識永遠不滅，而活著與死亡的差別只在於是否有肉體這個載具。

身為一個傳遞訊息的管道，溝通師執行的是「讓意識間的能量轉譯成訊息」的交流，過程中確實需要極高的專注力，但不影響肉身這個載具。做任何需要高度專注力的活動，包括追劇、打電動、看書等，感到有些疲累是很自然的！所以無論進行在世或離世動物溝通，結束後，溝通師都需要放鬆片刻與休息。

當一個人對生命與死亡的理解懷抱正向、健康的心態，對於「與動物進行離世溝通」自然不會心生恐懼（或加諸想像）。當溝通師帶著善意、充滿愛與開放的心態，進行每一次溝通都能為生命帶來祝福。

Q 離世多久能溝通？過世很多年的動物還可以溝通嗎？

A 狀況會依每個溝通師的接案原則或派別認知而有所不同，有些依循宗教系統的溝通師會設定毛孩離世後七七49天再溝通，也有溝通師沒有任何的時間限制。

從毛孩的角度來看，牠剛離開身體會需要一點時間來適應轉變，才能踏上新的生命旅程。離世必定帶來衝擊，儘管傷心難過，照顧者必須有足夠的心力準備牠的後事，處理其他相關事務；內外交雜之下，如果馬上進行離世溝通，照顧者高漲的情緒可能無法讓離世溝通達到應有的效果，所以有一段能讓雙方情緒沉澱的緩衝期是必要的。

因此，我們認為毛孩過世大概一個月左右再來溝通是合適的時間點，照顧者的情緒能稍微緩和，溝通的話題有機會更敞開，聊得更深入。

過世多久後才能溝通並沒有準則，與溝通師本身的宗教信仰也有關係，前面提到民間道教系統吊生魂來溝通，也有溝通師認為不論過世多久都能溝通。然而經驗告訴我們，回到彼岸的毛孩靈魂大多處在相當安適、寧靜的狀態，彼岸沒有地球的時間、空間感，即使過世才一兩年，牠們卻覺得已是遙遠的往事。

離世溝通的目的是好好道別，珍重彼此圓滿的關係，給彼此深深的祝福，所以做一次就好，多次連結溝通其實是一種打擾，因此，過世超過兩年以上的毛孩就不適合再去打擾牠們。離世溝通是療癒照顧者的方式之一，卻不是唯一和全部的療癒方式；如果你遇到毛孩過世多年，或已經做過離世溝通卻仍然強烈感到無法放下的照顧者，應該建議他尋求專業心理諮商或其他悲傷療癒的方法，才能獲得真正的幫助。

Q 溝通者可以和自己離世的毛孩溝通嗎？

A 這個想法很常出現在前來學習動物溝通的學生們身上，渴望學習動物溝通的初心與動機，就是為了與自己在世或是已故的毛孩進行交流。

與自己仍活著的毛孩溝通時，初學者的不穩定性，以及對毛孩高度認識所產生的主觀感，可能在溝通中難以保持中性；與自己離世的毛孩溝通時，除了以上這些情況，更困難之處其實不在於能不能連上毛孩，而是對於已故毛孩的思念與渴望連結的情緒過於複雜，可能會影響接收訊息的敏感度與訊息的純粹性。

情緒是有重量的，身為接收訊息的管道，卻陷入過多的自我情緒，就難以保持純粹。若在毛孩離世初期，自然不建議自己進行，等到情緒比較穩定時，更能夠投入在感受對方、接收牠的心意。

本章重點整理

- 寵物與照顧者之間彼此相依附的關係，有如人類小孩和父母的關係。

- 透過自身、透過關係學習生命，認識生命的意義。

- 寵物臨終時，理解生命的可控制與不可控制性，給予自己和寵物適當的
  心理陪伴。

- 放下對完美的要求和自我批評，三善、四道和盡可能不留下遺憾的陪伴，
  是臨終溝通的核心期待。

- 認識自己對死亡和彼岸的想像，理解宗教但不陷入宗教意識，尊重任何的
  可能性，成為中性、純粹的溝通管道。

- 離世溝通除了與動物溝通，也要重視照顧者情緒，陪伴和引導他的悲傷。

Chapter

4

覺察每個當下

每個動物溝通的案子，都是反照溝通者內在狀
態的路徑，一個能向內觀照、梳理內在議題的
動物溝通者，越能引導照顧者有意識覺察自我
的情緒，提醒照顧者陪伴自己，進而促進與毛
孩的情感關係。

1
覺察對動物溝通的重要影響

持續提升靜心與直覺練習,是磨練動物溝通的重要關鍵,但忙碌的日常節奏,使得靜心或直覺練習無法成為生活中規律的習慣,這時,「覺察」就成為舉足輕重的支持。

覺察是一個鍛鍊感知最好的日常活動,不需要特定的時間和空間,不受限於任何的媒介,只需要當下的專注與不發散的焦點——當我能覺察自己正在進行專注的感受,代表我能意識到自身專注的點,從短暫的幾秒鐘延續到幾分鐘,甚至是幾十分鐘都帶著充分的意識去感受。

第一章中提及,執行動物溝通時,需要的就是溝通者放鬆且專注的意念,而覺察力的鍛鍊,可在生活中的短暫片刻隨時進入專注力練習。

與環境有高度緊密關係的非洲土著們或早期部落原住民們,與季節變化一同律動,生活習慣貼近大自然,相較於都市裡的人,他們的感官與感受力更加活化與敏銳;不過,無論生活在地廣人稀處或繁忙的都會,敏銳的直覺和感受力都能透過「時時覺察」來鍛鍊。

覺察是內在心靈的運動，在舉手投足的每個當下

柔穎的經驗

某年暑假過後，豔陽高掛的一天，體感溫度大約36度左右，街上的人們身著短袖，我正前往市集採買。踏出家門時，一陣微風吹拂讓我聞到了秋天的味道，可是身邊的人卻笑我說：「妳好奇怪，這種大熱天大家都穿著短袖短褲，秋天到底在哪裡？」我認真的告訴他們自己真的聞到了秋天的味道，而且明確感受那陣風傳給我的訊息，告訴我秋天已經來臨。

身旁的友人不以為然，但我不再多說，只是尊重對方，也不質疑自己的感受。那天晚上，恰巧看見手機的即時推播新聞說著當天的節氣就是秋分，是歷年來溫度最高、充滿炎熱氣息的秋分，新聞確實回應了今天上午我嗅到的大地氣息，告訴我秋天來臨了。

透過這個經驗，讓我們詳談覺察的重要性，如何學習鍛鍊直覺的敏感度？覺察練習會經驗到什麼過程？認知、感受、情緒、體感、意念等等的覺察，又有什麼相關性與差別？

2
長時間鍛鍊「覺察當下」，能
為溝通師帶來什麼細微的變化？

覺察是什麼？如何從知識面的角度去理解身心靈層面？又該如何帶領自己去鍛鍊跟學習呢？覺察的本質是不帶評論、時時刻刻回到當下如實觀察，與自我同在的狀態。

生命對世界一切的認知與經驗，讓肉身成為接收的受體，與外在客體互動。小到肉眼無法看見的原子結構、雙手無法觸摸的萬物、身處的空間，大到雙眼能看見的具象、外在環境整體宇宙的世界裡，這一切有形無形，藉由認知覺察、感受覺察、情緒覺察、體感覺察、意念覺察觸及經驗而產生出「體會」。

一個在生活中具有高度覺察力的人，對於自身關注的事物在大腦裡的認知會打開立體性思維，是極為重要、有效開啟認識自己的能力，在心理學界稱為「自我覺察」（self-awareness），這是一個超越心理學、也相對複雜與極具厚實深度的概念。美國心理學家塔莎·歐里希（Tasha Eurich），將自我覺察的核心定義為「一種清晰的認識自我的意願和能力。這種意願和能力包括了解自己是什麼樣的人，以及別人眼中的我們是怎樣的。」

覺察的鍛鍊

首先，從聚焦點往深度去探尋，而非發散的、漫無目標的練習，從一個點著手，深度體會與細膩感受，無論是認知、感覺、體感、情緒，甚至微小波動的念頭。一個如實鍛鍊自身覺察的人，範圍普及至生活中任何事物（一句話語、一個細微念頭、生活中大大小小的選擇與看見），過程中不帶任何是非對錯的批判性去看待一切感受，止於保有覺知的正視當下發生的一切。

我們若能不帶批評的關注每一個當下，不迷失在雜七雜八的瑣事和高低起伏的情緒中，自然不會錯過自己的生活並感到更踏實、豐富。

身為一位動物溝通師，絕對需要持續鍛鍊覺察，想持續發展自我、提升溝通能力或溝通技巧的動物溝通者，覺察必不可少，看似修行，卻能透過日常練習自然融入每個當下。

覺察能為生命注入平靜與智慧，覺察也讓我們走向內在自我，達到內外身心和諧的運作，開拓心靈智慧去接納生命的真實樣貌。從無意識形態的消極順從，轉換成為具足智慧，與外境互動時仍常保自在。

覺察真正的練習，就在一個瞬間接著下一個瞬間，不論你身處何境或正在做些什麼事。

3
覺察對動物溝通的重要影響

1. 認知覺察

認知的養成，來自從小經歷、聽聞一切有關心智層面的知識，而形成「認知智慧」。簡單來說，看到紅蘿蔔就知道這是紅蘿蔔，即是基礎的認知過程，而認知可以透過學習來精進或調整。

舉例來說：

* 看著天空雲層又厚又多，過往的經驗告訴我即將下雨，所以每當抬頭看見濃厚的雲層，認知反應就是等會要下雨了。

* 看見火苗時，自然而然升起溫度感或熱的認知判讀與感受，這些認知也是經由過往經驗而來。

動物溝通者想辨識出訊息是來自過往經驗且自動腦補部分內容，或是來自動物本身的訊息，需要清晰的辨識能力，淘汰屬於自身過往認知覺察到的經驗，再去確認訊息，這就是認知覺察帶給動物溝通者的第一步協助。

如果缺少這個能力，很可能將自己的過往經驗和動物訊息混在一起，或誤以為自己的過往經驗是動物傳來的訊息。

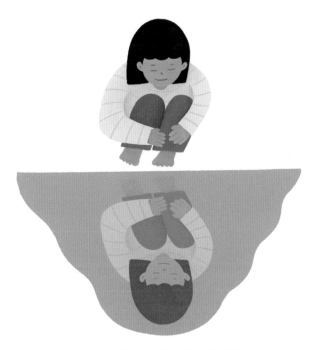

從未知到已知，是自我探索的過程

2. 感受覺察

人體物理科學研究，感受所指感官偵測到外境的能量變化後，於個體內產生的生化反應稱為「感受」，是生物的基本能力，為辨別有無生命活動的重要憑據，也是影響情緒的主要因素之一，屬於心理學研究的範疇。

在感覺神經元的運作模式中，感覺系統是神經系統中處理感覺資訊的一部分。感覺系統包括受器、神經通路和大腦中與感覺、知覺等相互連結的部分。感覺

系統涵蓋哪些呢？藉由人類生物特性，透過視覺、聽覺、嗅覺、味覺以及觸覺相關的五感系統，等同於佛教提及的五根：眼、耳、鼻、舌、身。

簡單來說，感覺系統是物理世界與內在感受之間的轉換器，人類或動物以此產生對外在世界的知覺。新時代運動來臨，無論身心靈領域或後現代與人本主義心理學，甚至到近年的禪修靜心、正念覺察系統中，知覺隱喻為「來自心的感受」或內在聲音等，看似文字上有差異卻又彼此相通、共融，都提及感受來自於心觀其心的覺受。

舉例：

* 日常生活中發生了不預期的突發事件，瞬間感受到的心情是如何？由內心浮起的當下感覺，並不是預期的、頭腦分析後才浮現的感覺，那是瞬間與立即的。就像電話鈴響但尚未接起的瞬間，沒來由會讓你感覺到某些情緒，可能開心或緊張。

迎接內在的覺察

- 某天早晨起床時沒發生任何事情，卻莫名產生無法形容的忐忑，總覺得今天不知道會發生什麼，有種難以言喻的直覺。
- 到了從未去過的陌生環境或空間時，內在出現一種感覺與聲音，讓你想快速離開、覺得不該久留，或是升起無法形容或辨識的安全感、熟悉感。

3. 情緒覺察

讓我們來詳細談述各種情緒。情緒，又稱情感，是對一系列主觀認知經驗的通稱，來自多種感覺、思想和行為綜合產生的心理和生理狀態的反應。

普遍通俗形容的情緒有喜、怒、哀、驚、恐、愛、恨等，這些又涵蓋更多細膩微妙的情緒，如嫉妒、慚愧、羞恥、自豪、自卑、失落、冷漠等。情緒常和心情、性格、脾氣、目的等因素互相作用，也受到荷爾蒙和神經遞質的影響，無論正面或負面的情緒，都會引發人們行動的動機。

儘管一些情緒所引發的行為，看起來沒有經過思考，但實際上意識和思考是產生情緒重要的一環。情緒（情感）是指伴隨著認知和意識過程產生對外界事物態度的體驗，是人腦對客觀人群與主體需求之間關係的反應，讓個體需要作為中介的一種心理活動。

1995年，美國哈佛大學心理學教授丹尼爾·戈爾曼提出：「『情緒』意指情感及其獨特的思想，也涵蓋了心理和生理狀態，以及各個行動的傾向等。」根據《牛津英語詞典》的解釋，「情緒」的字面意思是「心理、感受、激情的激動或騷動，任何激烈或興奮的精神狀態。」而功能主義則把情緒定義為：「情緒是個體與環境意義事件之間關係的心理現象」。

情緒有20種以上的定義，儘管這些描述不盡相同，但都承認情緒是由以下某些成分所組成：

- 情緒衍生身體的變化：這些變化是情緒的表達形式，例如身體莫名的痠痛、

發炎，無力感等反應。

- 情緒涉及有意識的行為體驗：經歷某些情緒時，主動選擇經由某些行為來讓心情愉悅或代償以平衡心情，例如購物或吃甜點。

- 情緒認知：對於他人或外界事物的評價，由於情緒與情感表現力極易轉化，從被同理或親密關係獲得滿足感而有了快樂的心理情緒。

情緒是不斷被個體喚起和體驗的一種狀態，情緒的喚起有時是顯意識的，有時是無意識的，覺察沒有被自己發現的情緒就是為了協助自己，能去看見情緒、覺察情緒、理解情緒。

日常範例：

- 在社群媒體中突然出現某則報導，自己聆聽觀看時，在不自覺的狀態下產生相同的感覺。

- 看電影或閱讀時，其內容可能觸及過往的某些心情而產生情緒感受，也可能藉由融入文字或畫面角色而誘發與角色相通的情緒共鳴。

不急著給情緒貼上標籤，只要全然感覺各種感受和情緒

- 與家人、同事或同儕互動，相處中出現某些心情與感受，甚至被他人的情緒引發自己對應的喜怒哀樂，然後被對方的情緒反應牽著走。

4. 體感覺察

人類除了透過眼睛看、耳朵聽、鼻子嗅、舌頭嚐，仍有皮膚的觸覺，而體感的覺察除了皮膚的觸覺以外，還有許多透過身體肌肉神經與體內器官，在每個當下反應「感受到」和「觸及到」的各種覺知。

我們透過身體皮膚去感受溫度變化中的冷或熱，透過肌肉組織去意識身體力量的存在，藉由呼吸過程感受心跳脈搏的波動和運作，與更多身體覺知能經驗到的感覺；但是，多數人對於自我身體細微感受而生的覺察力，在重視邏輯思考的成長過程中，或多或少會偏重思考理智來辨識認知的感受，導致身體感知能力容易倒退，變得薄弱、降低敏銳度，往往會演變成較為強烈的感受（例如疼痛，甚至是身體產生無法控制的反應，像是自律神經失調），被迫停下來後才發現身體狀況。而身體的感知能力又包含了以下幾種：

● 對於「身體」的認知：
藉由外在客體（例如環境變化）帶給本體（身體）而認知到的想法，頭腦認知就像是一個制式化的規範，固定慣性的自動程式——看見天黑或到了晚上，就知道需要睡覺、休息；三餐時間一到，腦袋自然覺得需要進食——這些是透過認知來判讀身體當下的需求。

● 對於「身體感受」的覺察：
與身體認知的不同處，在於沒有認知制式的規範，而是完全透過細微的身體狀況反應而產生變化的感知，去感受身體的需求。例如，身體會自然而然對某些食物氣味產生特定反應與變化，即便認知上覺得是對身體好、有益健康的食物，卻不一定每次都適合吃下或感到必須吃下。當主體接受到客體刺激時，引起身體某些感覺，引起情緒、甚至使身體腺體發生微妙變化：

- 當一個人感覺到緊張，血壓會上升，腎上腺素就跟著飆高。
- 有些孩童只要必須早起去上學，早上就會發生肚子痛的情況。
- 吃到健康的、品質好的食物，覺得身體好像也開心、舒暢。
- 去戶外就能感受到身體彷彿變得輕盈、舒服和放鬆。

●「觸覺」感官反應

觸覺覺察是透過身體皮膚與外界接觸，覺察外在環境、向內感受到的身體感受。例如，對於溫度變化而感覺到冷或熱的皮膚感官，只要接觸到任何東西，都能進行觸覺覺察，透過身體任何有皮膚的部位（像是額頭、臉、手指、腳掌等）碰觸物品，在覺察過程中感受它的溫度、質地、觸感、形狀等等。

身處任何地方都能練習觸覺覺察，隨手可及的器皿、文具、書本等任何物品，或洗澡時水與身體的接觸、用手按摩自己的身體、光腳直接接觸草地、衣服在皮膚上的觸感，都是簡單方便的練習。

觸覺是身體對外在世界細膩的轉化器，任何皮膚的接觸都會留下記憶

5.意念覺察

意念，即意識這來來去去的思潮、念頭（包含顯意識和潛意識）而成信念的精神狀態。引用聖嚴法師談禪的一句話：「不怕念起，只怕覺遲。」意念的覺察，來自於觀照每個當下的思緒與念頭，等同於動物溝通時頭腦放鬆的連線狀態。溝通時，偶爾會有與溝通無關的念頭跟思緒浮現，觀照認出這念頭與思緒，並且不跟隨它們遊蕩，將意識保持在專注放鬆與放空的狀態，持續與動物進行溝通。

初期練習的過程中，比較難辨識的是放空（沒有太多念頭與思緒）與分神的差異性，這也是鍛鍊動物溝通時非常細微的重要環節。

● 放空且專注
意識下降、思緒減少，逐漸讓潛意識活躍時，腦波呈現 α 波，放鬆且活躍於專注的狀態，專注力持續對焦於正在進行連結的毛孩身上，不用力的讓感受與訊息自由進出流動。

● 分神與想像
我們都曾有過類似的經驗：小時候在學校，人坐在教室裡，心思與念頭卻隨著當下想到的事件或心事，伴隨著想像力，注意力跟著思潮天馬行空，作起白日夢，渾然忘卻此時手上的課本和課程。

以上兩種看似都是放鬆意識的狀態，卻有截然不同的走向，並且對與動物溝通時的辨識訊息、接收訊息有莫大的影響。

即便心猿意馬，我們都能在專注裡學習放空，從放空找到寧靜

4
向外感知，向內覺察：
如何落實覺察當下的技巧？

還不熟悉覺察技巧時，認知裡容易讓覺察停留於表象上的「觀察」，並且運用過往經驗中的分析與判讀、辨識，只在理性大腦上運作。

觀察多半指向外的觀察力，覺察是指向內的覺知力，觀察與覺察其實是密不可分、缺一不可的關係。觀察啟動通往覺察之路的第一把鑰匙，前文曾提過，我們的靈魂是藉由身體所擁有的眼耳鼻舌身意去認識實體世界，所以我們從小到大，都需要藉由外在環境去學習經驗與感受，來探索一切，因此觀察事物與經驗，成為帶領生命成長不可或缺的「要件」。

那麼，該如何鍛鍊觀察力與覺知力呢？運用強大的「三多三不練習法」吧！多看、多聽、多感受，不評論、不分析、不預期。即使看似微不足道的事，利用三多三不的方法去經驗它，一定能體會到過往的自己和過去的生活裡從未發現的樣貌。

練習範例：

- 從每天路上遇見的人隨機挑選，在人群裡第一眼看見的某個人，將專注力對焦在他身上，從頭到腳、由裡到外，不分神的去觀察對方的打扮穿著、臉上的表情、走路的肢體語言，也許到最後還能感受到他當時的情緒。
- 在餐廳或咖啡館，可能會聽見旁人的交談對話，試著多去聆聽透過聲音傳遞來的說話頻率，細微的觀察與感受。
- 保持三多的觀察精神及三不的中性態度，在日常裡以零碎片刻隨時鍛鍊。

向外感知，向內覺察

認識「覺知力的練習」

身體五種感官的接收都是中性的，就像耳朵接收聲音，它只是聲音的傳遞工具，但我們聽到聲音當下，會自然升起某些認知、心情或情緒等內在的感受，而覺知所需要鍛鍊的，就是映照這些內心升起的細微波動，並且帶著「不評論、不分析、不預期」三不準則，去覺察內在的所有感受。

對外觀察能力較為薄弱的人，向內覺察的感受性通常也比較遲鈍，需要多一些時間慢慢開啟。所以，先從向外觀察做起，仔細觀察外在環境，再逐步學習向內覺察。無論觀察或覺察，保持不捨、不拒、不取、不分析、不評論的中性狀態，也就是「如實觀照」，這就是覺察的狀態。

我們甚至能透過生活的紀錄去檢視覺察練習。例如，清晨我聽見雨聲，它的聲音頻率有快有慢，當我的耳朵聽見外在的雨聲時，回到內在覺察，感受自己升起了一些感覺，可能是憂傷，可能是哀愁；我覺知到「雨聲就是雨聲」，但內心升起的感覺是我個人的內在反應、情緒亦或是心情的波動，這時就已經從「觀察」轉到「覺察」了。

因為發現自己「有感覺」、「有想法」，開始會去「看」自己為什麼會有「這個感覺」、「這個想法」。慢慢的，經驗任何人事物，會意識到自己正在進行向外觀察的認知，開始意識到向內深入、照見覺察的感受，不同於過往只停留在事件表象去感受，而開啟了有深度的覺知。

藉由身體的五種感官向外去迎接觸碰，再回到內在感受，照見覺知與反應，這種內在感覺宛如一面內在的鏡子，當物件來到鏡子面前，鏡內反照出這個物件，當物件離開鏡子當下，鏡子就回到原本空無一物的當下。如一面湖泊，風起時激發漣漪，風止後水面無波亦無痕。

以下為覺知力的範例練習：

生活中遇見的種種有如照鏡子，
當外境散去，心就回到鏡子的本然

聽覺覺察

藉由耳朵接收周遭由近到遠、各式各樣的聲音。

仰賴視覺是絕大多數人在生活經驗中的必要習慣，加上目前人類處於二元性具體結構的三次元地球世界，容易過度仰賴與生俱來的雙眼，利用視覺為受體感官來辨識外在，藉由視覺得到更多信賴和安全感。只要長時間不自覺依賴視覺，當你張開眼睛時，其他感官就會減低它的敏感度，變得格外緩慢且遲鈍。所以，進行聽覺覺察時，最好將雙眼暫時閉上。

聽覺鍛鍊

做一個深呼吸，閉上雙眼，讓身體放鬆，思緒沉澱。此刻只要聆聽周遭的聲音，將專注全然放在耳朵的接收上。在細微的聆聽中，偶爾頭腦中依舊會升起思潮，只需再次讓專注力自然回到聽的覺察中。

也可能在聆聽接收時聽見某種聲音，內在升起某些念頭、情緒，甚至是過往曾經歷的感受，感知到這些感受與情緒後，不隨之起舞，再次將專注力放置於當下聽的覺受。

找尋日常某個空暇時間練習聽覺，每次練習不求太久，自行評估善用每個片刻，尊重自己生活作息的習慣與個人有效能持續專注的時間，並非只有長時間專注才叫練習，即便每次專注力只有短短3到5分鐘，都能練習覺察。

閉上眼睛，充滿意識的去聆聽每一種聲音，會發現原來我們所處的當下，同時存在許許多多的聲音，甚至有些是從未聆聽過、也從未發現的。

味覺鍛鍊

藉由口腔舌尖的探索，透過舌頭上的味蕾進行覺察。日常生活中，「品嚐」一點也不陌生，甚至是生活中的某種享受與意義。忙碌的生活步調，讓我們常出現食不知味的狀況，要進行味覺覺察相當容易，每次吃東西時，都可以進行這樣的練習，吃飯時細嚼慢嚥，仔細感受每一種食物的味道（酸甜苦辣）、嚼勁（軟硬）、濃淡（強弱）等。

如果想規劃某些特定的練習，可以挑選一種格外熟悉、喜歡的食物，和另一種陌生或從未吃過的食物，藉由品嚐熟悉程度兩極的食物，感受從外在到內在的覺知帶來的洞見。

專心的進食，細膩感受食物的滋味，
慢下來，我們可以體會更多

● 嗅覺覺察

透過鼻腔接收、感受所有的氣味。嗅覺的接受性因人而異，敏感度的差異其實頗大，因此在進行練習時，需要依個人狀況，先選擇容易覺察到並較能接受的氣味開始進行。

到公園或戶外的草地去進行天然氣味的覺察，就是很好的練習。人身處戶外容易感到放鬆與舒適，人體接受氣味的敏銳度也會格外放大，此時利用食物的氣味、土地、花草樹木、周遭環境空氣中的微風等進行練習，會有相當正面的效果。有些園藝治療系統會運用天然植物的素材來執行療癒覺察練習，你也可以選擇自己喜歡的、接受的精油氣味練習嗅覺覺察。

五感之中，嗅覺是容易被忽略的覺察管道，但當你願意慢下來覺察時，會發現它充盈在生活周遭，也與許多經驗有連結。許多人早晨需要透過一杯咖啡或紅茶的香氣喚醒一天的開始，那杯充滿晨間儀式的飲料卻很少被仔細覺察過。

◉ 視覺覺察

視覺是我們最仰賴以認識外境的觸口，卻也是最容易混淆其他感官覺知的一個接收，透過雙眼的「看」來迅速認識所見，判讀往往偏向表層認知，容易憑藉外觀的感受，去論定、影響許多事物當下的選擇。

《小王子》中的狐狸，曾對小王子說過一句經典的話：「一個人只有用心去看，你才能看見一切。因為，真正重要的東西，只用眼睛是看不見的。」這再一次提醒了我們，必須從向外的觀察回到向內的覺察、照見一切的重要性，而狐狸指的「心」，也就是我們持續鍛鍊、保有覺知意識的心。

所以，做視覺覺察的練習時，可以先從欣賞一面圖像開始，或隨手可得的任何物品，生活中布滿五彩繽紛的事物，例如路邊的落葉，公園裡的樹木花朵，池塘的水波、光影、石頭，餐桌上的杯盤，裝飾品，家具等；再從它的顏色、圖樣、紋路、線條、亮度等，用雙眼細膩並專注的和觀看後，再細細覺察任何由內升起的感覺。

當我們更能保有覺知練習五種感官個別的感受性，就能進行整合性的同步鍛鍊。在鍛鍊覺察的過程中，很可能會開始面對深層潛意識中已知或未知的情緒與感受，此時又該如何處理與面對、如何照護自己呢？以下介紹幾個簡單又實用的方式。

用心看，才能看見一切

帶著完整覺察的整合練習

來到海邊，雙眼凝視著那片海（視覺），內在於這一刻升起某種心情，而我認知、正視了這種心情與感受；耳朵聆聽到伴隨而來那海浪的聲音（聽覺），迎接此刻聽見聲音時內心升起的情緒感受；當我呼吸的片刻，鼻子嗅聞（嗅覺）到空氣中海水鹹鹹的氣味，當下，我專注感受因氣味引發內心升起的感覺；當我赤腳踩在沙灘上，伴隨海浪拍打（觸覺），仔細感受腳底皮膚接觸沙與海浪時，內心升起的感覺。

無論覺知到哪一種內在的情緒，都要試著讓自己辨識出、並且以較為觀照自我的角度去觀看與感受——就像我意識到了寂寞，彷彿內心的鏡子照見了寂寞的存在，而我可以看著寂寞的存在，但寂寞不是全然的我，它只是一個當下我感受到的情緒狀態。

當你願意專注於此刻的練習，就能找到心安住的力量

專注在當下的練習方法

活出有深度的豐富人生，練習正視自己的感受，覺察當下，進而深度擴張鍛鍊出更加細微的感受。接下來這些簡單的練習，能幫助我們將向外飄散的注意力導回自己，讓心回到寧靜。

● 呼吸的力量

數呼吸靜心法不受空間限制，在生活中能隨時隨地練習。讓自己安穩坐定，放鬆身心，引導當下的心舒服安住在呼吸上。無須刻意放慢或拉長呼吸的速度，就只是將覺知放在鼻孔吸入氣息的感受上即可，細微的去感覺吸入空氣的溫度、呼出空氣的變化。在一吸一吐之間，感受吸氣時胸腔擴張，吐氣時胸腔自然放鬆，不間斷的將專注力全然放在每一次吐納。

● 靜觀飲食

科技越來越發達，人手一機取代過去的電視螢幕，一心多用變成常態，人們很難純粹專注於一次只做一件事。渴望多種外在刺激的人，專心吃一餐飯是多麼困難；吃飯時看著手機，當專注力不在食物上，心不在焉導致進食過量或消化不良的機會便增加了。如果我們透過五感，專注緩慢的完成一餐，甚至放慢日常節奏好好吃一頓飯，我們必能重新發現食物的外觀、氣味、口感層次與不同的飽足感，體會更多細微的變化。

● 身體掃描

靜心時，把意識當作目光一般，從頭到腳掃描身體每個部位的感受，並保有覺知的與身體進行交流。

1. 啟動練習的準備：關掉手機，減少一切容易打擾你的干擾源。
2. 保持專注與放鬆：為自己找到舒適卻不會立即睡著的坐姿。
3. 讓心沉潛寧靜：輕閉雙眼，透過一個再熟悉不過的呼吸，專注於吐納，讓身心逐漸沉靜下來。

4. 保持覺知觀照念頭：仔細從頭到腳掃描身體，盡可能不遺漏，並且試著觀照任何身體的回應與心裡的感受。

5. 保持中性的覺知：帶領自己運用前頭所談到的「三多三不」練習準則，回到自我觀照與照護。

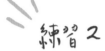

食而知其味

挑一個沒有特別忙碌的日子，試著將用餐的時間以倍數拉長，彷彿以慢動作去品嚐。

將五感練習帶入用餐的流程中，別急忙將食物送入口中，先從細膩的觀看開始，透過視覺、嗅覺、舌尖的觸感和味蕾，再到口腔中慢慢咀嚼，甚至閉上眼睛來提升其他感官的敏銳，緩緩放慢進食的步調。

保有照見，食而知其味。運用五感去細膩品味時，依舊要保持內在覺察：品嚐到香甜的、喜歡的氣味時，內在感受的體會是什麼？遇見苦澀的、衝擊的味道時，內在情緒升起的又是什麼？這些內在覺察到的念頭，在用餐當下如何來回、反覆出現？

當這些細微的變化能被心所照見，覺察便能自然運用於日常生活中。

⬤ 行走靜觀

日常生活中可透過疾走、慢走的走路步調，將感受停留在專心走路的當下。多數的專注靜心法經常以靜態方式進行，有些人可能會覺得自己坐不住、靜心遙不可及，甚至覺得困難或抗拒。如果你也屬於這種類型，運用動態式的行走靜觀做覺察練習，最適合不過。

1. 挑選適合的路徑：為自己選擇一個較為從容的時刻與環境，可能是早起行走會經過的街道，或方便到達的公園或郊外步道。
2. 收攝心念：行走靜心時，大多時刻我們張眼行走，容易被環境中的人事物吸引而分散注意力，此時更需要提醒自己將專注力放在行走的每一個步伐上。
3. 運用外在感知回應內在覺察：放鬆且專注行走每一步，細膩感覺身體所傳遞的感受，並且將專注力放置於每一個移動的步伐、瞬息間的吐納，心跳的速度與身體的律動。

學習在每一刻找到專注，生活即是禪

5
將覺察練習立體化

覺察練習可創造出點、線、面三度空間的擴張，讓多維思想的體會衍伸至動物溝通與溝通師的生活中。

覺察的鍛鍊，能讓人帶著智慧回應自己與世界。透過每個當下專注於自身的經驗，不否定、不批評、不帶入個人的好惡和想法，免於引起波瀾受其牽制，只有全然的經驗與保持觀照，充滿意識沉浸在當下，感覺內在浮現的想法、感受、覺知及身體的回應等。

就好比洗衣服，先把衣服浸泡在水中，過一會兒，衣服表層不容易看見的雜質會慢慢浮出來；少了浸泡的時間，雜質就很難被發現。回到節奏快速的日常，當我們少了沉浸在當下感受的機會，要發掘深層的情緒、想法就很困難。

人面對過往的感受經歷，通常會用慣性方式應對，連情緒也成為慣性表達的一部分。許多男性少有機會面對自己的悲傷、脆弱，當這些感受浮起，往往會用憤怒或漠視取代悲傷的情緒表達；如果能跳脫主觀去觀察內在回應，就有機會超越過往個人的習慣反應，在難過時不再以習慣的厭煩、躲避、無視、抗拒來回應難受的情緒。

所以，練習覺察除了能協助動物溝通師提升連結動物與能量的感受力外，日常中也能支持自己，在自我照護上有效處理壓力，細膩了解自己，保有覺知懷抱接納的力量，進而運用於每一次的動物溝通中。

所有的看見，都是靠近覺察的第一步，也能擴張、強化進行溝通時訊息接收與傳遞的能力。別小看每個小小的練習機會，這些微小的堆疊，會一點一滴擴張覺知，帶著自己從觀照身體出發，緩緩前進。小到對每個行走姿勢、每個動作有所警覺，行住坐臥中變得更有意識，改變就會開始發生。

以往慣性的反應或感受，會隨著練習覺察而自然轉化，甚至放下；身體也會有意識的知道需要放鬆、找回協調性，平靜的穩定感會自然而然在身上擴展。

除了行為照見，接著從思緒去覺察，而思緒比起身體感受更加細微，當然也不免讓人一時難以接納。當人覺察到自己的思緒，或多或少會對此感到訝異，如果我們記錄下每刻腦袋裡閃過的念頭、想法，必定會感到驚訝，甚至懷疑這些想法怎麼會在自己的腦裡。

當我們用心去觀照時，所有的一切會格外清楚明白，這也是禪修、瑜伽、佛教、身心靈領域、正念、靜坐、人類圖等反覆提及覺察的原因。為什麼觀照會讓人感到清楚？無非是因為當我們留心觀察自己，無形中會意識到每刻當下的狀態，而不再呈現出無意識的瞎忙，能更有效益去執行生活中所有事物，全然投入其中，讓生活更加從容和豐盛。

觀照時，那喋喋不休的頭腦似乎也趨緩許多，意識也更加清晰明白；原本雜亂無章的能量，轉向成為觀照的能量，也是智慧自然產生的頻率。當越來越多能量被轉化到觀照，腦神經元迴路自然形成新的運作模式，雜念漸漸變得不像以往那般明顯。隨著雜念消失，呈現出來的是清明，清晰感也將能與念頭共存，充滿覺知的生活著，讓我們不易被情緒限制，不易被無意識掌控。

心懷覺察，自然會讓我們容易處在比較寧靜祥和的能量狀態。當一個人清楚明白時，內心是安住的；所以，你會發現「覺察」從來就不是表層的事件，也不只是為了解決眼前問題的產物。

簡單來說，認知覺察時，需要具備廣度、深度、高度等立體性的洞見。透過一次又一次的照見與覺察，具備這樣的全面性時，必能深刻體會到——小至一個細微的當下念頭，都能預期未來某個重大事件的發生，你的信念會創造你的實相世界，這與「透過意念投射出量子糾纏」所談述的科學角度是一致的。

覺察的寬度

覺察就像為看見的地方打上燈光，照見到哪處，必然會在那裡挖掘到更多寶藏。其實，你會發現覺察是有選擇的，如果總以慣性選擇自己想要覺察的事物，這樣的運作在腦神經元迴路中稱之為「強化」。

學習覺察，首先要看我們是否延伸到所有的寬廣面，有沒有將自己的覺察擴散到生活的每一個領域與面向。試著讓覺察的視角向外延伸，如果總停留於自己喜歡的、習慣的事物上，覺知也將被限制。覺察非常重要的一點，就是去碰觸那些平常逃避的、不願意看的，越是抗拒的越有我們必須去理解的課題，所以，踏出舒適圈吧！

當然，這種覺察練習也是一個向內剝開洋蔥的過程，一層層剝落時難免讓人流下眼淚；有痛苦相對必有禮物，如同蝴蝶破繭而出的過程，需要以極大的耐性陪伴和支持自己。

覺察的深度

別再只停留於表象的感知，而是有意識去挖掘潛意識海的感受與智慧，和未知

領域中下意識的行為、思維模式、感覺、情緒、傷害、恐懼、渴望、自我價值等，探索更深的意識。

在動物溝通中，我們運用活化潛意識的鍛鍊，強化擴張細膩感知而收到動物的意念訊息。潛意識就像一座充滿寶庫的冰山，無限寬廣且無限深厚，冰山所露出的一角，僅僅是表面看得到的部分行為，然而，有很多人連自己的行為模式都沒有覺察到。

所以，覺察要往深處去探索。首先，有沒有意識且覺察到自己的行為？看看每次行為背後帶著怎樣的思維模式，才產生當下的行為。思想的下面潛藏著感覺，比感覺更深的地方潛藏著情緒，在情緒更深的地方蘊涵某些傷痛，在傷痛更深之處可能是恐懼、憂傷、擔心，而比這些更深的地方則有渴求、慾望、欲求的失落、滿足或遺憾。

繼續往深處看，在其下還有我們的價值體系。在NLP神經語言程式學中曾提到：「每個負向的行為背後都具有一個正向的意圖，更深入覺察，便能得到更具深度的體會。」

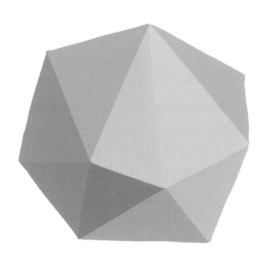

多方向去體驗覺察，擴張視角，生命不再受限

察覺的高度立體性

要成為有意識觀看著「正在進行生命運轉的故事」的那個觀察者。如同看電影時，無論有多融入劇情，仍然知道自己其實是觀看電影的人，身處電影之外。當你和外境接觸時，是否也能暫時抽離角色去看待自己生命裡此刻的發生？我們稱這種覺察為「無間的覺察」。

遇見讓你不舒服的人事物時，你是否能在當下停下來看一看、感受一下：這個不舒服為何而來？哪一部分、什麼狀態讓我不舒服？不舒服的感覺讓我體會到什麼？與什麼有關？在這不舒服的狀態裡我想怎麼做？當我意識到想怎麼做時，我又會如何選擇？而我對這種感覺是不是熟悉？

碰到每一個發生、每一個外境的刺激時，如果我們能保留一份覺知，抽離片刻去觀照、洞悉自己，不就此武斷認定或否定任何事物，以立體視角去經驗與覺察，會意識到每個人所堅持的都是事實，只是著力的點線面、角度不同、觀點不同罷了。真正的事實是：它只是自己生命中的一個投射，它可能與你生命裡的某一段經歷有關係。

無論是吃飯、走路、睡覺、吵架，任何時候、任何時間能隨時與自己的內在發生在一起，就是「無間的覺察」。所以，覺察不是平面的，而是立體的；覺察有寬廣度、深度和空間性。

如果，你開始往生命潛能覺察的領域前進，請試著不斷開拓自己的寬廣度，勇敢接觸過去所有避開、沒覺察到的部分，去經歷更深的地方，覺察更深層、更深處的內在，從行為進入自己的思想、感覺、情緒、傷害、害怕、渴望、需求與失落，直到進入更深層的自我價值體系中。

把握生命的每個時刻、每個機會去做「無間的覺察」，覺察的鍛鍊不是一天兩天就能速成，唯有願意下功夫去挖掘與鍛鍊，才能覺察更廣、更深的無間。當一個人開始啟動了覺察，可以做出更多不同的、充滿意識的選擇，便不會再像過

往那般不直覺的掉入循環系統，被自動化反應所控制。

不被過往的慣性制約，面對人事物就能創造出不同以往的新氣象；打破慣性反應必能改善與自己、與他人過往的關係，達到充滿意識與和諧的生命品質。假如我們都能落實將覺察帶著寬度、深度與立體性的照見，進行動物溝通時，即便沒有刻意提醒自己，同理心已成為必然，時時保持中性的態度也必能成為常態。

人的一生伴隨著無止盡的念頭，念頭來自於身體的五感六覺和外在環境；日常和事件從未停止，在日常不斷練習覺察，最終能達到許多人嚮往的心靈平靜。

回到動物溝通師的角色，覺察能讓人深入了解並且覺知自己時時刻刻的狀態，藉由足夠理解自己，走向自我觀照。清楚當下自己的身心狀態，才能找到適合接案的時間與方式；透過覺察提升清晰的辨識能力，以分辨自己和動物的訊息、感受，深入體會個人議題與情緒需求，才能實踐接案倫理中與個案的界線。

總而言之，一個願意進行自我覺察的動物溝通師，必然能帶給照顧者與毛孩更具深度的溝通品質與陪伴支持。

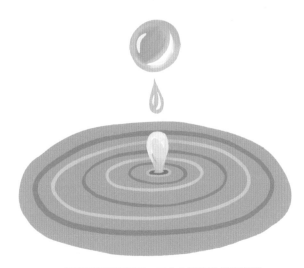

透過覺察每個當下，讓生命回到澄清和寧靜

練習 3

為自己擬定日常的覺察計畫

時間	五感方式	經驗心得	覺察感受
晚餐	透過五感慢慢吃飯(嗅覺、味覺)	細細專注於食物時,氣味、食物的味道和飽足感都不一樣。	有意識的在一餐飯中,感受自己與食物的關係;吃進食物後,能覺察到身體細膩的反應,是過去沒有體會過的。

本章重點整理

- 覺察對學習動物溝通的重要性：透過由內到外的自我覺察練習，增進動物溝通中收到動物訊息和感受的辨識能力。

- 覺察與一般的感覺不同，是感覺到之後，有系統和方向且不帶評斷的辨識。

- 經由身體的每一種感知，保有意識去鍛鍊該感知的覺察。

- 從單一感知覺察，逐步擴張到同步多重感知，綜合情緒及意念，使覺察變得立體且具有深度、廣度。

Chapter

5

如實看見自己與表達

說順耳的話是一種技巧，

能如實、清楚且善巧的說出真正想表達的意思，

則需要勇氣與智慧。

1
如實

溝通師何以需要如實？

學習動物溝通的路上，除了學習動物溝通的連結能力與溝通技巧，終究會回到溝通師自身的心理素養、自我認同與價值的課題，何以這麼說呢？

如果此時你正在閱讀這個段落，相信或多或少已開始學習或探索動物溝通，甚至有了些許的溝通經驗，也發現常會在初期學習狀態中，特別看重自己給予飼主的溝通訊息準確性，基於害怕出錯的心理，可能會自動捨棄沒有把握的訊息，或用個人慣性直覺，加入自我認知想法和過往經驗，再將訊息給予飼主，來強化給出訊息的自信心與安全感。

也有另一種可能，是訊息不符合過往的認知與經驗，或超越自身能接受的邏輯性。極度需要藉由謹慎邏輯來佐證、判讀動物訊息的溝通師，學習動物溝通的初期，每當接收動物訊息時，很容易在第一時間先否定或質疑訊息的正確性，也因為內在反射了不夠安全的心理狀態，當訊息的多元豐富度超越了溝通者個人的經驗與認知，內在的質疑會干擾溝通者確認訊息時的信任度與接受度。以下分享一些案例來告訴你，放下否定，只是單純接收並如實傳遞的重要性。

柔穎的經驗

我剛成為菜鳥溝通師時，來預約的案主有一隻可愛的摺耳貓，名叫噹噹，看著噹噹照片時，當下我瞬間透過體感接受，感受到照片裡的噹噹呼吸似乎格外快速、短淺，心臟需要格外用力才能好好呼吸！

可是那時的我，邏輯思考是：這毛孩只是半歲多一點的小貓，無論是性格、活動力完全就是充滿電力與好奇心的小頑皮，怎麼可能有心臟問題呢？我的大腦浮現了兩個聲音在面對這個質疑。

第一個「邏輯腦」的聲音說：「牠的年齡、性格看起來不太可能會生病吧？」這個訊息與符合事實的安全性不太一致，頓時我看到了自己的隱憂，似乎在擔心著倘若訊息不符合真實情況，飼主會怎麼看待我？那種感受如同生活中總期待自己不出錯、無法接受自己犯錯的心情。

第二個「內在訊息」的聲音提醒著：「我是否足夠明確分辨此刻接受的訊息是毛孩或自己的身心狀態？」於是，我回到體感的感受裡去感覺自己的身體，沒錯，當下我並沒有任何呼吸困難與心跳吃力的感受，能肯定這就是毛孩的訊息！所以，我放下了邏輯式的經驗想法，只是單純感受與傳達動物的狀態，再次回到學習溝通的初衷。

身為溝通師，我需要如實向照顧者說明自己所接受的訊息與感覺，我需要同理照顧者聆聽訊息時可能會有的想法與情緒，並且看見自己非獸醫或動物行為專業領域的謙卑。

來回檢視這些聲音以後，我鼓起勇氣，將這反覆的心情如實傳達給照顧者，照顧者能同理這個過程，並且認可了我的坦承。我請照顧者到獸醫院時務必勞煩獸醫多注意毛孩的呼吸與心臟狀態，照顧者也很樂意接受這個提醒。

過了兩三個月，照顧者傳來一段感謝文，提到前兩天帶毛孩打預防針時，想起之前我給他的提醒，特別請獸醫做了檢查；檢查中意外發現毛孩似乎有先天性心臟病，也剛好因為發現得早，能選擇最適合的飼養方式、環境和飲食，也能從小就做好保健照護與陪伴。

假設當初我只在意訊息是否精準、在意自己害怕說錯的心態,選擇去忽略這個身體感受,或許就耽誤了毛孩的健康。這些感謝文字,讓我看見「如實陳述」是多麼重要,讓我在接案和教學中,都會鼓勵學生勇於保有如實、真誠的態度進行每一次溝通。

溝通師真的能做到如實陳述嗎?

學習動物溝通時,你會逐漸發現,在承接個案的學習過程中,彷彿能引領自己持續前往更深層的自我,展開深度檢視而開拓更寬廣的學習之路。如同第一章中提到,要懷抱開放的心去迎接當下的訊息,持續記錄、溝通所有的感受,不否定感受與直覺,一直到最後勇於將訊息傳遞到飼主面前,都要維持開放與謙卑。如果仔細檢視,你將發現溝通中每個環節多少會反應出溝通者本身的、長年以來的心理運作模式喔!

例如說,一個對於陌生事物開放性高、好奇心強的人,與想法謹慎、心思縝密、看待事情需要數據資料佐證的人比較,前者確實比較容易在初期練習中,因為心敞開了,能在第一時間單純傳達動物給予的訊息,且不帶入自我懷疑的接收,並做出如實傳遞;相反的,一個凡事需要眼見為憑的人,較難只憑藉感知與感受,就肯定與接受自己收到的訊息。

能否做到「如實陳述」,無關動物溝通能力的好壞,而是與教養環境、生活經驗中的慣性運作模式和個人內在道德有關。追求實事求是、眼見為憑的學員,需要透過一次次成功的經驗,滿足認知的學習過程,藉由理解與辨識個人化訊息接受方式,反覆累積實質經驗後,才能確定在溝通中傳遞如實的資訊。當一個溝通師要走得長遠、做更具深度的溝通橋樑時,必須去意識與正視這些細微的心理反應。

「如實溝通」需要面對與突破的四大心理狀態

⬤ 1.滿足他人的期待

溝通者面對個案時，可能會誘發出關係與情感的個人議題，陷入被照顧者需要
的感覺，往往容易讓人感到滿足，卻可能失去自我覺察，讓成就與自我肯定建
立在「被需要」，只有被需要時才能感受到自我存在的意義。

透過滿足他人的期待來投射自己是被需要的、值得存在的，容易陷入將他人需
求與請託置於第一順位的狀態，進行溝通時不由自主將焦點放在滿足照顧者的

訴求、或過度在意照顧者的情緒反應，而接受某些不合理的請託，這種心理狀態容易出現在新手溝通師或學員。

曾有學員分享，基礎課程結業後，收到大量親友請求或好奇的邀約，開啟了練習動物溝通的旅程。某位好友分手了，與男朋友一起飼養的毛孩必須留在男飼主家，好友非常想念毛孩，想請學員與毛孩進行連線溝通；然而，這其實違反了溝通師接案的倫理道德（溝通者只能接受此刻寵物主要照顧者的委託，道德規範介紹請見P.112），學員把拒絕的原因告訴好友，好友卻仍不斷請求拜託，此時學員觸碰到被好友渴求的被需要感，同時也產生了無法幫忙朋友的愧疚感。

從這個角度回頭看溝通師的心理準備，如何不被個案觸及並陷入深層被需要的心理？溝通師需要透過細微的覺知去理解、探索和修護自己深層被需要的議題，帶著更高的覺察力去覺知接案的態度與界線，正確回應個案的請託。

● 2.填補自我價值的渴望

肯定與認同

如同需要空氣一般，人同樣也需要「肯定與認同」，這是自體心理學創始人美國心理學家海因茲·寇哈特（Heinz Kohut）主張的理論。從小到大，我們多少都期盼能被他人肯定，在童年成長過程中沒有獲得足夠肯定的孩子，就像是沒有吃飽一般，想要被肯定的感覺有如飢餓感，即便長大成人也會持續渴求、追求別人的認同與肯定。

我希望你能看見我

無論你是正在進行職業服務的動物溝通師，或是剛起步、正在學習動物溝通的實習生，試著帶自己回想，一開始與身旁家人、朋友們提及動物溝通時，每個人的反應、甚至是臉上的表情——我們都曾面臨不同立場的聲音，尤其是那些對我們很重要的家人、伴侶，會更期盼對方能懷抱著支持認同的態度，看待我們渴望學習動物溝通的心情。

接案過程中，必然會面臨動物訊息的各種可能性，進而萌生自我否定與懷疑。這些自我肯定感低落的負面循環，常讓剛進入不熟悉的領域或還未累積足夠經驗的溝通者卻步，進而放大否定自己。

讓我們試著淺談這種心理活動——每個人都有被肯定的需要，如果願意審視自己，一定不難發現，我們不可避免的追尋某種關係、角色定位的認同與肯定；認同與肯定的重要性就如同植物生長需要陽光、空氣和水一樣，被需要的心理因為生而為人的特性而決定，我們有個人的需要，卻無法獨善自己，畢竟人是群體動物，天性上需要與其他生命共存。

當一個人無法社會化，會藉由其他依附關係——例如社群網路、飼養寵物，未來甚至可能依靠人工智慧，從完美的虛擬角色中滿足情感連結的需要。不論外在環境如何變化，人們需要情感連結的心仍然不變，這種渴望甚至越來越強烈，產生更多複雜或想要掌控情感連結對象的心理。例如，有些人將個人情感過度投射於現實生活中沒有真正接觸的偶像身上，某種程度上偶像對此人來說是一種虛擬角色，對偶像產生了錯亂的情感認知，而出現失控的行為。

回到動物溝通，從人的世界展開與毛孩的連結，到人與毛孩成為摯愛的家人關係，其中也反應出「被毛孩需要的心理」。上述對偶像的情感錯亂認知，聽起來好像是略顯極端、與你我無關，可是，仍有不少人不自覺將情感錯亂認知反應在自己的寵物身上。

有些熱衷救援流浪動物的人，與原生家庭或生活中與人的情感連結可能比較疏離或辛苦，認為跟人相較，動物更加單純不複雜，所以特別想要親近動物，自

然在毛孩身上尋找情感的歸屬與依賴，更不願意花時間與心力和身邊的人進行情感連結與調整。正因為人需要情感連結，將這些被需要的歸屬與渴望投入在毛孩身上，投入就會產生期待，期待被毛孩需要的認同感。

我們喜愛動物的原因的確是牠們天真單純，但真正要思考的是：同伴動物可以擴張我們對愛的學習，卻不應該成為我們對某些情感的逃避理由。如果將自己的情感渴求和需要過度投射在毛孩身上（只為滿足我們的期待），不僅成為牠們的壓力，也會讓我們難以面對真正需要學習的課題。

「被需要」往往是判斷自我存在感的方式之一，如果成長過程中在重要關係人身上感覺自己不被需要，產生陰影而出現空虛和落寞感，即便長大成人，若沒有意識到這種情緒，適時調整，照護、正視與接納自己，必然會影響人際和人寵關係。

無論是「自我需要」或是「被他人需要」，這些細微的心理確實是為了實現自我價值，也是人性的必需。身為一個動物溝通師，要有足夠的覺察看到自己這個層面，唯有足夠了解自己，才能更有意識去感受他人。

我們是不是看著別人的優點而否定自己，
或看著別人的不足來肯定自己呢？

你們走開！

比較心理

心理學家阿德勒（Alfred Adler）曾說：「人生來具有自卑的心理。」但是，擁有自卑感並不是什麼壞事，也相對督促人們去探索與追求更好的自己，而這追求感也成為了自我與社會環境的競爭和比較心理。

當一個生命的身心獨特性符合該時代的價值，較能處在優勢或成功的地位。舉例來說，畫家梵谷成為眾所皆知的名畫家之前，才氣洋溢卻一生不得志，個性中帶著極端的愛與瘋狂，做過許多不同的工作，一生窮途潦倒，與許多人不合，導致作品賣不出去。他的個性在當時的時代環境中不討喜，因此難以出頭，直到死後作品才真正得到肯定。

生命並不完美，每個人各有長短，總有不足的地方，但每個人都有被他人尊重的需要，所以在生命的某些階段，尋求被認同或肯定是很正常的。如果我們很難做到自我認可與認同，甚至因內心不滿足的匱乏感，迫使自己轉而追求別人的評價，不停期待得到他人認可或肯定，表示自我肯定感較為薄弱，如此一來，我們的行為就會對被看見與被稱讚產生依賴性心理。循環失衡下，只能藉由與他人的投射比較來否定自己或肯定自己，才能看見自身存在價值。

例如，某學員得知其他同學或溝通師能做到即時接收和傳遞訊息，甚至可以與毛孩、照顧者三方同時進行連線通話，他的心理反應、認知與感受，可能會出現每況愈下的內心對話：

「好羨慕喔，他怎麼做到的！」
「我現在做不到，是不是因為能力不足？」
「天啊！我怎麼跟他差這麼多？」
「我想可能我沒有天份。」

這些心理對話凸顯出溝通者容易在學習過程或溝通過程中，無意識反映來自深層、從小養成的心理狀態。當我們有意識去看見時，能如何支持自己去強化健康的心理對話呢？其實可以像下列練習對自己這麼說：

自我認同對話

每次內心浮現自我懷疑或否定的念頭時，嘗試用另一種說法來理解支持自己。

好羨慕喔！對方怎麼做到的！

↓

我可以這樣對自己說
對方真的很棒，我想向他請教學習

我想可能我沒有天份了

↓

我可以這樣對自己說
即便沒有每次都順利，但我已經改變了什麼？
例如：讓自己靜下來五分鐘等小小改變或成功

天啊!我怎麼跟他差這麼多?

我可以這樣對自己說
我接受現在的自己,
能做到的部分就是此刻最適合我的連結方式

我現在做不到,是不是因為能力不足

↓

我可以這樣對自己說
原來可以這樣做,我相信持續練習後,我也會慢慢做到

自我認同練習

除了以上自我認同的對話，溝通師如何練習強化自我價值，同時理解過程中依舊渴望被認可的心理呢？

讓我們一起這麼做：
1. 試著開口分享自己成功經驗的過程。
2. 邀請個案或朋友給予每次溝通後的感受、正向的看見與回饋。
3. 每隔一段時間，詢問朋友是否發現自己有哪些正向想法行為或情緒的轉變。
4. 當他人願意花費時間與精神，無論提供任何回饋，都能提醒自己：此時我正在鍛鍊帶領自己去看見「被認同心理」的過程，而這個過程是正常的，每個人都曾經發生。

溝通者若能逐漸意識到內在潛藏投射於他人的比較心理，在學習溝通與接案的過程中，會記得提醒自己回到平常心，穩定成長。

● 3. 接受不完美的勇氣

這個標題可能讓人聯想到阿德勒的著作《被討厭的勇氣》，但往更深層的脈絡裡去探討，我們為何追尋他人認同與期待被尊重？除了自我人格特質外，有很大的影響來自人格養成的過程。

環境教育形塑人格養成，古典心理學與後現代心理學不約而同都提出「信任感」的養成對三歲前的幼兒特別重要，自體心理學家海因茲·寇哈特（Heinz Kohut），與偉大的心理學家艾瑞克森（Erik Homburger Erikson）一樣，強調社會養成的客體（外在環境）對個人（主體）人格發展產生極大影響性！

不同的是，寇哈特特別強調個人自尊感有養成順序：自尊經驗是前期來自他尊

經驗中的認知，健康的自尊學習與每個人幼小時期的主要照護者和重要他人息息相關（例如父母親）。

寇哈特曾提到，對人格成長影響的順序排列，會依序由鏡像需要、理想化，再出現孿生需求。

鏡像心理（Mirroring）：自我概念的發展

即為自我期待的心理，認為他人（客體）對於自己（主體）的情緒有同調性的共鳴。當我們訴說自己的經驗時，他人（客體）能夠穿透這些經驗中的情緒，回應相似的言語，產生同步同理而展現在情緒波動或肢體表情等。

心理諮商會談中，諮商師會運用同步性感受，以聲音、語調、用詞反饋個案，此時個案能從對談協助人展現的表情、肢體中感受到一面照出自己情緒和心情的鏡子，更重要的是，藉此得到重新反觀自己經驗情緒的機會。

讓我們用簡短的敘述協助你理解鏡像心理。自我意識心理學表示，人們往往把他人對自己的態度視為一面鏡子，照映出自我的形象，並由此強化了他人對我們的暗示（譬如別人覺得我很棒，我接受了別人覺得我很棒的暗示）和自我暗示（我接受別人覺得我很棒的暗示，並順從和強化此暗示）的認知，塑形為自我概念的印象，這種現象稱之為「鏡像效應」。

此效應源於庫利（Charles Horton Cooley）的「鏡中之我」理論，鏡像階段來自於每個人幼小生活的關鍵時期，與人生中的重要轉折，孵化成每個人自我認同初步形成的時期，「自我」的初期階段就是「他人」，是一個透過想像的、期望的、投射的、曲解或被誤認的對象。

很多心理研究指出，嬰孩在六個月到十八個月大學習站立、行走時，需要依靠照護者的協助跟引導，才能在鏡中看到自己的影像，孩童一開始還無法從鏡像中辨識自己與母親或他人，可能產生自我與他人的混淆。隨著嬰兒的影像持續在鏡中反映出來，他增加肢體動作，終於能辨認出鏡中自己的影像；在鏡中區

別自身與其它對象是同時發生的，嬰孩也能在鏡中看到抱著他的母親影像，與四周熟悉的家庭環境，而後者使得嬰孩更加肯定影像中的己身。

當嬰孩在鏡像中看到自己是一個完整的軀體，並且鏡像會隨著自己的動作而變化時，他會完全淹沒在歡喜與興奮中，於是嬰兒對這個鏡像產生了自戀的認同，也是所有人自我初步形成的時刻。

除了透過鏡子，嬰兒藉由外在環境所反射回來的影像、聲音、他人的行為等等，來探索和認識自己。但此時此刻的世代可能是透過手機螢幕或虛擬網路，在探索「不是全部完整真實的他」的過程中，遇見、認識了自己某種樣態。

鏡像階段是一個從破碎到想像的認同過程，嬰兒透過肢體動作與鏡像辨認，將自我形象從不完整的印象，延伸成全形的幻覺，可是他仍然是一個無法隨意使用自己身體、需要藉由他人協助才能完成某些動作的嬰兒，只能在想像上試圖展現自己對於身體的駕馭力。

例如，嬰兒從雙眼看到父母，會以為那是理想化的自己，看見父母拿起水杯，他自然覺得自己也能拿起水杯，最後才發現做不到。透過模仿的行為，探索認知的同時，會產生他做不到的衝突感，藉此認識自己。

大家耳熟能詳的故事《醜小鴨》，也是鏡像心理的經典案例。一開始醜小鴨並不知道為何兄弟姐妹排擠牠，直到某一天，牠在湖邊看到自己的倒影，才真正理解自己與其他小鴨和鴨媽媽不一樣，原來自己是天鵝。

小嬰兒一開始眼中所看見的、逐漸認同的這個自己，其實是別人。這是一個自我認同破滅的過程，經由這個過程再重新建立自我、認識自我，破滅後又重新建立，反覆不斷之下，最終發展出長大後的自己。

法國心理學大師拉康（Jaques Lacan）提出：「所謂鏡像並不限於真實的鏡子，也包括周遭他人的眼光與其對自我的反映。」主體在成長過程中的認同建立，是

經過各種不同的鏡像反射，包含與周遭人的互動與意見來確立，但是他人的眼光及各種自我反映的鏡像總不一致，在嬰孩時期與成長過程中經歷的歡欣、興奮的欲望驅使下，主體總會局限的、誤認的、滿足的認同某一個鏡像，然後當這個認同破滅之後，又會更期待下次理想化的認同。

在嬰兒時期的鏡像階段之後，存餘想像與現實的角力與辯證，就這樣反覆出現在人們的生活裡。迴圈是這樣形成的，我們先投射自己的自戀或自大到主要陪伴照顧者身上，例如：

照護者媽媽：「哇你好棒，把飯都吃完了，你是最棒的。」
孩童：「媽媽你看我是不是最厲害的，我是第一名，把飯吃掉了。」
然後，再從陪伴照顧者理想的行為表現中，內化回到自己的身上。
照護者媽媽：「對呀！你一直以來都是最棒的。」
孩童接收心理：「對，我是最棒的，因為媽媽說吃完飯的我是最棒的！」

這對長大後的我們的內在產生恆久影響，可能透過食物（無論是吃或給予食物）來意識到愛與被愛的認同感或肯定感。

如果你願意持續整理、檢視自己，有意識去正視自我肯定，必能鍛鍊出肯定自己與認同自己的能力。

理想化心理（Idealization）：追尋他人與自我期待

理想化心理是一個人生長養成的環境概念，包括推論人是如何在現實想法與生長中，透過得到的資訊及所接觸到的各種對象，產生對自身的影響。

人性被賦予了追求更完美的屬性、品質（品德）、外在特徵、存在條件等等，在科學心理角度中，理想化是一種具有抽象因素的理論，也被運用於研究上的規律性。每個時代的理想化不同，理想化心理是此人養成環境所給予的概念，例如：從小生長在飽讀詩書的家庭裡，理想化的心理表現在成功的學術或學業，達成這些目標能獲得嘉許和獎勵，甚至會把理想化心理投射到理想的權威或對象上，這是人追求完美的自己的起源。

練習 3

回顧孩童時期最常聽見的肯定是什麼？

練習 4

長大後的你是否能辨識出來，自己喜歡做的跟當初被肯定的事情是否一樣？如果不是，你會想如何肯定自己的選擇呢？試著覺察現在的你真心喜歡並能肯定自己的經驗：

認識自己的開始

許多思想家論述理想化的心理狀態時，認為這是人類思想自然進化的過程，對一個活躍的角色投射理想的開始，且賦予其創造性的火花。舉例而言，當我們投射於某個理想化的人身上，心理會產生一定的效益，覺得如果跟堅強的人在一起，自己也能開始變得堅強；跟有智慧的人相處，自己似乎也會慢慢變聰明；經常跟溫柔的人互動，似乎脾氣就少了！能給予這類感覺的人，就是我們投射理想化的對象。

「理想化」和「貶值」是心理學中攜手並進的現象。心理分析將理想化視為一種保護機制，被投射的理想對象被描述為更理想、更完美的。該機制從小時候開始，當孩子認為他們的父母是無所不能的超人，對父母產生依賴與權威的投射，成年後依舊會對於他投射的角色產生理想化的依賴，在意與被投射角色的關係和他的意見。

理想化展現在生活的任何領域，沒有人是免疫的。從小到大，我們的內心一定藏有對某位偶像、權威、故事角色投射了理想化的感受。你是否曾在求學期間，遇到自己非常喜歡或欣賞的某位老師，讓自己產生某種動能（可能格外用功，甚至超越過往表現）的經驗？

「羅森塔爾效應」是由美國心理學家羅森塔爾（Robert Rosenthal）和雅克布森教授(L.Jacobson)於1968年通過實驗研究後提出，揭示了教育過程中有這種心理現象。

實驗中，實驗者告訴教師，班上某位學生賦有極好的某種潛力，去誘發教師對這學生產生某種程度的期望或關注，當老師下意識對這位學生表現出特別的關照和注意力，學生也在無形中感受到老師對自己產生的期望和激勵，進而鼓舞自己加倍努力學習，激發了學生的學習意願和成績都大幅提高的效果。

基於「羅森塔爾效應」的特殊效果，許多教育工作者，甚至是企業經營管理、行銷業務都喜歡運用這種方式。但當我們仔細分析各類教育或是執行案例後不免發現，對於不同類型的學生或人士，「羅森塔爾效應」差異明顯。

有的同學對老師、長官的親近與關注反應積極，「期望」會產生的效應良好並且持續；但也有不少同學或人士面對「期望」的效應較差，甚至表現得更為消極和失望。這說明「羅森塔爾效應」與任何一種心理現象的產生一樣，帶有差異性條件，有其產生的心理基礎；也就是說，教師或長官的期望只有在「適當的心理條件」下，才會起正向作用。

只有在充分分析每個學員的心理狀態、明確學習的動機、確切的自我意識等個人特點的基礎上，有分寸的、適當調整的發出「期望」，才會產生強烈的「正向效應」；若是不當運用，不但沒有效應，甚至會出現負向效應與負向期待。

孿生（Twinship）或另我（Alter-ego）：自我歸屬
接著，再來探討「孿生心理」，其實它是由理想化再衍生而來的概念，當我們能

夠將他人視為是自己的一部分，並相信彼此之間無論在認知、興趣、喜好能力上都高度相似時，認為彼此的所思所想擁有無需言表也能共鳴的契合感，能極高同理彼此的心情和情緒，有如知心或知己的存在。

而「孿生自我對象」則是指與自己相似的對方、感覺對方是與自己很接近的存在、是會讓自己有安心感的人。如同尋覓人生中渴求的某種遇見與難得一見，在探尋孿生自我對象的過程裡，會引發我們更深入覺察到自己的面向，看似追求外在孿生自我存在的過程，其實是在找尋內在自我。接下來，舉例有關「孿生」的體驗，近一步了解何謂孿生現象。

當我們進入一個陌生團體，多少會感到不適應與疏離，當我們必須融入其中時，若有人主動靠近與自己互動，當下會感到安心而產生被認同的安全感與歸屬感，會讓我們確切感受到自我存在與價值。所以，心理學家寇哈特也強調：「在他人中發現自我就是孿生體驗的標誌之一。」

而孿生體驗有時是超越言語的交流和體驗。2020年全球面臨疫情期間，YouTube上有部影片是一位年輕人與一位同時進行居家隔離的爺爺用鋼琴聲傳遞心靈默契的故事，他們透過相通的旋律與極度默契的合奏，產生了心靈交流。

透過和我相似的人或環境，來認同我自己

生活中，對歸屬感的體驗更常發生在食衣住行裡，例如熟悉的香味、共同的食物、聲音和身體氣味的感受等，使用身心靈領域很常聽見的相似語言，就像是雙生火焰、靈魂伴侶的心靈契合，整體共融。

自體心理學家巴史克(Michael Franz Basch) 將孿生需要定義為：一種歸屬感，能感覺到自己在群體中。他明確了兩種內在需要的心理認同——「需要感到和團體成員是一樣的」以及「需要覺得是團體中的一員」。一個健全健康的孿生需要源自接納和尊重彼此之間的差異。

閱讀到此，或許你會感到疑惑，學習動物溝通為何需要了解這麼多種心理狀態？做動物溝通不是只需要了解動物就好了嗎？或許剛起步的初學者會這麼想，也曾遇見第一次來學習溝通的學員懷抱著「想成為動物溝通師是因為動物很單純，接觸動物就不用與人類費神溝通或工作」這樣的想法。

可是，當我們一腳踏入溝通師的領域，才會發現在溝通中有聆聽照顧者與支持照顧者的需要！更別忘記，人類本是情緒動物，我們需要意識到照顧者與毛孩的依附關係，也需要意識溝通師本身的心理狀態，才能保有本書中不斷強調的「如實」、「中性」的溝通品質，甚至藉由溝通去看見、修護與療癒自己曾有過的創傷與心理陰影。

● 4.覺察個人想法的中性

當我們逐漸理解並接納自己的心理狀態，並且透過實質的鍛鍊，覺察到身為溝通管道的我們，難免會投射出滿足他人期待、出現自我否定與自我認同等心理狀態，甚至出現想去比較或想去證明的心境。這些心境需要被正視、理解並一層層剝落，不再將自我內在的渴求，無意識投射於接案情境。

雖然一開始不容易辨識這些心理過程，但這在動物溝通中是極為重要的一環，它會深深影響溝通者在解讀訊息與傳遞訊息的中立性，身為溝通管道或助人工作者要時時叮嚀自己。

一個訊息傳遞者就如同一台投影機(註)，這個溝通管道要順暢讀取傳入的資訊，解析能力、深度、廣度都格外清楚，訊息將透過這個投影機（溝通師）清晰且明亮乾淨的如實投射，給予中立、不帶個人色彩的解讀，並盡可能保有訊息完整性，而非來自溝通者個人經驗的投射。

註：動物溝通裡所指的「中性」，意思是沒有偏頗、沒有立場。用投影機來形容中性，是因為投影機不分辨訊息的喜好、樣態和立場，只單純將傳入的資訊投射出來。

一位經驗豐富的溝通者，即使面對熟悉的或已溝通過的動物，仍應盡可能不讓過去和牠溝通的經驗成為一種限制，因為熟悉的經驗往往是沒有被覺察的濾鏡，必須帶著意識去拿掉濾鏡，放開個人過往經驗的某些觀點，保持有如一張白紙的中性態度與牠連結。

當一個溝通管道願意真實面對自己、了解自己的內在面向，開始更穩定的接納自我，一次又一次後，溝通不再只停留在確認自己的表現做得夠不夠好，而能更沉穩的將溝通焦點放在飼主與毛孩上，以聆聽與理解去著力。讓我們再用一個案例來說明，當溝通師不再如此在意與迫切需要證明自己的表現時，透過如實傳遞，能與照顧者建立信賴感和深度支持，與反饋毛孩真實的狀態。

接收訊息　　傳達訊息

當溝通者越能夠放開過往經驗或先入為主
的觀念，越能中性的呈現動物訊息

柔穎的經驗

有一對一起長大的兄妹馬爾濟斯犬，案主為了狗妹妹的生活狀態委託溝通，當我開始與狗妹妹進行連結、接收訊息時，體感接收到牠口腔牙齒的痠痛與心情焦慮，這份強烈感受讓我在與案主後續核對訊息時，有一個很微妙的發現，再一次打開我對接收訊息的認知，體驗如實的重要性。

一如往常，我先將毛孩給予我的訊息如實傳遞給案主，但現實生活中有口腔狀況的並不是狗妹妹，而是狗哥哥；而我所接收到的感受與焦慮和不太想吃東西的情緒，卻是狗妹妹的心情跟感受，案主也表示在哥哥看完牙醫回家後，妹妹的心情跟情緒變得緊張，好像很擔心哥哥，也說明從小妹妹就非常黏哥哥，感情很要好。

我收到的訊息是狗妹妹明確表達自己也是要看醫生的，而且告訴牠要看醫生的人似乎是案主爸爸。後來證實，爸爸在哥哥看完牙醫後，在生活玩耍中曾指著妹妹說過相同的話，所以妹妹全然沉浸於要拔牙、看牙醫的情緒裡，甚至有了同樣的生理反應。

毛孩的情緒會與照顧者的生活、心情產生相同的情緒和反應。許多時刻，照顧者並不會把焦點放在自己身上，看不到自己的狀態，反而是透

當你審視上面的案例故事，可能會存有疑惑或好奇，為何狗妹妹不直說是哥哥拔牙的疼痛？如果溝通師只專注於訊息的 yes 或 no，往往會漏掉最深層的情緒與情感感受，讓溝通局限在如同填寫是非題一樣；生活中體會到的感受，不只有二元性選擇，就像是有人詢問生活開心或不開心時，二選一的選項無法完整表達當下的感受，因為感受與情緒是有層次的，同時也夾雜其他感受──好比當下覺得開心，同時又有點捨不得，害怕這份開心馬上會離開的複雜心情。

動物溝通中，溝通者不應以「訊息是否百分百正確」為溝通出發點，才能用中立、平常心與不把自我能力表現當作核心的心態，去和飼主進行客觀的詢問或回顧，看見更全面性的情況；即便收到的訊息不符合毛孩的日常習性，也能自

過毛孩的生活變化跟情緒變化，看見自己此刻的需要。

狗妹妹最依賴的情感連結對象是牠的哥哥，所以在訊息接收上，反應出當下牠專注於哥哥的生理反應，卻夾雜屬於自己的焦慮，而哥哥除了有生理的拔牙感受，卻沒有妹妹的焦慮感，甚至拔牙後仍有很好的胃口。

這微妙的經驗讓我體會到，狗妹妹與狗哥哥間確實有著與人類一樣的心靈相通和心電感應。動物與人類反應某些接收情緒的狀態其實很相似，對於親近的關係也會產生「共感效應」的身心反應。

所謂的「共感」，是指我們的身體真切感受到他人的情緒、能量與症狀，多數人通常可以過濾掉那些東西。我們既感受到他人的憂傷，也體驗到他人的喜悅，對他人的講話音調與肢體動作極度敏感，而且聽得見言外之意，能接收到以口語之外的方式與沉默傳達出的訊息。

用心理解對方，才能真正傳達愛

然而然接納其中差異，進而與照顧者討論差異的原因。縱使在收訊上有誤差，也該坦然接受自己的偏誤，回到最初溝通的核心與單純的初衷。

身為一個溝通管道，我們要意識到有多少時候是帶著濾鏡去解讀、接受訊息的，需要不斷對自己的感受保有覺知，做如實與中性的辨識。相信有許多學習者或正在進行接案的溝通師們，都是懷抱著「愛」來到動物溝通的領域，我們或許不能單憑永懷初衷走到最終，但要能帶領自己回到自身，學習尊重、增添智慧，讓尊重與如實成為支持愛飛翔的翅膀，讓智慧透過如實善巧的理解，讓你我的愛擴張、實踐與支持每一位飼主與毛孩。

2
自我陪伴的重要

保有覺知的選擇

柔穎的經驗

學習與檢視,總在每個不經意的安排下來臨。那是一個夏季中微帶炎熱的深夜,Line的訊息響起,一位曾做過臨終溝通的案主,訊息中流露深深的請託,希望能緊急幫她與毛孩子進行安樂死的溝通——因為,隔天就必須進行決定性的確認了。

一早,揉著雙眼、微帶恍惚的我,看見訊息時感受到照顧者與毛孩的交雜心情與哀傷,腦中思考該如何安排這緊急請託,拎著還想賴床的身體起身,梳洗後準備展開一整天動物溝通卡的教學。

在緊湊且有限的時間裡,我無法騰出完整時間給急迫的照顧者與毛孩,雖然即時性的溝通連線並非難事,但如此草率的完成一次溝通,違背我接案的核心價值。當下我直接告知照顧者,若能接受,我會先轉介其他溝通師給他。

我再次轉達照顧者,上次的臨終溝通中,毛孩已經全然接受自己即將離開,並且希望照顧者能勇敢跟自己說再見,畢竟牠最在意的就是媽媽難

在生活片刻感受寧靜的心

過的心情呀！牠還很貼心的一直強調，自己即將離去，盼望媽媽別太傷心；我也提醒照顧者要學會「信任」，即便她無法用語言讓毛孩理解安樂死，毛孩還是能透過與其相通的心靈意念，理解媽媽的選擇，無論她如何決定。

回覆完訊息後，我背起背包，拎著上課的教具物品出門，從大安森林公園捷運站走進公園人行道，前往教室的路上，微風徐徐，風中摻著濃郁的植物與土地香氣，耳邊不時傳來鳥兒與松鼠等小動物的鳴叫聲。

每次課程日這十多分鐘步行到教室的片刻，是我最喜歡的時光，走著走著，心裡細微浮現出今晨的心情，細膩看著面對緊急請託的過程中，自己內在的心情與情緒，反思在這件事情中，每個決定與選擇回應，皆是一個深度覺察的練習。

確實，這是觸及生死的安樂死議題，站在照顧者的立場，蘊涵許多無能為力與情緒下不得不的抉擇困難，當下迫切需要透過另一個角色（溝通師）釐清毛孩是否能夠理解、接受她所作的決定。

反觀我當下的狀態，無論時間或精神上確實無法抽身，即使勉強進行溝通，也無法確保傳遞訊息的最佳品質！就是因為看重溝通的重要性，才更需要在第一時間評估自己當下的身心狀態。

進入教室展開一天的教學後，手機傳來照顧者的訊息：「好感謝自己有跟毛孩最後再好好說話，在我們還沒前往進行安樂死的醫院前，毛孩選擇在最熟悉的家中，在家人陪伴中安心離開。這孩子實在好懂我的心情，如果真的到醫院進行安樂死，我害怕承受不了內心煎熬，牠體貼入微，不讓我們陷入為難呀！」看著照顧者的文字，我由衷感動，更加篤定了自己早晨時做的決定，對照顧者與毛孩是最好的安排。

反思過程
更深一層的同理，需要智慧與全觀性，而非只停留在事件的表象，也非只意識到照顧者帶著強烈情緒的急迫請託而已。當照顧者主觀認為必須馬上被協助，也要在同理照顧者的請託下，支持他人也能同理自身所需，而非陷於照顧者情緒中，被牽著跑。

但如果是過去的我呢？未能懷抱智慧全觀時，一定會陷入非得幫忙不可的漩渦，內心交戰，溝通品質可能不會好，也可能影響一整天教學的情緒或精神，對於期待課程的學員，也無法做到同理他們渴望學習的心。

了解、接納、同理。我與大多數的人一樣，曾難以拒絕他人的請託，再加上高度敏感，從小到大與人互動時，總能在第一時間感受到他人的內在狀態與情緒能量頻率；基於同理的心情，如果沒有回歸自我觀照、自我照護，很容易陷入他人的情緒迴圈中，也可能只停留於他人的需要，而讓自己生活的節奏與安頓陷入混亂與停擺。

因為想擺脫過於細膩、敏感的特質，我很早就意識到「覺察」的重要性，引領自己往內探索、爬梳自我對話——是否這些同理的心也反射出我期待被需要、期待滿足自我價值，或內在底層裡反射了難以拒絕的愧疚感。例如：如果我不幫忙對方怎麼辦？他現在很需要幫忙，若我拒絕是不是太不應該？

如果只在「被需要」裡才能看見自己，感受自我存在的價值，必會在任何關係或未來成為溝通師的接案過程中，難以保有中性心態和給予中立的服務品質。

處於身心健康平衡的狀態下，能幫助照護他人，真的是很開心的事！我們總是很容易忽視當下自我的心情和身心的需要，每每過度消耗精神與體力，甚至就算資源有限，依舊將別人的需求放置在第一順位，卻在轉身後發現對方的情況其實沒那麼困難，累積的疲勞與憤怒卻撲天而來，再加上過度壓抑，這些情緒垃圾需要被理解與消化，常常久久未能平息。

我曾一次又一次，如同剝開洋蔥一般，與自己的心對話，讓我深刻的覺知，身為與人溝通或療癒師的角色──特別是動物溝通師，更需要自我了解、自我接納、自我同理，紮實陪伴自己去學習探索，才能更有深度的理解飼主與毛孩，成為健康中性的溝通管道。

逐漸意識到高度同理的價值與正確的執行態度，並且保持分享與服務的熱忱。身為動物溝通師，若無法在案件中保有自我同理、看見自身狀態，熱忱會在無形中被削減；玩過電玩遊戲的人都很清楚，經驗值可以累積，遊戲裡的寶物能夠交換購買，但若維持生命的那條熱血沒了，當下遊戲也就宣告停止！由此可見，溝通師維繫自身接案的熱情，是多麼重要！

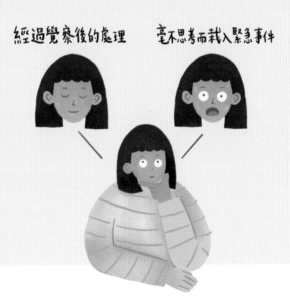

經過覺察後的處理　　　毫不思考而栽入緊急事件

初學者的困擾

許多新手上路的實習溝通師，或剛開始學習動物溝通的學員，結業後練習階段常有以下這些狀況：

● 1. 能量付出與收回無法循環平衡

上完課後，我們會鼓勵需要大量練習的學員們，敞開心且開放式延續課程中得到的感受，勇於廣邀身邊親友提供寵物來練習、累積經驗。免費容易使人隨便，偶爾會發生約好時間卻臨時取消、溝通後需要照顧者去改善但他卻不那麼在意的情況。有時候預約動機只是好奇、想嘗試看看，卻非主動需要，容易讓學員陷入「朋友願意提供寵物讓我練習溝通，其實是在幫我的忙」的心情。

但是，在溝通過程中，即便是新手上路，付出的用心都應該被好好珍惜，當你相信能量付出與收回是循環平衡的概念，即使沒有收費，初學者也應該在預約過程中，邀請對方完成後提供反饋。例如，提供溝通過程的心得文字、對整個過程的建議反饋、一句祝福的話、一杯茶水飲料或點心等等，甚至是一個擁抱，都是很棒的能量平衡。雖然回饋所需不多，但小小環節卻有其重要性，目的也是引導預約者看重本次溝通。

● 2. 面對飼主「隨時問一下」的心態

這種狀況很容易出現在尚未開始執業、建立收費標準與預約方式的新手溝通師身上，或是照顧者與你是認識的朋友，照顧者可能會說：「我家貓昨天亂咬我一口，你幫我問一下牠怎麼了！」

溝通師的心理層面

初學者對於自己接案的能力與經驗，還沒有足夠的自信，是需要學習健全心理素質的階段，更會基於本身對動物懷抱的愛，而難以拒絕這些隨意的請託。

一般照顧者的心理

因為溝通師能跟毛孩說話，認為只要溝通一下，也許就能立即解決困擾或疑

惑，過度放大了溝通師的功能性，無意識投射了有目的性的期待。

溝通過程中，溝通師必須安撫照顧者情緒，但無論是照顧者個人情緒或想改善與毛孩的關係，都需要給予更彈性的等待。人們往往渴望能快速解決問題、趕快得到答案，照顧者甚至產生「只要跟毛孩溝通後，毛孩就該理解自己的想法」等錯誤期待。

當然，也可能因為沒有收費，讓照顧者養成第一時間不去好好理解毛孩，而是依附溝通師幫忙的仰賴心理，這不是飼寵關係裡健康的循環模式。生活中真正能協助毛孩跟照顧者改善問題的人，其實還是照顧者本身，而毛孩最渴望能被自己的爸爸媽媽深度明白和理解，並非只是透過溝通師傳遞感受。

◉ 3.急迫性的緊急幫忙

無論是資深或新手溝通師，都常面臨急迫的狀態，如走失協尋、病危臨終等突發事件，我們不難理解飼主因為擔憂、害怕呈現焦慮的身心狀態，也的確需要立即協助；但是，一般學員或非全職新手溝通師，多數仍有自己的日常生活與工作，只能利用下班後、甚至假日休息空檔才能接案或練習溝通，面對照顧者急迫的情緒狀態，很難婉拒或回絕請託。

溝通師是否做好自我狀態的接納與理解是格外重要的，若有學習過動物溝通就能體會，進行溝通需要高度專注並且放鬆的身心狀態，你可以這樣檢視：

- 檢視身心是否能承受緊急接案。
- 當下具有引導案主紓緩焦慮的同理心與對應方法。
- 勇於婉拒請託的勇氣。
- 誠實回應、對自己坦承，是溝通師的行為操守之一。誠實回應自己此刻不合適緊急接案，轉而協助當事人接洽其他溝通管道，會是更有彈性的考量。
- 毛孩與照顧者的意念情緒是交織的，即便照顧者不一定能感受到，敏銳的毛孩一定能感受照顧者此時此刻的各種情緒。若你評估無法接這個案子，可以先告知來請託的照顧者盡可能保持較緩和的情緒，對自己和毛孩才是最有力的支持。

- 越是急迫，越需要穩定的溝通橋樑，同理心不只建構在「沒有馬上協助他們就像沒有同理對方」，而是因為看重這份請託與毛孩，更需要讓他們找到一個狀態適合接案的溝通管道，理解「有所為，有所不為」的重要性！

不論初學者或經驗豐富的動物溝通者，遇到各種心境起伏，都能成為成長的養分

綜合自身的接案歷程，與許多溝通師分享的心得，加上學員面臨這些狀態的為難，讓我們在培訓動物溝通師時，更加強化學員的覺察練習，也把一路走來的覺知與探索歷程設計在課題中；然而，溝通師的職業身份與大眾認知還有很多成長的空間需要努力，也不免出現質疑聲浪，被人賦予主觀性的檢視，這些過程讓我們看見，做好穩定的身心調適與持續健全發展心理素養的重要。

發展健全的心理素養

阿德勒認為，人生不是取決於命運和過去的創傷，而是自己的思考方式。首先，就讓我們從「了解自己」和「與內在小孩相遇」開始吧！為何需要去探討自我的內在小孩？內在小孩又是什麼？甚至在探討內在小孩的過程中，如何療癒創傷？這些又與動物溝通有何關聯性呢？

● 1. 理論概述：
在心理治療領域中，最早討論「內在小孩」概念的是榮格（Carl Gustav Jung），他在1940年首次出版的《兒童原型心理學》（The Psychology of the Child Archetype）中，以「在裡面的小孩」（child within）指稱兒童原型；而

第一位正式使用「內在小孩」（inner child）這個辭彙的則是米希迪（W. Hugh Missildine, M.D.），他在1963年出版了《探索你內心的往日幼童》（Your Inner Child of the Past，彭海陽等譯，雅歌出版），以整本書討論內在小孩的概念及治療方法，一直延續到近年坊間許多書籍或療癒方式、藝術治療、潛意識催眠回溯、身心靈、賽斯、奧修、合一等系統，都陸續開展出「找尋內在小孩」、「與內在小孩對話」或「拿回內在小孩力量」等治療方式。

室利・巴關（Sri Bhagavan）大師曾說：「缺乏愛，是一切問題的根源。」後現代心理學大師阿德勒更是非常重視兒童教育和人格的培養，認為孩子早年的生命經驗會形塑他的生命風格（即人格特質）。

倘若溝通師本身在兒童記憶、成長過程中較能感受原生家庭父母的教養、同儕之間互動的開放性，並支持其自我表達的獨立性，就比較容易養成學習新事物的開放心態，培養健康的心靈狀態。去修護並理解內在小孩或許不是學習動物溝通首要條件，但若能深度探索自我，必能擴展甚至誘發溝通師心中細微的自我照護與自我認同。

曾有一位來上課的學員，從第一天的直覺練習開始，到第二天與毛孩連線的練習，所接收到的動物訊息內容，七成以上吻合毛孩的狀態；他總是難掩臉上的微笑，卻又否定、無法相信自己接收訊息後寫的答案，雖然與飼主核對後相符合，卻將此歸因於湊巧，或認為是自己的胡思亂想與瞎猜。

這位學員在課堂中勇於發問、積極參與，散發出成為溝通師的渴望，但也凸顯了他更需要學習的是自我接納、不怕出錯、不否定自己，進而自我鼓舞；新手學習動物溝通時，對千變萬化的訊息需要保持開放性與信任感，和更多的自信心與自我肯定的正向心理。

● 2. 看見自我價值：

唯有健康的自我認知，才不會掉入「滿足他人期待」的渴望。我們在運用同理的過程中，可以歸類為「情」與「理」兩個角度：

情的角度：情感的同理心

共感對方的情緒，是一種能夠運用情感反饋當事人情感狀態的能力，互動運作是意會的，雙方都會被彼此情緒感染、有意識或無意識融入對方感受，或與對方發生共感性。共感共情與共同的生理反應等，會喚起自己過去類似的情緒經驗，勾起過往生命脈絡裡的回憶素材。「沒錯，我能知道那種感覺！」說著此話時，人們也可能陷入過往經驗中的回溯，更加劇強化過度同理的情節。

這樣的例子常出現於網路上「同理心的濫用」，例如看見某個新聞報導，我們會在無意間過度進入他人情緒，用自身角度做出相對主觀的同理心，化為情緒本身、被情緒主導，然後以無意識的行為宣洩情緒，變成了所謂的「正義魔人」，打擊任何類似加害者形象的人。

理的角度：認知的同理心

認知的同理心，是基於了解他人的觀點出發，藉由理解他人而協助人們處理事情的能力；藉由互動彙集資料的軌跡，透過每個人的生命脈絡分析，去探索了解他人的心理觀點、推理行為背後的意圖，並在分析判斷下去預設他人，例如：同理可證、設身處地、理性分析等。

無條件接納自己的內在小孩，
將會升起力量和勇氣

理性主義宛如天秤，情感的同理心和認知的同理心之間彼此是獨立的，就像感性與理性是一體卻兩面，能在情感上強烈共感的人，不一定能善於理解他人的認知觀點；相反的，認知同理也不一定能同時保有情感同理的溫度。

情感同理和認知同理兩者彼此需要，兩者兼具才會使「同理心」真正完整和平衡。強烈共感的人很容易陷入情緒而失去理性的認知與覺察，甚至在掉入對方的情緒與心情後，雖然具有同理的溫度，卻會不小心失去認知的角度。

而從認知角度出發的同理心，能夠保有界線。理性，能讓同理心不淪為同情（甚至同意對方所有的決定），只透過理性去理解他人當下的狀態；但相對的，很容易進入自己對他人的想像，在對方情緒流動尚未宣洩完時，就想分析處理當事人的問題。

用一個容易理解的畫面來形容，就像小孩早晨賴床哭鬧時，媽媽已經幫他在床上穿好衣服跟襪子，事情看似完成了，但孩子的情緒沒先獲得回應，即便穿好衣服依舊賴在床上，不肯起來，此時就需要情感上的同理心，例如：透過擁抱，回應對方感受，讓他感覺到「我是支持你的」。

情感與認知兩者共用的同理心，才能辨識更複雜的情緒狀態，就像照顧者面臨毛孩臨終甚至離世的情緒，我們也許無法做到全然與對方情緒一致、感受那純然的哀傷，但至少能具有情感的陪伴。

將認知同理用於冷靜判讀，遇見應該感到悲傷的情緒，照顧者卻淡淡表述，甚至一直笑著表示沒關係、反覆說自己很好，這時認知同理就能快速覺察這細微的異常反應。

無論是情感同理或是認知同理，真正同理心的前提來自信賴的建立，讓照顧者願意訴說，釋出情緒與對事件的理解，我們才能從故事裡聽出延伸的情感與對他的意義，可以與哀傷的人同哀傷，但又不至於一同陷入泥沼而出不來。換句話說，溝通者應具有扮演對方角色的能力，同理必須在關係裡，讓照顧者知道

我們願意理解他；當溝通者不斷在同理上鍛鍊自己，有一天終究能更全面體會飼主此時此刻一切的身心狀態，並透過成長，給予其支持。

接納自己後，
自然回到童真與活在當下的自在

● 3.「支持自己才能體會支持他人」的最高原則：
讓同理心具有智慧與深度

將動物溝通視為職業或志業的我們，每個人的起點可能有些許不同，即便總是期盼自己永懷初心、懷抱愛，但對應愛與給出愛的行為、視角和觀點，也各有堅持與主觀，每位溝通師在不同生命階段的成熟與智慧、因體會而生的感觸，進程皆有不同。

我們總期待自己是有用的、能給予照護支持的角色，當我們時刻保有歡喜心與熱忱去進行每一個溝通，讓內心深處的熱忱，如涓涓細流般流經每次陪伴的照顧者與毛孩，在常保覺知的循環下，熱忱才能恆久不荒。

從日常生活中多關照這一點，如同為他人倒杯茶水前，莫忘為自己斟杯茶；為

他人生命灌溉澆水時，莫忘留一部分的水灌溉自己的生命之花。同理別人之前，先覺察自身的照護，才能讓心裡這畝田持續被滋養，然後自然去分享。

動物溝通師是一個很棒的助人工作，接案過程能感受到很真誠的愛，那是相當吸引人的。很多飼主在溝通後，因為更了解毛孩，而放下在關係中原來的期待，全然去接納自己、接納毛孩本來的樣貌和接納彼此的關係，這就是人與人之間一直在找尋的無條件的愛。

因為溝通，我們參與了這些過程，是一件多麼幸運且幸福的事，也有難以言喻的感動。即便在其中會面對照顧者和動物的悲傷、失落，甚至是無能為力，最後都會在愛裡豐富彼此的生命。

當我們參與這些溝通過程，不可避免會誘發出個人的悲傷經驗或創傷，而影響溝通的品質，所以，進入服務照顧者和毛孩的工作，面對與療癒悲傷經驗或創傷是不可被忽視的！當自我覺察不夠，會在服務的對象身上反應或投射自己的心理議題，所以身為助人工作者更需要細膩觀照自己的內心狀況，持續做好自我照護、自我覺察，才有辦法以穩定的內在去陪伴和協助個案。

柔穎的經驗
我非常喜歡透過說故事的方式，讓大腦建構學習畫面、強化學習記憶。有一次我詢問學生，他們對同理心的理解為何，課堂上二十幾位學員異口同聲的說：「將心比心、換位思考、感受對方……」回應如出一轍。確實呀，這是我們從小到大在倫理文化的薰陶中，使溫良恭儉讓、以客為尊的教育，成為自己認知中該有的教養。

聽完他們的回應，我邀請學員們試著想像一畝貧瘠的田，貧瘠到可能很難生長出農作物，有一天，突然在這貧瘠的田裡長出了極為少量又乾扁的稻穗，如果自己是這畝田的主人，此時覺得這些稻穗看起來如何？對自己的意義又如何？

學員們回應:「格外的珍貴與難得!」就因貧瘠的田難以生長出飽滿的稻米,只要能長出一點小東西,這份極為稀少、極為難得的,自然會被我們捧在手心,甚至被放大、視為天下珍寶。

接著,我再邀請學員想像,如果是稻穗纍纍的田,這畝田擁有著滋養、一直生長的沃土,時不時會飛來小麻雀啄食,卻不減少稻穗的生長與數量;仔細觀看,田裡還住了一家子的田鼠,也沒見稻米被吃掉了多少,讓這畝田足以豐沛的持續生長。

我問同學:「當你是這畝田的主人,你會在意麻雀來覓食嗎?介意田鼠一家來生長嗎?」不知道是大家默契太好,還是這就是生命真實充盈下的天性,大家異口同聲:「不會呀!反正這麼多也吃不完,而且再生長就有,算被小鳥啄走了一些,田鼠家吃了一些,也只是這畝田中某個小小角落。」甚至還有同學說:「生為豐沛稻田的主人應該懂得慷慨,連稻米被牠們吃都感到無所謂。」當我們的內在是飽滿的,擁有足夠的豐盛支持自己,必能毫無顧忌的給予!

透過這個故事,我讓學員回顧從小到大一路走來,在哪些時刻裡,我們給予身旁人的同理與協助是自然的、不刻意的,並且去回想感受那時自己的身心狀態。當內在是飽滿安穩的時候,是否期待對方懷抱反饋的感謝?似乎許多同學都搖搖頭,好像真的比較少,甚至連這樣的念頭都沒有呀!這就是深度同理的核心,也是維繫我們同理他人的心。

當生命活得豐盛,
就能自然把豐盛給予他人

3
接受檢視的心態

隨著越來越多人知道動物溝通，動物溝通被大眾討論的機會也跟著增加，有良好經
驗的人覺得動物溝通很好、很神奇，能協助照顧者和寵物處理問題、促進他們的情
感；也有人覺得動物溝通是怪力亂神、是騙錢的伎倆。我們經常被問到的眾多問題
中，名列前茅的問題就是：動物溝通是真的嗎？

當質疑蜂擁而上

人對於真實性的認知來自於他的所知所聞，現代人過度依賴身體五官所接收的
感受，認為看得見、摸得著才是真實的，或有科學驗證才是真實的。然而，這
些看見、摸到與科學有其發展歷程，古早人類認為地球是平的，他們也認為疾
病是魔鬼的詛咒，對月亮有許多故事性的想像，直到人類登上月球看見它真正
的樣貌。這些現代人眼裡看似荒謬的論述，在當代人們的世界中，依照他們的
所知所聞是如此真實。跟著科學的腳步，人們的認知越來越寬廣，這些觀念和
想法自然一一被推翻 。

討論科學之前，我們先來談談信仰。信仰不見得指宗教，信仰是一個人深切相
信、信任和仰望的，能帶來安全感，讓心裡有個依靠，如錨一般使人感到安
穩，是一種依歸，一種原則。對許多人而言，宗教符合這樣的信仰和價值。

現代人的普世信仰就是科學，彷彿將科學推向一個絕對可靠的神諭地位。這個時代人類集體意識所創造出的共同約定是「向外」追尋價值和定義，讓人們覺得外面某處必須存在著可測量、可預料的，才是安全和真實的。科學至上、實證主義的價值，也表示人們認定頭腦和理智是現實的唯一裁決者，所以經常將「這很不科學」或「這完全符合科學」掛在嘴邊，認定科學是唯一的衡量準則。這種潮流之下，內在的心靈能力（例如直覺、靈感、心電感應、預知夢）自然被視為不正常或不合理的。

科學幫助人類有穩定的發展，讓我們在身體上更健康，居住上更安全，生活更方便。然而，講求實證主義的科學仍有自身的極限，仍有許多此刻無法被證實的。科學的範疇有如畫出一個框，框以內能被科學證實的，就稱其為「科學的」；框以外不能被科學證實的，就稱其為「不科學的」。可是，不科學的就表示它是假的嗎？看不見的，不表示它不存在。看不見風，不表示風不存在；手機訊號或WiFi訊號、紅外線等，雖然無法被肉眼看見，它的作用仍然可以被機器偵測。按照科學的進展，這個框不是持續在擴大嗎？此刻還不能被科學驗證的，不表示未來不能，只是科學的進展還沒到那裡罷了。

回到「動物溝通是真的嗎？」這個問題，動物溝通是一種透過心靈交換訊息與感受的過程，是一種內在的主觀感受，難以被客觀測量。以實證主義為原則的人，也許會說：「那你證明動物溝通是真的給我看！」認為能被證實的才是真實的，這種想法並沒有問題，應該要探討的是：如何證明內在的感受？

你要怎麼證明你現在很開心？當你笑就表示開心嗎？可是產生其他情緒時也會笑，像是感到尷尬。這麼說來，笑是一種將內在感受表現於外的行為，卻不能將笑和開心畫上絕對的等號。

內在感受是真實的，你能真切感覺到喜悅、悲傷等各種情緒感受，但是它們無法被看見，也無法被摸著。內在感受無法被客觀量化，就好像每個人對於天氣冷熱的變化有不同的感受，這人覺得現在很冷，那人覺得不冷；這人覺得某事件帶來愉悅的情緒，那人卻因同一件事感到失落。

再舉一個例子：你告訴朋友，自己最近吃了一顆金色的蘋果（動物溝通），味道嘗起來又甜、又酸、又苦、又辣，你覺得很有趣、很喜歡。你的朋友說，騙人，這世界上哪有這種東西，你證明給我看。你想了想，的確很難證明給他看，這樣好了，就帶他去吃一口，嘗嘗看就知道了。

舉凡與主觀性感受有關的，唯有親身參與或體驗，才能真正感受到其中的價值。透過心靈與動物進行交流，經常是一種難以言喻的美妙感受！

在課堂上，總不免有學生發問：「網路上這麼多批評和攻擊的聲浪，我看了覺得很不合理，覺得生氣，卻不知道該如何反駁，連家人朋友也來質疑，讓我實在感到很氣餒。」網路世界使人們自由隨意去談論任何事情、發表意見，其中不乏許多批評甚至攻擊動物溝通師的影片像是「踢爆動物溝通師的真相」、「飼主遭寵物溝通師詐騙實錄」，先不論其內容，可以肯定的是，沒有驚悚的標題，就沒有高點閱率和討論。對於不認識動物溝通或完全沒有接觸動物溝通的人來說，批評內容乍看之下似乎很合理——他們不明白或不認為人類天生具有心靈相通的能力，認為所謂的動物溝通師是一群話術高超的騙子，依照照顧者的回答來推敲揣摩，用模稜兩可的話語來滿足飼主，進而收取費用。

當一個人在網路上看到一些貌似合理的說法，卻沒有真正去認識、接觸動物溝

你用什麼心情去面對外在的否定？

通，理解心靈能力究竟是什麼，就隨意下定論、判是非、隨風起舞，是非常可惜的。遺憾的是，這似乎是這個時代多數人對應陌生事物的模式。

本書談述到的溝通與理解，不是只有對動物，也不應該只有對動物！這世界中存在各式各樣的生命物種、文化與文明，代表所有的事物存在於世間都有意義。

有些細菌看似對人類沒有直接效益，卻能分解有機物使其回歸自然，是自然循環中不可或缺的角色；樹木幫助儲存地下水，水流動到河流、湖泊、海洋，對整體生態都有影響；被蜜蜂叮咬令人感到討厭和不舒服，可是蜜蜂能幫助農作物授粉繁殖，但蜜蜂卻因為農藥和氣候變遷正在逐漸消失，使得全球農作收成產量下滑。

世界上每一個生命、每一個想法、每一種聲音的存在都有其意義，大大小小的一切都是相關聯的。多樣性是這個世界的特色，如果我們能將所學習的溝通與同理放進自身的視角去看待、去體會，我們會暫時抽離依循慣性，不以對與錯、好與壞去評論事件，而是體會事件發生時，每個人的觀點跟立場來自於他個人的體會與認知，沒有對錯，即便看似客觀的表述中，也一定帶有主觀的觀點。

正在學習動物溝通的你，如果很想做些什麼來回應這些批評，首先，最需要回應的是你自己，你的內在。當別人抨擊動物溝通，剛好成為學習溝通中一個可以思索與探討的情境模擬：回到我們身上，可以再提升的是什麼？可以避免的是什麼？透過外在發生的事件，鍛鍊自我覺察覺知的功課，去覺察當下自己的感受、心情、需要，進而接納此刻的自己。每個自我看見都是回饋生命很好的經驗，不論外在發生什麼，永遠要練習回到當下，觀照此刻自己的感受。

當你回到觀照自己的感受以後，運用第二章「溝通是什麼」的要點（請參考P.95），仔細聆聽對方的批評想要表達的是什麼？他的情緒和觀點是什麼？別急著反駁或說服他，當你心急了，可能會掉入和他爭辯是非對錯的情境。試著同理他的視角（還記得同理不等於認同嗎？同理是建立良好對話的基礎），再以「真誠秉美」的話語回應。

也許你的回應和對方沒辦法產生交集，也許他並不想透過你的經驗來理解動物溝通，只想為了批評而批評，這些都無妨。只要我們平心靜氣做出真誠的表達，鼓勵他有機會親自嘗試，表達完畢以後就把它放下，這也和動物溝通師「在能力可及的範圍內努力，範圍以外的就放下」是相同的態度，更是與人溝通互動的智慧。

許太太的經驗

我曾經接過一個案子，溝通完畢，我把與毛孩溝通的內容傳給案主，案主很直接的表示，我跟他的毛孩所溝通的內容對他此刻面臨的「問題」一點幫助都沒有，也不符合他對自己毛孩的認識，覺得內容不夠具體，既然不夠具體，表示我沒有真正跟他的毛孩連結，所以拒絕付錢。他還說：「老實說，找你幫忙溝通就是因為你不用事前先收費或收訂金。」

這位案主的心態就好似去吃一家餐廳或去按摩，卻跟廚師或按摩師說：你的菜或按摩服務不符合我的期待，所以我不付費。很慶幸的是，這個狀況發生在我已經有好幾百個接案的經驗之後，我平心靜氣的對案主說：「沒關係，我有時候也做不收費的公益服務，既然有緣分碰到，如果讓我核對一下是哪些地方有落差，讓我有個成長的機會也很好。」

我告訴他，溝通可能發生偏誤的原因來自於表達那方說得不夠清楚，或我聽得不夠清楚，因為你的毛孩個性內向，再加上年紀比較小，表達能力弱，在不太願意跟我互動的情況下，的確很難聊出豐富、具體的內容。案主並不認同我的想法，他說：「我很期待你從毛孩那裡得到一個在我們家發生過的特定事件，才能證明你真的有跟牠連結到，既然你沒聊出這個事件，其他的訊息都無法說服我。」

我耐心向他解釋，動物溝通並不是連結上就能瞬間知道動物從裡到外的一切心思想法，如同跟人溝通，動物表達多少，我才能知道多少，所以害羞的毛孩很可能不願意主動跟一個剛認識的陌生人談論你期待的這個特定事件。我跟案主討論了不少細節，最後我告訴他：「很可惜這次溝通沒辦法幫你得到想要的答案，還是謝謝你給我這個機會。」

雖然這次服務沒有收費，帶給我的價值遠高於收費。我發現自己成長了，面對有這種強烈主張和動機的案主時，我能不慌不亂的回應他，同時充分表達自己的看法，並且尊重案主的意見和態度。

閱讀到這裡，你是不是有不同想法，覺得我被欺負了，怎麼不去爭取我應得的？這確實是非常罕見的情況，可是當我們遇到了要怎麼面對？

對我來說，這是一個很深刻的體會和學習。每個人都有良善的出發點，只是這位案主有他當下的狀況和議題，所以他的想法和我不同；但我始終以喜悅的心去做溝通服務，信任生命所帶來的一切。

即使這位案主不給我金錢上的交換，他卻創造了反思的機會，讓我更深切意識到，我進行溝通服務的當下是否保有初衷和對每個人的善意。藉由服務換取金錢是理所當然的，但我不能控制每一位案主都有這種理解，更提醒了我用開放的心態去接納、包容每一種立場或觀念。

老天是公平的，祂會用其它方式讓你該得到的回到你身上。下一個案子，我遇到一個相當開放又用心的案主，他付給我非常大方的溝通費用。

隨著我的內在越來越穩定，我明白其實不需要用力去反駁別人的看法，不需要對外界證明些什麼，因為我知道自己的價值和這份工作的價值能帶給毛孩和案主什麼樣的影響。當我肯定自己的價值，外界對我的反應或對我的認同重要性變得越來越淡薄。畢竟越需要外在認同，越背馳做溝通的初衷。

雖然還沒達到八風吹不動、穩如泰山的境界，外在風雨在我心裡的擾動確實越來越小，偶爾聽聞網路上或某些人對於動物溝通的批評，一笑置之後，我仍繼續專注在自己的努力上。

證書與檢驗

對動物溝通有興趣的人越多，市場上自然會出現相對應的證照或檢驗機制。任何種類的證照制度其出發點是良善的，目的是篩選出具備適當能力的人，不過，可以探討的是各種檢驗制度的完整性。

以外語考試為例，英語托福、多益、ILTS等各大考試，用不同的考試方法來檢測語言程度。假設一個考試偏重閱讀測驗，對一個有閱讀障礙、口說能力卻很優秀的學生來說，這樣的考法很難測出他的英語能力。

動物心靈溝通最大的特色，就是多元的收訊管道，每一位溝通者有自己獨特的接收訊息的方式，有些人擅長接收畫面，有些人的溝通像是對話流一般，有人收到的訊息圖文並茂，有人特別容易接收到心情、身體感受、味道、觸感，有人則是綜合性的接收。如果採用考語言、考學科的方式進行檢驗，為了與飼主核對絕對的正確性或可驗證性，考題設計內容大多必須依靠視覺，這樣的考法難免有些偏頗、狹隘。

進一步探討，當檢驗機制讓寵物作為主考官，以牠的生活習性設計考題，寵物在考試時間內必須同時回答好幾人甚至幾十人這些考題時，某種程度來看，這種考法其實物化了動物，把牠當作機器般，期待牠做出機械式的回應。別忘了，在動物的世界中，牠們並不像人類有習慣回答別人問題的社會制約，牠甚至沒有義務要回答任何問題。假設牠同意進行這些考試互動，一個問題必須重複回答好幾次或幾十次，牠會不會失去耐心呢？儘管願意回答考題，要求牠回答問題是不是違背了動物溝通的道德規範，利用動物和變相操弄牠呢？

這些與動物進行心靈互動的檢驗方式，似乎違反了動物溝通建立在「愛、理解、傾聽」的基礎上。此外，寵物主考官是有個性、情緒和思想的個體，考題內容可能牽涉到寵物本身的主觀感受和照顧者家人的客觀感受，當這兩者之間有落差時，比較恰當的方式，是與照顧者一起探討這些落差的原因，針對差距，分析雙方有哪些感受和觀點。

動物溝通沒有標準答案，大多時候也沒有正確答案，跳出是非、對錯的二元限制，才能以更宏觀的視角進行心與心真正的互動。

試想，人與人之間的溝通，即使談論同一個話題，可能因為不同的對象、地點、心情狀態而有些許不同的結論。人與動物之間的溝通也一樣，溝通師的角色很像記者，動物是被採訪的對象，如果動物特別喜歡或不喜歡這個採訪人、早上出門玩過牠心情特別好、或剛剛才被家人罵而不開心，牠回應的態度和內容就很可能產生變化。不同溝通師採訪一隻動物，問一樣的話題時，也會因為採訪者的風格、習慣、切入的角度、甚至採訪者自身的主觀意識而得到不同的答案。

現今社會講求快速、效益，養成教育不重視申論、思辨的能力，著重追求正確答案或標準答案，逐漸讓人停留在單向思考的層面，習慣過度簡化一切，甚至為了速成而少了多角度琢磨的耐心和探究意願；帶著這些養成習慣來做動物溝通，如果目的只是為了尋求正確答案，是相當可惜的。確實在溝通裡，部分話題例如寵物的喜好、生活習慣等是可被驗證的，可是，當動物溝通只停留在可被驗證的範圍裡，則大大失去溝通的終極目標——促進照顧者和毛孩的關係。

任何形式的證書代表這位溝通師在專業能力上的付出與努力，證書是很好的門面，給剛出茅廬的新人帶來信心，但證書並不代表一切，除了證書，大眾更應該去了解這位溝通師的背景、評價或所接受過的學習與訓練。市面上有許多動物溝通師在領域中用心耕耘，能力出色，口碑良好，他們不見得有所謂的證書，仍然屹立不搖，受到飼主們的支持和喜愛。

聽懂對方的語言並不表示會溝通，有接收動物訊息的能力也並不等於會溝通，僅具有動物溝通師最基礎的能力，達到最低標準。如果溝通者沒有大量的經驗，內在狀態不夠穩定，對生命的態度不夠健全，與動物互動缺乏尊重和愛，與照顧者的互動少了同理和傾聽，相信這樣的溝通品質只落在表層訊息交換和翻譯，很難做到深度的相互理解和情感交流。

訊息精準度的重要性

訊息精準度代表溝通者最基本的能力，建立照顧者對溝通者的信心，讓溝通者傳達其他難以被證實的資訊時，增加其可信度。一個成熟的動物溝通師，他的訊息精準度通常能穩定維持在至少七成，甚至更高，這表示他透過大量的練習，已能輕鬆進入溝通的身心狀態，並且相當熟悉內在訊息的來往。然而，應該沒有溝通師會宣稱自己的訊息準確率百分百，因為人與人之間的溝通互動都可能發生訊息偏誤，人與動物之間訊息往來當然會有偏誤，甚至雞同鴨講的情況。

訊息精準度是溝通中重要的一部分，對於想要在動物溝通中耕耘的人來說，是基本功夫的展現。然而，精準度不是一切，不能作為溝通師的唯一指標。如果你所有的投入和努力都著重在精準度上，只在意自己「準不準」或說中了多少，過於追求準確度的結果，除了容易僅僅停留在表層訊息交換或問答練習，其實顯現了你內在的心態很可能高度渴望被認同，習慣要證明給別人看，藉由證明來得到肯定，獲得信心。

你可能會說，溝通不就是要以精準為目標嗎？確實有些訊息容易被核實，例如寵物所處的環境、生活習慣、喜好等，但別忘了，在真實的溝通案子中，總是會有部分訊息可被驗證核實，部分無法被驗證核實，有些難以被驗證的，甚至來自不同認知上的差異而有不同的感受。舉例來說，一個孩子在學校很守規矩，認真學習，被老師稱讚很乖；孩子的家長卻覺得他在家裡調皮搗蛋，很不聽話，這樣看來，老師的認知和家長的認知，到底誰是對的呢？若從孩子自己的角度出發，又是什麼樣的看法呢？這個例子說明了以考學科的方式來檢驗動物溝通能力時，單從選項來判斷，容易落入非黑即白的二元法；以二元來判斷生活裡的一切事物，就顯得狹隘了。

當一個動物溝通者能夠如實面對自己，最適合檢視他能力的對象，是他所接觸的每一個案子和服務的每一個案主。溝通者應該藉由每一次與動物、照顧者交流的機會，用心與動物溝通，仔細與照顧者核對、討論，並且虛心接收照顧者

的回饋與評論，案子結束後不忘記做簡單的檢討，檢視這次溝通自己的身心狀態、採取的作法和方向、與毛孩照顧者互動的方式等，找出自己表現很好和下回可以改善的地方。

一個溝通者能不能誠實看到自己的不足之處，是他能否進步的關鍵。看見自己的不足並非對自己加以嚴厲的批判或斥責，一個成熟的動物溝通師永遠會保持著謙虛的心態來面對自己、面對照顧者與動物。當我們能誠實面對自己的不足，就是成長與進步的第一步。帶著願意接受檢視的心態，按照這些步驟，一次又一次練習，逐步累積經驗，必能在這條路上走得長久。

本章重點整理

● 溝通的精髓之一，是完整傳達照顧者與動物的意思和想法，唯有如實傳達才能實踐溝通的精髓。

● 如何實踐「如實」？來自於是否能誠實面對自己的內心。

● 從照顧自己出發，藉由自我陪伴、照護與接納，找回自我價值，逐漸發展出健全的心理素養；能誠實面對自我，就能以如實的態度執行溝通。

● 擁有穩健的心理素質，就不會追尋外在的認同，陷入他人的批評或質疑。

Chapter

6

穩定的自我成長

在各種關係中，有如照鏡子一般，
映照出自我的議題，看見心靈成長的需要，
最後邁向學習之途。

1
多元學習

一位動物溝通練習者，在與動物內在交流的經驗中找到樂趣，變得喜歡、甚至享受這種寧靜的心靈交流，當照顧者給予正面回饋，覺得自己真的幫助到了動物與照顧者，那種成就感是甜美的、幸福的；於是，練習者想在動物溝通的路上持續努力，碰到挑戰的機會跟著練習的數量一起增加——可能會碰到對訊息始終已讀不回的毛孩、不講理的飼主、飼寵雙方關係緊繃，或像是重病、臨終、離世等使人畏懼的案子。

動物溝通者最基本的工作是「翻譯」，如實、正確的翻譯和傳達照顧者、動物雙方的想法。有些練習者認為只要扮演好翻譯的角色，正確傳達一來一往的訊息就足夠了，不認為探討生命觀、生死議題、宇宙觀、悲傷治療是溝通者要具備的能力和認知；但是，若你想成為一位「不只是翻譯」的動物溝通者，除了在基本的訊息翻譯上努力不懈，把溝通發展到更深入的層次，願意在更寬廣的面向精進，帶著對自己的期許而去學習，假以時日，遲早會成為優秀的動物溝通師，帶給照顧者和毛孩最有價值和療癒人心的服務。

人與同伴動物之間的感情關係就像是親密的家人，同伴動物的生命比人類短，在生命可預期的日子裡，必然會經驗牠們的生老病死。牠們的生命像是一個縮時縮影的過程，迫使你我藉由相聚和分離，去學習究竟生命是什麼；藉由可能

會面臨的體衰病弱，體會陪伴照護牠們的種種經歷。

從與牠相聚的第一天起，到陪伴牠終老的過程中，能看見生命本就有限，不論多美好的人事物終需離別，而離別也讓溝通師和照顧者探索更深度的生命和智慧。

當告別的鐘聲響起，如何珍惜每個有限的當下？甚至在經驗寵物離世的過程中，學習面對自己的失落與悲傷，進而陪伴自己走出這個失落的過程——作為一個動物溝通的管道，我們必然會在接案的過程中，與正在經驗這些進程的毛孩和照顧者們相遇，為他們服務、支持他們。

許多身心靈領域的課程大量著重在心靈感受上，透過開啟內在的細微感知，去連結各個系統的特定能量或存有，如同臺灣原住民透過系統性的學習後，連結祖靈的力量。動物溝通與其他身心靈領域用相似的方式，打開心靈領域、啟動內在連結，因此觸類旁通能為自己開拓更寬廣的學習經驗，進而交互運用，達到加成的效果。

學習是以開放的心，一點一滴的累積與探索

1. 生命觀

從心靈、宗教或哲學面去探索生命存在的本質，藉由面對親近的人或寵物離世的經驗，學習接納生命的起落、轉變，只要願意走過因為失去而感到心痛的悲傷歷程，願意療癒自己的心，生死議題對你而言，那種卡關和疼痛的感覺會越來越少。

當你走過、感受過、療癒過，這些歷程會成為你生命中的養分，帶給你力量，你就有機會將這些養分和力量分享給每一位照顧者和動物。

理解生命的起落

2. 宇宙觀、能量觀

認識生命體、萬物、宇宙形成的概念，了解萬物都在各式循環中扮演自己的角色，當我們擴展對於生命的視野，就比較不會被困在此刻的事件裡。氣功、靈氣、般尼克療癒法（Pranic Healing）等各類能量療法，能擴張更細微的感知；增加感受細微能量的練習，除了對動物溝通有幫助，也能將流動的能量給予動物，達到療癒。

● 3. 各類牌卡

牌卡是直覺和能量的投射，直覺式占卜牌卡像是動物溝通卡、塔羅牌、心靈療癒卡等等，藉由直覺抽牌得到訊息，可以輔助動物溝通的內容。

● 4. 花精 (Flower Remedy & Flower Essence)

花精療法是順勢療法的一種，藉由從花朵、植物提煉出來的自然能量，透過露珠的轉換進入身體，平衡各種負面情緒，觸發身體的自癒系統，促進身心和諧。花精可運用在人，也能用在動物身上。

● 5. 動物行為與訓練

動物行為學研究的項目，包括動物的溝通行為、情緒表達、社交行為、學習行為、繁殖行為，隨著飼養寵物風潮越來越興盛，寵物行為研究和訓練受到照顧者的重視。動物依照本能做出反應，認識動物行為所表達的意思，經由行為調整訓練來增進照顧者與同伴動物之間的關係。

● 6. 寵物按摩

動物和人一樣，都會出現生理痠痛和心情緊繃，按摩寵物的肌肉、穴道，或 T Touch 按摩手法，讓受傷或老化的寵物身體得到紓緩，情緒跟著放鬆，是實用的居家保健方式。觸覺是最直接表達情感的方式之一，藉由按摩，除了使同伴動物的身心受益，也能讓照顧者表達關愛，促進雙方的情感。

● 7. 悲傷陪伴

動物溝通者不需要精通心理諮商，但是增進心理諮商相關知識，如藝術治療、悲傷治療、家屬陪伴等等，更能支持照顧者，引導他走過悲傷歷程，帶來更深層的心靈療癒。

● 8. 心靈成長

一個優秀的動物溝通者，必定會投入自我心靈成長，踏入追尋安穩的內在旅程，真正為自己的心靈健康負責任，學習屬於自己的生命功課。此處介紹幾個不屬於宗教活動的心靈成長方法：

內觀（Vipassana）

意思是如實觀察，也就是觀察事物真正的面目，是印度最古老的修行方法之一，是透過觀察自身來淨化身心的過程。

正念（Mindfulness）

源自於佛教，原意指「有意識的覺知當下身心與環境，並保持客觀、允許、不評判的態度」，是一種現代訓練心智回到當下的方法，不壓抑和評斷任何的思緒、念頭或雜念，迎接每一個動作或是每一刻，刻意專注於當下的內心觀察。

超覺靜坐（Transcendental Meditation）

有別於其他要控制心智或集中心智於某處的靜坐方法，超覺靜坐啟動一個順著身體自然本性的過程，以最自然、不費力的方式讓心智自己進入一種完全在內的純寧靜狀態；那裡是一切智慧、創造力和喜悅的泉源，讓大腦得到最深度的休息，消除根深柢固的壓力。

只要一個動物溝通者在心靈成長下足功夫，他的內在將會越來越安穩，隨著智慧的增加，也能帶給照顧者和動物更穩定、充滿智慧的服務。

從探索與學習中看見自己的能力

自我價值

法國著名心理學家克里斯托夫‧安德烈（Chuistophe Andre）和弗朗索瓦‧勒洛爾（François Lelord）在《恰如其分的自尊》著作裡，曾提出自尊包括三個部分，分別是自愛、自我觀和自信，它們是構成自尊的三大支柱，是立體的鐵三角，缺其一或只強化其中一個方面，都會影響一個人內在自尊的和諧發展。

很多時候，在許多人身上不難發現自尊失衡的狀態，或是強化了某個面向、短缺了某個特性。如同人的性情、情緒甚至是感性、理性的發展變化，自尊也會隨著生命的每個階段產生轉變。

一個人在健全發展下，比較能擁有健康、積極、肯定，與懂得尊重自己與他人的心理狀態。自信、自愛和自尊是一個人保有健康心理素質的基本核心，擁有健康的心理狀態，就有健康的自尊，也才能在自我尊重、尊重他人和人我界限中取得最佳的平衡。

⬤ 1. 自愛

如同字面本身的意思，「自愛」就是自己能喜愛自己，對自己能感受到滿意，能全然接納自己、愛自己的能力，不必透過他人就能感受到自身的存在。當一個人欣賞自己的能力變穩定，就不會因為過度追尋他人的喜歡，產生消耗自己或屈就的行為。自愛的能力是發展個人自尊最重要的基石！

當我們頭腦的認知與觀念都明白愛自己的重要性，如何在日常生活或關係中，執行自愛的原則和行為？我們可以觀察自己面對不友善的人或感到挫敗的環境時，是否依舊能以健康的心態去肯定自己、珍視自我的付出或存在的價值。

因為，當人在順心如意、熟悉的、具有歸屬感的、同溫層的環境時，比較容易感到自信，培養出安心、穩定、自愛的特質；相反的，如果經常面對失控的、無法搞定或困難的事，在工作或同儕互動關係發生被討厭、詆毀、攻擊、誤解或批評；面對外表的變化（胖了、老了、受傷、生病了）這個時候你還會喜歡自

己嗎？還能無條件接納自己、甚至覺得自己依舊是個很棒的人嗎？

透過內心的回答，去了解是否我們總是在處於較好的狀態，或是有所表現時，才會看見自己、喜歡自己，而當心情低落或發生不順利、不如預期的事情時，卻會批評、否定、責怪、討厭自己，甚至質疑此時的自己是不值得被愛的。

自愛起源於年幼時期所經驗到的愛和滋養，如果一個人在童年長期經歷了被忽略、被否定、甚至言語或行為暴力，成年後的自我價值、自尊感容易匱乏，因為自愛的層面沒有被積極構建，導致長大後在許多關係中不斷找尋這些價值，潛意識認為自己不值得被愛，而產生多疑、否定，甚至展現出攻擊性、過度掌控的表現，或以過於卑微與配合的方式去經營這些關係。

人會在原生家庭的父母關係中，學習或找尋每個人所認定的「無條件的愛」。小嬰兒發現母親的愛和依附關係，可能包含父親和其他兄弟姊妹，感覺到愛被分散、稀釋，這種「被背叛」的情緒，甚至會產生某種分離的心理狀態（像是渴求愛的心理），長大後延伸轉向同儕、朋友、情人等，經由與他們的關係，才會發現需要透過自我內在的陪伴、承接自我的情緒感受，與理解生命的過程，漸進式從照護自己、愛護自己出發，才能找到真正與自己的關係。

自愛不等同於自私，是一種自我觀照，為自己生命負起百分百責任的展現，不因他人的喜歡而感到歡喜，更不因他人的厭惡而升起悲痛，明白無須透過任何人或形式來證明自己；而當自己愛著他人，或為任何事物付出時，也無須擔憂或期待他人的回應。一個愛己之人珍視自身價值，當他看待別人時，也能珍視他人價值，形成一個健康的愛的循環。

● 2. 自我觀

「自我觀」來自一個人對於自我的全面了解、認識和評價，是一個認識自己的過程。不過，人很難全面認識自己，很難完全領會每個面向、每個階段的自己，必須藉由與他人的互動或生命的事件，來了解自己在其中的樣態。

每天練習提升自愛的能力

觀察自己	語言肯定	行為實踐
今天自己一早起來的笑容好有活力！	我的笑容真好看！	為自己有活力的笑容拍一張照。

自我觀的形成，與父母對幼兒的盼望和期待有很大的關係。很多父母會無意識將自身未完成的事情、沒有實現的夢想寄託在孩子身上，或把某些認定的觀念投射於孩子。這些孩子默默背負著父母巨大的期望，或帶著某些父母的認知，他在評價自己的時候，就經常會出現錯置的認知。

例如，孩子在某些領域表現得好，會得到父母特別多的肯定跟鼓勵，其他地方的表現更好，卻被父母否定或限制，因為父母對他的評價出自於父母自己的認知。華人世界裡的父母多半認為「會讀書」很重要，認定孩子的各方面發展中，學業成就才是最重要的，所以對孩子灌輸「會讀書才是王道」的自我觀，如果孩子在藝術或運動有所表現，卻得不到父母的讚賞，甚至被批評或被限制，這將不可避免的產生童年時期的自我觀困惑與扭曲。

自我觀的建構，來自於所有經驗、文化、教養、成長的資訊（如前幾章提到鏡中的自己、依附關係、個人成就、挫折、經驗等），或來自他人的看法、社會的期待。當每個人開始意識到自己與他人其實都是獨立個體的那一刻，自我觀

就出現了；發現自己有個人的主觀意識，同時辨識出他人也有他個人的主觀意識，開始走向成熟與明確的個人自我觀。

想擁有積極、健康的自我觀念，需要從接納自己為起點，並且理解自己的特性、本質、個性、情緒、脾氣，不否定任何來自內心的感受，藉由覺察看見自己的每一個面向，認識自己、接納自己。

一個人對自我是積極或消極，必然會影響自愛、自信和自尊的養成。具有積極的、健康的自愛與自我觀特性的人，往往能很快意識到自己的決定，並且肯定自己；這不代表他是完美的或沒有缺點，而是這些特性使他在多數時候能將焦點放在積極肯定的部分，不容易對那些尚未盡善盡美或不（夠）好的部分，產生過度的負擔和影響。

同樣的，常常自我否定、在想法上或言語陳述總選用消極詞彙來形容自己，給了自己不健康的否定和暗示，容易對生活沒有熱情，生理上發生駝背、說話比較小聲、腸胃消化等異常狀況；心理則出現不安、擔憂或緊張的情緒狀態；關係中容易產生自我懷疑，或否定他人對自己的欣賞和喜愛。

過分放大忍讓、以別人為優先的美德，長期看不見自身價值與自我否定，不可避免會在許多關係或群體生活裡出現過度自我犧牲、放低身段或選擇迴避不發言，覺得自己的想法觀點可能沒那麼重要，不值得被聽見，然後依賴他人或從眾。久而久之，這些忽視自己的歷程，造就了自我價值的迷失，缺少自我觀的能力，更是難以建立自愛與自信。

擁有一個健康的自我觀，意味着擁有肯定自我的能力，面對真正熱愛的事物時，即使與他人想法相違，也能想辦法克服，不被他人想法動搖。例如，當大環境都在追逐某些潮流或事物時，擁有健全自我觀的人，會帶入自己的覺察，評估後採取行動，即便外在環境變化快速，也不讓它們輕易影響自己的腳步。

莊子曾說：「舉世譽之而不加勸，舉世非之而不加沮。」意思是天下人都稱讚

我，也不會使我更振奮；天下人都批評我，也不會讓我更沮喪。老子形容這是「寵辱不驚」，得寵或受辱都不動心，將得失置之度外；莊子則稱之「定乎內外之分，辯乎榮辱之境。」

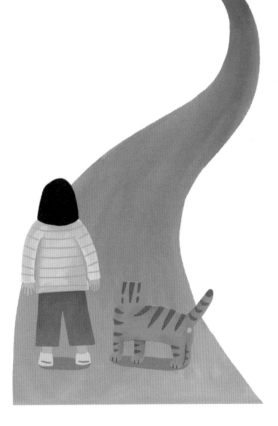

練習 2

提升自我觀的能力

洞察自己的觀點	嘗試表達 並肯定自己的想法	透過實際執行 來肯定自己的觀點
當身邊的人都想去海邊，我更想去山上走走。	我向他們表達其實我想去山上走走。	規劃能到海邊也能前往山上的行程。

● 3. 自信

「自信」是強化自尊的重要核心，是最容易讓自己與別人感受到的心理狀態，會反應在行為的表現。例如，當我們與一個人互動相處，很容易從他的眼神、說話的語氣，甚至是肢體動作的展現，去感受眼前的這個人是否具有一定的自信或是缺乏自信的。

可見得，自信並非透過平面的認知或行為就能展現，而需要透過內在的感受、心理的認知、積極信任自我所展現出的整體狀態。自信也會反應在處事和與人的關係中，當一個人態度自信，遭遇任何事件都會願意積極面對且採取適當的行動；反之，當一個人的自信較薄弱，容易陷入自我懷疑、緊張不安或逃避問題的心情，難以在第一時間做出有把握的行為或客觀有效的評估。

錯誤和失敗也會反映出一個人的自信程度，一個自信的人能面對錯誤，坦然承認自己的不足。一個對自己沒有信心的人，面對挫敗會像洩了氣的皮球，需要花很長的時間重新為自己打氣。有些自信不足的人甚至無法聆聽別人的看法或建議，即使別人懷抱善意，他也會把善意當作指認或批評，馬上為自己反駁或做過度的解釋。

增加對自己的信心並非難事，自信是這三點（自信、自愛、自我觀）中最容易在生活中強化的，可以藉由累積個人經驗、反覆行動並反饋更多經驗，不否定經驗好壞，而在行動過程中，一次次看見小小的成功、些微的進步與投入的態度，自信就能夠持續維持與成功的發展。

相信你身邊一定有對自己充滿信心的人，他展現在外的行動力、熱情活力、應變能力、面對生活的態度，都有鮮明的對應關係，即使面對不熟悉或沒有把握的事物，也比別人容易適應或取得成功，正因為這樣的特質，讓他願意去嘗試，一次一次強化信心的積累。所以，在生活中練習與強化自信是輕而易舉的。

許多想學習動物溝通的人，常在一開始就帶著質疑的心情，擔心自己是否真能學會、萬一學不會怎麼辦，這些擔憂就成為一種限制；也有一部分學員相信自

已可以做到，帶著比較開放的心情來探索，就算初學階段仍然不太有把握，這種開放性和願意嘗試的態度，隨著多次練習便能得到成功經驗。成功的經驗讓他肯定自己，帶來更多信心，更願意投入下一次的嘗試，創造出正向循環。

心理學中特別指出，當一個人藉由各種活動或經驗滿足了兩大面向的需求，就能大幅提升滿足與自尊：第一個是被滿足、被愛與愛人的心理，第二個是認知到自己是有用的、具有能力的存在。

「尊重」的基本意思是尊敬、重視，古語是指將對方視為比自己的地位高、給予重視的心態及言行，尊重來自對人、事、物表現尊嚴或尊敬，反應在人的思想、言語和行為上。

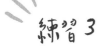
練習 3

強化自信練習

強化自信練習的紀錄	記錄每次 成功執行時的心情	對於自己每次 有執行時的正向鼓勵
每日一萬步的計畫。	一開始有些逃避，但還是試著把自己拉出去走路，雖然今天只走了5千步，但感覺是開心的。	每次只要起身去執行每日一萬步，我就放100元在存錢筒裡，成為我之後買球鞋的預備金。

哲學家尼采曾說：「一切從尊重自己開始。」經由自愛、自信和自我觀建構出一個人的自尊，尊重自己，自然會接納自己的各個面向，無論功成名就、悲歡離合、喜歡或厭惡，在生命的起伏之中不去批評自己，不看輕自己，也不妄自菲薄。理解自尊的養成脈絡，便能養成尊重自己並且尊重他人。

正在動物溝通這條路上學習的你，也許自愛、自信和自我觀仍有需要努力的地方，這是很正常也很自然的。當你願意看見這些不足，願意投入這些看似與動物溝通毫不相關的面向，一點一滴建立起健康穩定的內在，你會發現這份願意學習和積極面對困難的精神，不只提升溝通品質，更容易回到想做動物溝通的初衷，與保持中立的心態。貫徹對自己和照顧者如實表達、不以照顧者的喜歡與否作為接案的原則，因為這些心理素養而懷抱尊重自己與尊重照顧者、毛孩的溝通倫理，成為友善的溝通管道。

尊重每一個生命的獨立與獨特

許太太的經驗：從牠的視角看世界，我們是好朋友

橘白是一隻住在停車場裡很快樂的貓，喜歡跟人互動，溝通委託人是一個姊姊，家就住在停車場旁邊，已經餵橘白半年，實在太喜歡牠，很想問問牠可不可以收編，當牠的奴才。

我一連上橘白，牠馬上開心的說：「那個姊姊對我很好，我很喜歡她，她會帶食物跟罐罐給我吃。姊姊有說過想帶我回家，但是，這裡其他人也很喜歡我，如果我不住這裡，他們找不到我怎麼辦？」好一個直接的開場白！依照我的經驗，話多的開場白表示接下來的溝通會比較順利。

我們先聊聊牠的生活。橘白覺得有時候有點無聊，喜歡有人跟牠玩，拿一個像是逗貓棒的玩具逗牠，牠如果去揮打，人就會笑得很開心；喜歡有人帶食物給牠，也喜歡躺著有人摸摸牠全身。只要有人叫牠，牠會馬上跑過去。

「有人喜歡我的感覺很棒。人都很喜歡我喔！妳呢？有人喜歡妳嗎？」每次聽到動物問我問題，我都會覺得很高興，馬上回答：「有哇，我的家人和我的貓咪都很喜歡我。」

由於這次溝通的目的是詢問被收編的意願，必須先弄清楚橘白有沒有人養、有沒有家人；牠讓我覺得，牠一直這樣過生活的，也應該沒有跟人住在室內的經驗，感覺起來，橘白不太會肚子餓、不愁吃。

橘白說：「我會去狩獵老鼠，不喜歡比我大的動物像是狗，牠們會從下面對我叫。有其他人會來看我，有小孩，我對人也很友善。我一直過這樣的生活，習慣了，對於目前的生活沒有特別喜歡或是不喜歡。下雨天有水可以喝。」

我告訴橘白：「姊姊很喜歡你，想要帶你回家一起生活，想照顧你」，牠卻不能理解「因為喜歡牠，所以要帶牠回家」這個想法，並且認為姊姊已經有在照顧自己啦。

「我喜歡姊姊對我好，但也喜歡其他人來看我，喜歡這樣自在、跑來跑去的生活。我想要過現在的生活，你們常常來看我就好了，來摸摸我，很開心。」聊到這裡，我明白牠不願意去家裡住，我很感謝牠把自己的想法告訴我，也尊重牠的意願。最後請牠把想對姊姊說的話告訴我，我幫牠轉達。

橘白馬上開口：「姊姊，謝謝妳對我這麼好，給我吃的，下雨天也來看我。妳對我的關心，我都收到了，我也好喜歡妳！（蹭～）我們是好朋友！」此時我感覺到一個畫面，姊姊臉上有很多笑容，很開心，那是溫暖的氣氛。橘白再補充：「我對姊姊也有很多感情，希望妳開心生活，妳也要注意安全。」

我：「那我就跟姊姊說，你不跟她一起住囉！」
橘白：「要常常帶吃的來看我喔！」

這次溝通看起來沒有什麼特別，也不是皆大歡喜的故事，卻讓我產生很多感觸，最令我感到震撼的是——對動物來說，「喜歡牠所以要帶牠回家」這件事是奇怪的；而身為人類，我們對喜歡的東西的確會想擁有它，因為喜歡，常常想看到、摸到、感受到，憑藉它帶給我們很多快樂。

對橘白來說，牠享受和每個來探訪的人互動，這樣就感到滿足，不會想要緊抓著這個感受，實在很值得我們學習。

另一方面，也許和動物「對於生死看得開、更豁達」的態度有關，只要是想收編的溝通案，我一定會問動物，如果颱風下雨，天氣變得很冷怎麼辦呢？會不會想擁有能遮蔽風雨的安全地方？

動物給我的感覺經常是：風雨會過去，沒有關係，我現在這樣很好就足夠了，不需要更多。這種活在當下的精神，對於「此刻我所擁有的」感到滿足，確實發人省思。

我經常告訴照顧者，動物是我們的老師，在牠們單純的念頭和眼睛裡，能見到最容易快樂的理由。

姊姊說，這的確是她們互動的樣子。之前她有嘗試想把橘白抱回家，快到門口時，橘白反抗跑回去，她猜想其實貓咪並不想被收編。

聽到橘白表明擔心其他人會找不到自己的時候，姊姊狂笑，說牠自以為是大明星呀！但的確這一帶的居民都很喜歡橘白，大家會一起照顧牠。

溝通的結果雖然讓姊姊難掩失望，但她尊重橘白的想法。我鼓勵姊姊，橘白說你們是好朋友喔，這很棒呢，妳們是住在對面的好朋友，如果把握每次相處的時間，用牠喜歡的方式去愛牠，讓牠以覺得舒服的方式生活，即使哪一天見不到彼此，仍然祝福對方，感謝為彼此帶來的美好，那會是一段很珍貴的友誼。

柔穎的經驗

多年前，我曾在一個走失協尋的案例裡，體會了「離家不是走失，而是毛孩的選擇」。

一開始，與毛孩連結時，我訝異於牠對照顧者想找牠回家的反應——牠說那不是牠的家，牠只是暫時寄住在那裡。

後來，照顧者才告知其實毛孩一開始生活在校園的操場角落，看似是野外生活的毛孩子，有些老師嘗試將牠帶回家，但牠似乎不太適應，會狂叫或想辦法咬壞繩索，也因此這樣輾轉換了不同家庭，來到委託的案主家。

家中擁有大庭園的案主，空間更大、更開放，沒想到牠還是想離開。我確認毛孩的心意後，牠要我轉達案主，自己習慣在外頭的生活，雖然不是時時有飯吃，但可以在草地上自由打滾，可以跟其他一起流浪的朋友合力找食物，有時路人也會給牠們一些好吃的飯菜，這樣的生活多麼愜意呀！

案主聽了毛孩的心意後，也能理解「給牠一個家」這個主觀想法勉強了牠，並要我轉達，未來如果有機會經過家門口，歡迎牠來蹭蹭飯，不再勉強將牠留在身邊。

透過這個多年前的案例，讓我更深一步去審視我們與其它生命的關係與所謂的「愛」。人類習慣將自己生活、生存的模板投射在身旁的生命，以想照護或擁有對方的心態，希望飼養喜愛的動物、甚至是可愛的野生動物，這往往來自人性視角的投射；若能更加理解、尊重生命，便能從中獲得更有智慧的愛，帶給其他物種更有尊嚴的生活與對待。

界限

小學一年級的女孩，和一個男同學坐同張桌子，因為她不喜歡他，於是拿粉筆在桌面正中間畫出一條筆直的線，告訴男孩不准跨越這條線，連手肘都不行——這樣的情境是否曾出現在你的兒時經驗呢？

「界限」是由獨立的自我出發，與所有對象、環境、世界萬物之間的距離。我們從小與人互動的過程，逐漸培養出與別人之間有形的和無形的界限；界限以內是我感到舒適安全的範圍，當別人未經允許進入這個範圍，我會感到不舒服，也可能感到警覺、甚至無助。

接下來，我們將談談與他人關係的界限、情緒能量的界限和訊息的界限，以及這三者在動物溝通上的重要性。

有自己的空間，也能夠陪伴對方

🌑 1. 人我關係的界限

心理學定義為「個人思想和自我意識的獨特與獨立，並且能與他人關係有健康的心理區分。就如同足球場上的守門員，看護自己與他人之間的心理房門」。

許太太的經驗

我有一位相當認真學習動物溝通的學生，她用心累積紮實的經驗，溝通能力也越來越精進。她曾遇過一個深刻的案例，是很多溝通師可能也會遇到的。

故事是這樣的，這位學生接到一隻狗失蹤的案子，在溝通協尋時，狗表達照顧者因為諸多原因沒辦法給牠適合的環境和空間，也理解照顧者的困難，所以牠選擇離開這個家；離家後，牠曾經想回去找照顧者，可是照顧者在牠剛離家時並沒有真心想要找到牠，也沒有足夠的時間陪伴牠，來回幾次後，牠在外頭找到新的主人，並且向學生描述新家的家人、環境等等。狗希望原來的主人也能過得好，跟他的緣分已經到了，自己有新的生活了。

學生把這些情況詳細轉達給委託人，案子算是告一段落。可是，委託人卻無法放下，一直希望溝通師詢問狗此刻好不好、有沒有吃飯，把情緒轉移到溝通師身上。學生能體會委託人此刻擔憂、自責等複雜的心情，理解他有很多無法解決的困境，也沒有能力把自己照顧好，所以狗選擇離開；相較之下，狗的情緒反而比較穩定。

溝通完之後，她一直無法結案，看對方這麼無助，覺得自己不能不幫他，沒辦法拒絕他隨時想問問的請託，讓自己陷入對方的情緒和無止境的期待。直到最後，我們仔細討論這個案子，學生重新發現「尊重自己身心」和「畫出界限」的重要性，明白了尊重自己並不是自私的表現，在能做的範圍盡力，超過自己範圍的部分要放下，於是提起勇氣回絕了這位委託人，同時給他一些引導。

她自我檢討，在表達拒絕時應該更善巧一些，最後讓案子畫下了句點，也學到了重要的一課。

當一個人有健康的心理界限，能在日常生活與關係中，辨識出何者是自己需要吸取或負責的情緒感受，何者又是他人錯誤的期待或責任的歸屬。原生家庭是學習界限的模板，我們在童年時期就開始學習與重要關係的人我界限（多數是與父母或共同生活的照護者）。

人我界限的學習，必然與自我尊重的議題有關。這裡所謂的界限並不是築起一堵牆，或刻意與人保持距離、漠不關心的意思，它抽象的存在於任何關係裡，以維持每個關係的健康狀態。

人我界限經常在無形之中反映出一個人的自我價值和自尊，也反應在尊重他人。舉例來說，現代人都有專屬的社交媒體網絡，而在男女朋友交往中，有些人會因為個人自信或自愛能力的不足，或是薄弱的自我價值感、不安全感，導致想要掌控對方，而產生某些越界的行為（像是窺探對方的社群帳號、侵入他人隱私）；同樣的，因為無法肯定自我的價值，在某些親密關係裡，總是用犧牲或滿足對方的匱乏心態，去肯定自我存在的價值感。這些不健康的行為，都來自忽略界限的重要性。

一個獨立、自信、自愛，擁有完善自我觀的個體，更容易為自己與所有關係間調整最舒適的距離。有一個清楚的人我界限，可以在協助他人時，清楚明白自己應對某些事情的底線和彈性原則，這就是能使關係維持長久與和諧的智慧。

模糊的人際界限會讓自己與他人互動時缺乏明確原則，難以真實陳述自己的想法，容易向他人的原則表示贊同，過度照顧他人的需求而忽略自己的感受；直到有一天意識到長期滿足他人的無奈或憤怒，或發現被不公平對待的情緒後，產生了抗拒、逃避或失衡的心理壓力——這就是人際界限太鬆散的情形。

設定合宜的人我界限，也象徵能為自己的生活和情緒負責。當我們理解人我界限的重要，並且遵循這個原則，承擔起自己生命的責任，才能真實走向獨立與負責；在哲學思想裡，當一個生命能為自己負起責任的那一刻開始，才真正走向成長。

柔穎的經驗

某一個教課日,我突然接到了家族長輩的電話,他用急迫的口吻,要我立刻與他某位網路上的朋友聯繫,因為對方的毛孩失蹤了,需要立即協尋。當時我正在教學中,實在沒辦法立即幫忙,唯一能給予的協助方式,就是為對方推薦適合的溝通師。可是這個長輩卻不接受我的安排,認為我必須要給他面子,要立刻幫忙。

在東方文化中長大的我們,可能都有過被「以上對下」的經驗。聽到長輩的回應,我明白我需要尊重自己此刻無法抽身的狀況,也需要保有一個溝通師專業的判斷;我試著用溫柔且堅定的口吻,傳達動物溝通協尋過程中會碰到的困難,並且再次告知他,當下我確實無法騰出時間,身體也感到疲累,難以立即協助的事實。

如果這位照顧者真的有心想進行動物溝通協尋,她可以親自與我聯繫,而不是透過另一個窗口的請託。因為我清楚自己接案的界限,能明確對長輩說明接案的原則,最後他終於能夠理解,不再勉強我。

初學動物溝通的練習者,難免會遇到親友們的好奇或請託:「既然你學了,就讓你多練習呀!」他們可能有事沒事就要你幫忙跟自己的毛孩連線,這些隨意的、沒有界限的請託,很多時候是因為身為新手溝通師的我們,沒有設立清楚的界限與原則,讓他人產生隨叫隨到的錯誤期待,甚至有些已經在接案的動物溝通師,完成溝通案後,照顧者仍然時不時突然想到什麼,就臨時要溝通師幫忙問毛孩,而養成過度依賴的習慣。

所以,要明確知道自己接案的原則、適合接案的身心條件,清楚自己的能力範圍,並且溫柔又堅定的告知請託人;以這樣的態度面對溝通案時,自然也能在相處中尊重彼此,保有彈性的健康循環。

練習4

寫下人我關係的界限

釐清事件與問題	看見自己在事件中的角色	辨認出對方該為自己承擔與負責的部分	選擇自己可以做到的界限
姐姐要我今天一定要回家幫她整理房間。	我是被請託去協助解決問題的人。	房間是大家一起共用的,我也需要負起整理的責任。	我願意協助整理房間,但今天我比較忙,如果姐姐必須今天完成,我需要晚一點才能做。如果不是今天非完成不可,和她討論是否可以今天只先整理某一區,其他留到明後天完成

● 2. 情緒能量的界限

知名心理學家暨精神科醫師霍金斯博士（David R. Hawkins, M.D., Ph.D.）長年研究意識和情緒能量，他所著《心靈能量：藏在身體裡的大智慧》一書提到：「我們每個人的身體連通著一個共享的雲端能量場，透過學習，可以從身體上得知一切生命問題的答案，進而引動心靈能量大躍升。」

長達二十年的科學研究，針對數千名受測者進行了數百萬次的測定，證實身體不會說謊，人生中的兩難，身體在幾秒鐘之內就能給你答案。研究發現，我們的身體不但能判定萬事萬物的能量、分辨好壞真假，還能測出意識能量的等級，勾勒出一張描繪人類經驗的意識地圖，以1（恥辱）至1000（開悟）量化心靈能量。

霍金斯博士發現，能量強弱的臨界點落在等級200的勇氣階段，當被測試者第一次反應為強，代表此人開始獲得真實的力量；200以下的那些屬於不真實或負面的能量，會讓身體的力量變弱，200以上則能使身體增強。實驗說明，情緒和意識能量與人體健康的生命力量息息相關。

為自己做好情緒的界限

霍金斯博士對意識和情緒能量的科學實驗，提醒我們有意識的去覺察自己或他人情緒能量頻率的重要性，除了練習讓自己處在意識與情緒波動向上提升之外，當情緒較為低落的時候，也能懂得照護自我、理解自我，在情緒被理解後，保有比較穩定的頻率，是每一個人都能做到的基本自我觀照。

另一個需要去留意的，是維持與他人情緒能量的界限。你是否有過這樣的經驗，去到一個你熟悉的地方，可能是辦公室或家裡，即便沒看見別人吵架或生氣，進去的瞬間卻莫名覺得氣氛怪怪的，後來才知道原來剛才這裡有人發生衝突，而那種莫名的感覺，其實就是我們接收了他們無形之中的情緒能量。

與他人一起生活、一起工作，相處時對方或我們自己難免會因為某些狀況而產生情緒起伏，這些情緒的頻率即使無法被肉眼辨識，都具有一定程度的震波能量。比方說，有些人你一靠近他就感到安心，有些人第一次認識就覺得不太舒服，這些都是因為我們在那個瞬間所感知到的能量，並不是透過大腦認知後的辨識，而是透過心靈感受。

前述種種，都在提醒我們需要為自己與他人做到情緒能量的界限。用一個簡單的例子說明，有時開車或走在路上，當下心情是平靜的，剛好遇到身旁的人群走得急促又緊張，那瞬間好像也突然感到急促，甚至連走路或開車的速度也跟著快了起來。這就是為什麼我們需要學習意識到自己與他人的情緒能量界限，如果我們能「分辨」自己與對方處於不同的情緒能量時，就不用急著採取什麼步驟，或是被對方的情緒能量帶走。

運用在動物溝通中，對於情緒能量的感受是溝通者的日常，因為在接案時，需要面對來自照顧者的緊張、焦慮、擔憂、無助、失落與悲傷的情緒頻率，亦或是動物的心理情緒能量狀態。只有清楚知道自己此刻的身心狀態或能量狀態，在碰觸到照顧者或動物的情緒時，才能區分這些情緒能量是來自於自己或對方，進而做出分別，就能避免讓自己掉入對方的情緒中，和它攪和在一起。

練習5

情緒能量界限的練習

記錄當下的事件	覺察自己的身心狀況	觀察對方的情緒能量	選擇尊重自己的情緒界限
與老闆一起開會。	心情還不錯，工作也蠻有活力的，但說不出為何覺得氣氛變得奇怪。	同事等一下要跟老闆報告，他看起來有些緊張。	原來這緊張奇怪的氣氛是同事的心情能量，我可以讓自己保持愉悅的心情，不被對方打擾。但如果對方真的很緊張，我可以幫他倒杯茶水，或先離開跟他在一起的空間。

● 3. 訊息與信息的界限

關於「訊息」與「信息」，可以簡單分為知識資訊的訊息、個人或集體環境的訊息、無形卻存在的量子能量信息等不同樣態。理解了人我關係與情緒能量的界限，在這多元媒體及資訊量爆發的世代裡，琳瑯滿目的訊息排山倒海而來，最後一個我們也應該要注意的，就是為自己保有訊息資訊的界限。

過去幾十年來，幾乎家家戶戶都有電視，但人們並不會一直守在電視機前；可是現在，從幼稚園的孩子到七、八十歲的爺爺奶奶，幾乎人手一支手機，隨時接收各式不同的資訊、影音。我們不難發現當社會上出現熱門議題時，集體意識快速且強烈有力的帶動個人意識，很少人真實去了解議題事件的來龍去脈，經常囫圇吞棗過度簡化的訊息包，被集體意識的風向帶著走，彷彿失去了身為個體應該要有的獨立思考與自我觀覺察的特質。

更糟糕的是，還有某些暴力腥羶的電玩遊戲，長久浸淫於這種遊戲裡，無形之中影響了沉溺其中的玩家行為和脾氣。為了自己的身心健康，我們必須有意識去篩選所有要接收的訊息，辨識出對自己有益的訊息和拉出明確的界限。

專注於此刻對焦毛孩的心靈連結，做出「非牠信息」的界線

許太太的經驗

我喜歡在充滿綠意的室外靜心，有一天下午我在公園靜心，閉上雙眼沒多久，正準備進入內在的寧靜時，突然感覺到一個陌生存在的信息對我說話，我知道這是宇宙裡自然會有的信息能量，所以並不感到害怕；我清楚明白此刻我要進行的活動目標是靜心，不是跟陌生的信息聊天，我對它並不好奇，也沒有興趣和它互動。這個陌生信息就像雜訊一般，為了不讓自己受到干擾，我張開雙眼，讓意識回到此刻身處的環境，拒絕和這個信息互動。

感知擴張後，感受到更細微的、肉身難以察覺的信息是有可能的，可是你不需要為此感到擔憂，你唯一要做的就是守好自己的能量界限，導向只與你的目標動物意識互動。當陌生的一方來敲門，只要你不回應，不升起好奇，它自然會離開。

吃健康的食物，維持正常符合自然的作息，保持身心健康、情緒和諧，身體自然能給你足夠的能量保護。如果你希望鞏固自己的能量界限，想像自己被充滿能量的白光球所包圍會是很有效果的方式；同時也別忘了，與動物溝通結束後，記得切斷每一通能量電話。

只要不是此刻需要被專注的焦點，或是意念連結的對象，其他所有出現的訊息都是雜訊。舉例來說，當你很想專心聽一個朋友說話，同時你的手機響起，或突然有別人介入你們的談話，都會干擾你的專心聆聽；當你發現有雜訊，只要回到原來專注的對象或焦點即可，雜訊自然會淡去。

學習動物溝通的過程中，透過種種靜心方式或直覺練習，打開自身的心靈能量意識感知，在滿滿都是信息的宇宙信息場裡，自然會捕捉到來自個人信息場或集體潛意識的信息。當你明確知道接收到某個不屬於溝通對象的信息，就需要立即做出應有的信息界限。

用另一個方式來說明，假設今天我出門是為了去上班，前往辦公室的路上，碰

到很久不見的朋友，他很熱情的想跟我聊天，此時我是否能留意到我該去的地方是辦公室，還是會因為對方的攀談而忘了目的地？我能否簡單和他打聲招呼，就去該去的地方？

將這個概念套用在動物溝通上，有些學生逐漸打開細微的感知力，在準備跟A毛孩溝通前的靜心過程裡，突然感覺到B毛孩的聯繫或信息。發生這種情形時，如果他能明辨此刻目的是與A毛孩溝通，自然會把專注力放在A毛孩身上，並且與B毛孩的信息能量畫出界限。

本章列出的種種練習，都是幫助一個人逐步養成觀照自我價值、穩定內在的方法，這些方法並不是要告訴大家什麼是對的，什麼是錯的，不是要給你一個模

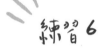
練習 6

練習專注與聚焦，不被雜訊打擾

認清專注的目標	面對雜訊與干擾的自我提醒	面對雜訊與干擾的選擇
今天上線上課程時，另一個朋友群組一直在討論下週要去哪裡玩，聊天的訊息一直出現在電腦螢幕上。	我發現這些聊天的訊息似乎已經干擾了我專心上課的狀態。	我能做的就是將訊息通知關閉，回到專注的意識上。

板或標準答案，而是希望鼓勵各位將自我思考與自我觀照的各種可能性，帶到生活中的每一個大小經驗，藉由這些經驗去延伸、培養自我價值。

就如同一行禪師曾經說過的，要將佛法智慧落實在生活中，不是去改變他人，而是透過生活中有意識的觀照自己，體會佛法智慧的道理。

當你開始邁向這些正向轉變，某些與你相關的人可能會否定你的轉變，他們可能會在你提出界限時感到憤怒，因為過去的你不會拒絕他們的要求——就算這些要求對你是不舒服的，或是需要你犧牲自己的。

只要你願意去培養自愛、自信與自我觀，逐漸構成健康的自尊，與他人關係也能相互尊重，自然就能為自己與別人之間建立一個健康、友善的人我界限與情緒能量界限，找到彼此都感到舒服與和諧的關係。

一步步找回自愛、自信、自我觀與自尊很重要，是因為這需要我們有個穩定的內在，去支持當下我們所做的正確的事，學習溫柔且堅定的拒絕，畫出尊重的界限。你會發現，當自己出現這種守護自己的信念和勇氣時，會變得成熟與負責，能真正對自己和對其他人建立健康的關係。

閱讀完本章，可能此時你心中已浮現許多有興趣的項目，並放到腦海的學習清單中。別忘了，無論再多、再好的學習課程與資訊，都要給自己適當的時間去吸收、消化，真實理解它們後，透過自己的經驗融合成內化後的智慧；知識的增長不等於內在智慧的提升，唯有一次又一次提升自己的內在，才能養成智慧，然後將其帶到每一個動物溝通的服務，帶給照顧者與動物們更恰當、更溫柔的陪伴。

朝著充滿希望的目標前進

練習 7

循序漸進提升自己的學習計畫

1. 向外學習

不論是本章提及的多元學習種類、閱讀相關書籍、參與課程或相關團體，寫下你有興趣學習的部分，並且持續給予自己肯定。

近期能做到的 向外學習	長期持續的 向外學習	給予自己的 正向肯定

2. 向內成長

在生活中落實自我接納與照護，提升自我的價值，增進心靈的成長。

近期能做到的 向內學習	長期持續的 向內學習	給予自己的 正向肯定

本章重點整理

● 觸類旁通的多元學習可以豐富溝通者整體內、外在的能力，整合這些能力，能帶給照顧者和同伴動物更深入的支持與陪伴。

● 透過自愛、自我觀、自信能建立一個人的自尊，有了健康的自尊，才有一個穩定的自我價值。

● 理解各種界限，具體實踐於生活和動物溝通之中。

Chapter

7

動物溝通也能影響世界

當我們願意去做動物溝通，意味著我們不只是把動物看作自己的附屬品而隨意主宰牠的一切，表示我們帶著願意理解的心去貼近這個動物。光愛牠仍然不夠，這個願意去溝通的初衷不僅僅是愛，更多的是願意去尊重牠的意念、尊重牠的想法和牠的生命。

因此，「尊重」是動物溝通相當關鍵的元素，儘管多數人溝通的對象動物是同伴動物——本章將探討人們對寵物以外其他動物族群的心態、動物與地球環境的現實狀態，以及彼此之間的關係。

身為作者，我們鼓勵你將疼愛同伴動物的心擴及到各種各樣的動物和整體環境。以尊重生命的態度出發——因為尊重身邊的同伴動物，近一步靠近世界上各種動物，你會發現所有的動物和我們身邊的寵物是一樣的，最後看見整體環境、地球也都是我們的一部分。

1
我們與動物

人類與動物的關係

動物已存在於世界上相當長久的時間，鳥飛於天，魚游於水，蟲、獸處於山林草澤，動物順著本性居住在自然之中，大地生生不息，蓬勃旺盛。人與動物的關係隨著時代和文明的遷移而轉換，從狩獵、遊牧到以牲口為財產象徵的畜牧，進而出現寵物這樣陪伴人類親密生活的動物。

人與動物的關係，歷來都以人類的思考出發，把萬物的存在建構於人的主體性，天經地義認定動物比人低等。十七世紀哲學家笛卡兒主張所有動物都只是沒有感覺的自動機器，牠們不會感覺到痛苦，被砍傷所發出的哀嚎也只是一種反射動作；十八世紀德國哲學家康德認為動物不具有自我意識，牠們的存在僅僅是實現外在目的的工具──這個目的就是人。

現代人大多生活在不自然的環境中，能接觸到大自然和動物的機會並不多，最常接觸到的動物大概是家中的寵物，寵物為人們帶來歡樂，是心靈上的支持，也是生活中的重要陪伴。以家往外推展，能見到的動物可能是街上的鳥、公園的松鼠、流浪動物，再來是動物園裡的動物、山林裡各類的野生動物、保育動物，甚至是實驗動物。

動物和多數人的生活幾乎毫無交集，牠們過牠們的生活，我們過我們的。我們很少有機會貼近的去真正認識動物，從小我們常常被告知家以外的動物通常是危險的；因為不了解牠們，長輩時常提醒孩子看到動物要小心，別太靠近，使我們不自覺對動物立起內心的圍牆。童書和卡通裡的豬、兔子、老鼠經常穿上人的服裝，以站姿用兩隻後腳走路，擬人化的可愛幻想可能使孩子誤解動物的本性，再加上少了接觸的機會，就更難認識牠們。

遠離自然的生活方式，導致人與動物之間不只居住環境越來越遙遠，人對於動物的心態無可避免變得越來越生疏、冷漠。心境和環境上與日俱增的差異，使我們不自覺認為動物與我們天差地遠，在社會結構、情緒表達都是原始的，甚至覺得牠們是落後或低下的。

你好，我可以認識你嗎？

動物的智慧與情感

法蘭斯・德瓦爾 (Frans de Waal) 是全球知名動物行為學家、靈長類動物學家與生物學家，常於《科學》(Science)、《自然》(Nature) 與《科學人》(Scientific American) 等重要期刊發表學術研究與寫給大眾閱讀的科普文章，他的暢銷書《瑪瑪的最後擁抱：我們所不知道的動物心事》主角是一隻住在荷蘭伯格斯動物園名叫瑪瑪的黑猩猩，在牠臨死之前，一位和牠相當親近的生物學家范霍夫給

了瑪瑪最後一次擁抱，並且把過程拍攝下來。

這位生物學家去瑪瑪的籠子，以充滿愛的肢體互動傳達情緒，給牠最後的擁抱。瑪瑪笑容滿面的迎接他，並且輕拍他的脖子、要他放心。這最後一次會面的影片感動了無數人，也顯示出除了人類，其他動物也會以豐富表情與肢體語言表達完整情緒。只要我們願意去親近、放下成見去探索，會發現牠們時時刻刻都在表達，牠們所理解的和所訴說的，遠比我們所知道的更多！

「人類是萬物之靈」的信念深入人心，我們一直對此堅定不移，總覺得自己是地球上最優秀、最獨特的物種，針對這一點，德瓦爾的另一本著作《你不知道我們有多聰明：動物思考的時候，人類能學到什麼？》探討人類與其他動物究竟有何不同。

各種動物行為與認知研究實驗顯示，北美星鴉在盛夏時，用鋒利的喙撕開松球，以一分鐘三十多顆的速度採集成熟松子，並在幾個月內將多達兩萬顆松子儲藏在方圓數平方公里的森林各處，天冷時再準確的將它們挖出來取食過冬；日本獼猴吃甘藷前不僅將甘藷清洗過，還了解用海水洗過沾上鹹味更好吃；實驗也發現，大象能夠從年齡、性別和使用的語言來分辨眼前不同的人。唯有以動物的視角出發，才能理解牠們到底有多機靈、聰明！

北美星鴉將兩萬顆松子藏在方圓數平方公里內，幾個月後再準確挖出取食過冬

除了聰明，動物與人類一樣，為了適應群居生活、促進生存的機率，逐漸演化出各種利他的行為，在本身危急時或有損己身利益的情況下，幫助其他同伴，讓團體生活更加和諧安穩。無論是狗、大象、猩猩、猴子、海豚等傳統上被認為充滿靈性的動物，還是鳥、魚、老鼠那些乍看起來智慧不高的動物，都具有利他傾向。

大自然中隨時都有掠食者攻擊，一群狐獴中一定會有一隻站在比較高處，彷彿在站哨，如果有侵略者出現，會立刻提醒同伴趕快躲藏；地松鼠也有類似的行為，當有獵食者靠近族群時，牠會發出尖銳的聲音，提醒其他同伴附近有危險，雖然這樣的行為會暴露自己的行蹤，增加被捕食的風險；當吸血蝙蝠長時間沒有進食時，會反芻自己的血液餵食其他飢餓的蝙蝠，而當餵食的蝙蝠感到飢餓時，也會得到其他蝙蝠的反芻餵食。這樣的行為就是互惠利他的展現──也就是為了得到長期的幫助，願意承受短期的損失，有益於整個群體。

也許人類有比較高的智力，可是在互惠、利他、以全體福祉為優先的表現，和動物對照之下實在相形見絀。笛卡兒認為動物是自動機器這種錯誤的謬論，已經被今日的科學界所駁斥，所有生理學與解剖學都已經指出動物與人類具有相同的受苦和感知能力。隨著近數十年認知領域研究的革命性發展，越來越多科學家以各種研究探索每一種生物，用牠們的視角觀察世界，就能發現牠們複雜的社群互動、豐富的情緒感知，越深入認識牠們，越為牠們的能力、聰明和互惠共生感到驚嘆！

動物的權利和福利

即使某些動物沒有明顯的利他行為，或不聰明，或獨來獨往，或不像靈長類有與人類相近的情感表達方式，牠們以本性過著生活，也不表示牠們就是低等的、應該被奴役的，進而忽視牠們的生存權利。

吃動物、穿動物皮、使用動物直接或間接的產品、看馬戲團表演、參觀動物園，對於多數人而言是很自然的，從未思考我們對牠們的行為造成什麼影響。

你可能會問，為什麼動物應該要有權利呢？

人與動物的關係既簡單也複雜，我們原本與牠們共享環境，演變成人類快速擴張而奪取動物的棲息地，迫使牠們搬遷，甚至滅絕。人類主宰萬物的心態，讓大多數的動物被暴力相向，被利用、剝削、成為被期待產生經濟效益的對象。儘管當代仍有不少人認同「萬物皆為我而生，理應被我所用」的概念，人們對其他物種的關懷浪潮從未停止，進而延伸出動物權利和福利的重要論點。

● 什麼是動物權利？

很久以前，世界各地的宗教或哲學思想已有一些和動物權利 (Animal Rights) 相關的概念出現，例如佛教強調不應該殺動物、殺人，某些受漢傳佛教影響的地區，甚至因為對動物的關懷而發展出放生的傳統；儘管猶太教和伊斯蘭教允許屠宰動物，對屠宰仍規定必須減少動物的痛苦；伊斯蘭教的《古蘭經》也要求人們不得殘忍對待動物。

十八世紀法國啟蒙思想家盧梭在《論人類不平等的起源和基礎》一書的序言中，曾簡述對動物權利的觀念，認為動物也是有知覺的，同樣應該享有自然賦予的權利，所以人類有義務維護這一點——特別是不被虐待的權利。

縱使動物在許多方面和我們非常不同，牠們依舊是有感情與感受的個體，也和我們一樣重視自己的生命。無數的科學研究指出，動物會感覺到疼痛、害怕、飢餓、喜悅、孤獨和各物種歸屬之關係感知力；動物權利主義者認為大多數動物除了具有這些感知力，也擁有自我意識，牠們享有對自己生命及肉體的支配權，不該考慮人類把牠們看作什麼用途，並且享有應有的權利（例如生存、生育、自由、流浪）。

動物權利並不是主張動物與人類享有完全同等的權利，例如動物不需要享有選舉權，因為動物不懂何謂選舉。另一些推崇動物權利的人，將這種權利推廣至所有動物身上（例如昆蟲，以及沒有進化出神經系統的動物），認為人類為了自身目的，像是食用、娛樂、製作化妝品和衣服、進行科學實驗等，將動物商

品化的行為，違背了動物支配自己生命的基本權利，推翻動物是人類財產的觀念，也否定人類智慧勝過所有的物種，沒有權利依照人類的喜好來奴役、剝削動物——從倫理觀點來看，這種看法就等於強者可以隨興剝削智慧較低的弱者，好比成人可以剝削智力障礙者或嬰兒，若這樣的道德可被接受，正義將在人類社會徹底消失。

● 什麼是動物福利？

和動物權利相近的議題是動物福利 (Animal Welfare)。很遺憾的是，如果人類沒有干涉動物的生存，以各種手段利用牠們，其實並不需要談論動物福利，自然也不會出現這個議題。當動物淪落到供人食用、娛樂、科學研究時，才會衍生出動物福利規範。

「動物福利」簡單指野生動物、依人動物、為食物產製品或勞力而飼養的動物、同伴動物、用於運動與娛樂的動物和科學研究中的活體動物——維持這六類動物其生理、環境、行為、心理和社群五大類需求的身心健康評估標準，這些標準因環境和時代而異。

部分先進國家已立法保障動物權利，瑞士法律上確認動物為「生命」(beings)，而非「物品」(things)；德國也將動物保護的條款寫入憲法。臺灣目前的法律仍然認定動物為物品，並將動物分為兩類：一類是非人為飼養、管理的野生動物，適用《野生動物保育法》，另一類是人為飼養與管理的犬、貓與其他脊椎動物的《動物保護法》，其中又把動物分成寵物、經濟動物、實驗動物，寵物享有《動物保護法》最高度的保障，而經濟動物在《動物保護法》裡則幾乎沒有保障。

當人類更加關心各種動物，牠們的福利和保障便隨著提升；不過，也有支持動物權利的人認為，越促進動物福利，某種程度上亦增加人類剝削利用動物的機會，並將這些加諸在牠們身上的暴力合理化。就當今社會的現實面來看，集約養殖場和屠宰場是普遍且被接受的，被關在監獄裡的動物們仍然過著痛苦的生活，沒有真正的自由。雖然監獄依舊存在，但人們可以做的是逐漸改善監獄裡的生活品質，減少牠們在監獄裡的痛苦。只要人類有意識朝著真正終止動物苦

難的方向前進，真正願意面對牠們所承受的痛苦，逐步減少監獄裡的動物，有朝一日，監獄裡將沒有動物被囚禁，沒有動物被奴役和利用。

長期關心化妝品動物實驗的歌手惡女凱莎 (Kesha Rose Sebert) 也呼籲歌迷抵制自己國家的動物實驗化妝品、清潔保養品；她認為，真正的美麗不可能來自殘酷實驗，化妝品公司給人們光鮮亮麗的形象，背後卻隱藏著殘酷的事實，動物實驗一直是美容產業醜陋的祕密。凱莎公開發表聲明，希望大家重視這項議題（註），鼓勵人們讓美麗遠離殘酷，一起努力終止這場動物的災難。地球上有成千上萬的動物為了美容產品、化妝品、清潔保養品，成為測試產品的實驗對象，牠們的睫毛、皮膚一塊塊反覆被化學測試，造成巨大痛苦，直到最終沒有利用價值為止。披頭四的保羅‧麥卡尼（Paul McCartney）、影后娜塔麗‧波曼（Natalie Portman）、歌手怪奇比莉（Billie Eilish）等許多名人，陸續公開支持愛護所有動物、支持「零殘忍」的產品。

歐盟是全球最早禁止化妝品動物實驗的地區，擁有全球最嚴格的動物實驗法規，在歐盟境內，禁止銷售任何經過動物實驗或含有經動物實驗成分的化妝品，即便實驗在境外進行也不允許。臺灣的法律已經禁止化妝品動物實驗，臺灣化妝品業者不得再對成品、原料進行動物實驗。

如果你知道了，你會做什麼選擇？

研究數據指出，每年約有一億隻動物因為牠們的毛皮而死亡，全球九成五的皮草交易來自人工囚禁的方式飼養，包括貂、狐狸、貉、兔子、栗鼠，只因為人類喜歡牠們的皮毛而受盡虐待。為了皮毛而被人工飼養的動物，從開始飼養到被屠殺需要好幾年的時間，在這漫長的時間裡，牠們被關在擁擠狹小的籠子內；為了不降低毛皮的品質，牠們在還有意識的時候被活剝皮或被電擊，遭受難以想像的酷刑。近年來越來越多高級時尚品牌放棄皮草，一些先進國家正在透過法律減少動物受到的殘忍對待；以色列是全球第一個禁止銷售皮草的國家，美國加州也宣布銷售、捐贈或製造新的毛皮是非法的，歐洲有超過十五個國家宣布逐漸全面禁止皮草養殖場。

除了皮草，動物皮革也是人們經常使用卻忽略它來自某一個生命的犧牲（包括牛、羊、鱷魚等），馬油、綿羊油也取自動物的身體，我們使用的皮包、皮鞋、動物用品，背後是那麼多的苦痛和殘暴。

印度聖雄甘地曾說：「一個國家道德進步與偉大程度，可用他們對待動物的方式衡量。」藉由學習動物溝通，我們不只拉近與同伴動物的距離，也能更加同理生活在世界各地的每一種動物，牠們的生命也值得被重視。每當我們用珍視生命的態度給予其他物種生存的尊重，在選擇一個商品、一個行為、一種生活型態時，都有能力可以選擇減少傷害；有意識選擇減少傷害，就是最美麗的影響力。

（註）：「Cruelty Free」（零殘忍）以一隻兔子圖案作為認證商標。大多數化妝品、清潔保養品實驗用於兔子和老鼠身上，對牠們造成殘忍的痛苦。

許太太的經驗

成為動物溝通者，我更能毫無疑問的確信那些「經濟動物」和家裡的貓狗完全一樣，有喜好、有個性，有感情、有痛苦。

還記得有一次我去台東玩，在一家有開放庭院的餐廳吃飯，那裡放養好

幾隻母雞在大概三個籃球場大小的院子裡走動。吃飽飯,我去找牠們聊天,牠們說,每天在這裡都有很多活動,除了有吃不完的穀子,成群結隊去追趕欺負同住的黑狗,想下蛋就下蛋,生活樂趣十足。

另一次參觀牧場的經驗,同樣在我心中留下深刻的印象。其實在踏入牧場之前,我大概能預期這可能不會是個愉快的旅程,然而我很希望跟住在那裡的動物聊聊,所以還是去了。

當我靠近迷你馬區,立刻感覺到一股憂傷襲來。有一隻白色的小馬被拴著,眼神焦慮並注意著靠近柵欄的人們,只要觀望的遊客一有動作,牠的眼睛馬上警覺,深怕有人忽然做出什麼舉動。牠告訴我,牠並沒有受到好的照顧。小馬的個性敏感,又像寵物狗一般渴望得到疼愛,然而牧場裡眾多動物,除了飲食和清潔環境的基本需求,牠很難得到帶來安全感的環境和舒適安慰的撫摸。

說著說著,牠難過的心情讓我留下眼淚。身為遊客的我實在無法為牠做些什麼改變,只能在離開前,在心裡送上溫暖和祝福。

練習1

我與動物的關係

學習動物溝通之前,我關心哪些動物?為什麼?	學習過動物溝通,我對動物的看法或態度有哪些轉變?

2
我們與食物

民以食為天,吃飯皇帝大!進食是任何生命有各種發展可能性的基礎,是一件多麼重要的事情呀。

從最基礎的層面來看人與食物的關係是「慾望」,包含了生存的慾望,和身心得到的滿足感。進食讓身體得到維持生命的養分,讓人得以生存;透過吃,達到生理和心理的滿足。飲食是人與人之間交流的方式之一,吃飯、聚餐是社交的機會;長輩經常叫我們多吃一些,也是藉由食物表達關心。

食物帶來有形的、可量化計算的養分,包含碳水化合物、蛋白質、脂肪、維生素、礦物質、膳食纖維,這些營養素使人體各器官組織發揮好的功效。

更加深入一些,食物含有現今科技難以量化、人體卻能感知的細微能量,及其細微能量對人體產生的影響。舉例來說,中醫重視陰陽寒熱屬性的關係,藉由攝取適合的屬性來促進身體平衡;印度傳統醫學阿育吠陀(Ayurveda,意思是生命的智慧)把食物分為三種屬性:純性 (Sattva)、激性 (Rajas)、惰性 (Tamas),純性食物意思是純粹的、純淨的,包含水果、豆類、大多數的蔬菜、穀類,它們容易消化,帶來和諧的能量,使身體變得純潔、輕鬆、精力充沛、心靈寧靜愉悅,有益身心;激性食物意思是變動的、刺激的,像是刺激的

調味品、咖啡、濃茶、巧克力、汽水，多食用這類食物的人容易受到其刺激的影響，展現出躁動、喜好爭鬥、固執己見；惰性意思是懶惰、遲鈍、破壞，包括所有的肉類（因為動物的生命被破壞）、菌菇類、酒、不新鮮的食物，食用這類食物容易引起怠惰、疾病和心靈遲鈍，表現出焦躁不安、缺乏耐心、充滿負面思考的特質，對身、心都無益。

除此之外，食物更精微的層次包含了其所接收整體環境的能量。一根以有機或自然農法種植的紅蘿蔔，生長在純淨不受化學污染、含有多元微生物的自然泥土，接收足夠的陽光、大地、水的能量；而另一根紅蘿蔔為了快速大量收成而以化學肥料、農藥耕種，儘管兩根紅蘿蔔可能有相似的營養成分，吃下前者能感受它更細緻豐富的滋味，帶給身體更精微的能量。

當一個人藉由動物溝通、瑜珈、太極拳、氣功或冥想、靜坐等方式進入內在領域，他對細微感知的敏銳度，和對身體各方面的細微感受都會逐漸增加；聽覺、觸覺、嗅覺和味覺變得更機敏，自然能分辨吃進嘴裡的食物帶來的精微能量，避免沉重、破壞和怠惰的飲食，選擇攝取高能量、高頻率，有益身心輕盈、純淨的食物。

有益身心的純淨食物

盲目的飲食文化

人的進食方式，從「有什麼吃什麼」的求生本能，隨著時空演進，發展至各類風格的飲食文化，而飲食文化也是人類的重要文化之一，在世界各個角落深深影響每一個人。

人受到文化影響往往是不自覺的，在那個區域或環境中自然而然的接受，並且將之內化。我們的飲食習慣來自於父母長輩，父母的飲食習慣也來自於他們的長輩，這樣世代相傳，鮮少有人為此提出質疑。世界大戰之後，地球上的人口倍增，食物的需求量提高；除了需求量增加，戰後人們過上更舒適的生活，想吃得更多、更好，食物的來源不外乎植物或動物，近半個世紀以來，人類對於肉類的渴望急速增長，彷彿吃肉是經濟起飛的富裕象徵。

當人們理所當然接受了吃動物的主流飲食習慣，我們是否思量過，當一盤菜餚送到面前，每一樣食物為什麼出現在這裡？它或牠們經過哪些過程來到這裡？我們對食物的來源和經歷感到好奇嗎？還是不加思索的把食物放入口中？

經濟動物成為現今飲食文化下的犧牲者，牠們的身體被切成小塊，各部位冠上悅耳的名詞，避免讓人聯想到它曾經活著；調理擺盤後，在餐桌上呈現某種視覺氛圍，使人只看見牠對我而言在營養或口感上可利用之處，而忘了桌上的牠曾經是有情緒、有個性的生命。

梅樂妮・喬伊 (Melanie Joy, Ph.D.) 是一位美國社會心理學者與純素運動人士，她的著作《盲目的肉食主義：我們愛狗卻吃豬、穿牛皮？》中分享一段發人省思的小故事：假設你去朋友家聚餐，那晚主人特別煮了牛肉羅宋湯招待客人，大家吃得津津有味。吃到一半，主人卻說，其實鍋子裡的不是牛肉，而是黃金獵犬。當你聽到這句話，會有什麼反應呢？

驚訝、不可思議和感到噁心，是所有人聽到這句話的反應。喬伊博士想探討的是，從社會心理學的角度來看為什麼大眾認定某些動物受到人們的喜愛，某些

動物卻理所當然被吃下肚？當你認定不應該或不可以對動物做某些事，就表示你給予動物一定程度的道德價值。她提出「肉品悖論」，指出人們對動物自相矛盾的態度，引發認知失調和道德分裂，進而影響人類對待所有動物的態度。

喜愛某些動物，想保育某些動物，幫某些動物爭取權益，卻把某些動物吃下肚，這「矛盾」心理是相當隱微卻極為真實的；它無所不在，人們卻習以為常，甚至不願意面對這份矛盾，將它掩藏在心裡，假裝看不到——殊不知這種矛盾和隱藏的暴力，在更多層面深深影響著人們的思維和對待他者的行為。

喜愛動物是人的本性，友善動物和人道對待動物的意識逐漸興起，人們照顧流浪動物，幫助牠們找到新家；對某些瀕臨絕種的動物投注保護的熱情；虐貓虐狗的新聞引起民眾的憤慨，促成動物保護的法律，這些為動物福祉的努力，都是非常美麗且善良的付出。

儘管如此，我們選擇性的對某些動物友善、照顧牠們、愛護牠們，卻對每年成千上億被宰殺的陸上、水裡的經濟動物視而不見，任憑牠們被囚禁、虐待、被殺害

對於成為食物的動物，你的看法是什麼？

來滿足我們的需求，彷彿一切如此理所當然。這些多重標準是多麼矛盾呀！

心理學給這種「選擇性的友善」一個名詞：物種歧視。歧視意指一方優等，另一方劣等，舉凡性別歧視、種族歧視都是大眾熟悉的議題。將這個概念套用在動物身上，認為動物比人類低賤，以對待物品、商品的方式對待牠們，宛如牠們沒有感情，感受不到痛苦，自然而然把牠們的個體性、感受性一併抹去。可是，牠們真的沒有感情、感受不到痛苦嗎？牠們生下來就應該被人類奴役，成為工具或食物嗎？

相信人們都是善良的，不會去刻意歧視，可是我們的社會環境和教養，強調區分、比較、高低、貴賤，在這些影響下，讓人經常不自覺掉入歧視和分別的觀點，用隱微的歧視和分別心對待各種動物，尤其是那些平常見不到的動物。我們不是故意這麼做的，也不贊同虐待動物，既然大家都這麼做，既然大家都覺得惡意對待某些動物是沒有關係的，所以閉上雙眼，假裝沒這回事，和所有人一樣默許暴力和殘酷。時間久了，囚禁虐殺動物便成為人類心照不宣的黑暗文化。

文豪與哲學家托爾斯泰曾說：「真可怕！這不僅是動物的痛苦和死亡，而是人類毫無必要的壓抑自己內在最高尚的靈性能力——同情和憐憫像他自己一樣的生命，違背自己的情感，使自己變得殘酷。」

網路上經常出現許多可愛的雞、鴨、牛、羊、豬、魚的有趣影片，動物做出俏皮的動作，給觀眾帶來歡笑，沒有接觸過動物溝通的人，也能理解這些被拿來吃下肚的動物同樣能得人疼愛，有人把牠們當作寵物飼養，給予舒適的環境，將牠們的生活分享至社群網路。我們所認為的「經濟動物」都是有情緒、感受，有喜好、個性的個體，和家裡的同伴動物到底哪裡不同呢？追根究底，只有人類看待牠們的角度不同罷了。

飲食文化與該地區的風土民情有深刻的關聯，有些地方天寒地凍無法耕種，吃動物便是老天照顧當地人的方式。對於大多數住在適合耕種地帶的人類，是否真的「必須」吃動物才能活呢？

吃得健康，吃得永續

植物是大地的供給者，花、草、樹木、蔬菜、水果、穀、豆，供給地球上絕大多數的動物和人類，以美妙的循環系統持續支持各種生命。植物具有細微感知環境的能力，卻沒有動物感受疼痛的神經系統，正因如此，拿一把刀切一顆蘋果，和切一隻活的兔子，哪一個會當場展現痛苦是不言而喻的。有些植物甚至需要適當修剪，才能促進它長得更好。

對於植物性飲食的頭號迷思是缺乏蛋白質，然而，地球上唯一可以把空氣中的氮轉化為氨基酸而變成蛋白質的生物就是植物；且深色蔬菜和豆類都含有豐富

許太太的經驗

探討人類的飲食文化，乍看之下與「動物溝通」這個主題並不相干，然而，透過學習動物溝通，逐漸打開一個人的內在覺知，對世間萬物將升起更細膩的感受，自然能領悟到所有生命皆平等。慢慢的，不再把萬物看作為我存在、為我服務或理應讓我使用，與一切產生深入的連結性，同理和尊重也不需要刻意，便會自然發生。

每回帶學生進行團體練習，除了貓、狗、兔等常見的寵物，我也希望能讓學生們有更多與不同物種交流的機會。前陣子，我們陸續與一隻美國螯蝦和一隻努比亞山羊溝通，給大家帶來新的體驗。

螯蝦的名字叫做蝦皮，身長大約7公分，溝通時，牠告訴同學牠居住的環境，除了水草，有些同學也感受到水流流動的感覺。蝦皮分享牠生活中喜歡做的事情，像是堆疊水缸裡的小石子，躲到水草後面，也表示住處能躲藏的地方不太夠。蝦皮討厭被人抓起來或被觸碰，很喜歡照顧者平常在水缸外看著牠，用像是唱歌的語調呼喚牠的名字，這些都讓牠感到開心。

山羊的名字叫做阿強，住在專門收容經濟動物的護生園區。溝通時，阿強向學生們分享牠的生活大小事及喜好，好幾位學生都感受到阿強是這

的蛋白質，所以吃動物其實是吃二手蛋白質。

地球上最強大有力的動物，像是大猩猩、牛、大象等，牠們都只吃植物。當代許多知名運動員也採取純植物飲食 (Plant-based diet)，如NBA球員厄文 (Kyrie Irving)、網壇的大威廉斯 (Venus Williams)、網球球王喬科維奇 (Novak Djokovic)、隸屬賓士車隊的F1賽車世界冠軍，同時是賽車史上擁有最多冠軍的漢米爾頓 (Lewis Hamilton)，還有摔角手、格鬥家、健美專家等等，如果他們可以從植物中的營養素和蛋白質來滿足高強度的體能需求、提升專注力和運動表現，對於非運動員的一般人肯定綽綽有餘。

群羊的老大，是領頭羊。透過阿強的視角，學生們看到牠的生活環境、羊舍、吃的食物、和其他羊與照顧者的互動。阿強說牠很喜歡吃水果，對於現在的生活和飲食感到相當滿意，對照顧者充滿感謝，不僅喜歡照顧者去摸摸牠，牠也很享受主動找照顧者互動、與人交流的時光。

阿強的照顧者後來告訴大家，除了羊群，園區也有幾十隻可愛的牛、聰明的豬，和一百多隻雞、鴨、鵝，這群經濟動物從刀口下被救出，在護生園區過著安詳、舒適、自由的團體生活，直到最後自然死去。

螯蝦是人們喜愛的水產之一，努比亞山羊是臺灣主要羊肉、羊乳來源，蝦皮和阿強在物種上並不是典型的寵物，被人類歸類在「經濟動物」的範疇，學生們發現和牠們溝通與和一般的寵物溝通其實沒什麼不同，牠們都有自己的習性、喜好、興趣、觀點，只是我們對這些物種比較陌生，所知甚少，平常接觸到的機會大多在餐桌上。

當人們能夠更靠近寵物以外的動物們，甚至願意離開人類的觀點，從牠們的視角出發，牠們將不再是海鮮、肉品，是美麗、活潑、充滿喜悅的生命。

也有越來越多科學研究指出，均衡正確的植物性飲食可以逆轉三高、延緩老化、減少慢性病、促進身體健康和自癒的能力，除了個人健康，更能大量減少碳排放量和環境污染，同步促進地球的健康。

漢米爾頓在他多年的職業F1賽車生涯中轉換成純植物飲食，他說：「蔬食帶來太多正向的影響了，我的體力變得更好，更有效率，早晨起來感覺更好，思路變得清晰，身體更清新。我的睡眠比以往更好，所以運動後恢復更快，我的皮膚變得明亮，過敏減少。改成純植物飲食之後，我的體能狀態從來沒有如此優秀，運動事業不斷創造高峰。」

麥克·葛雷格醫師 (Michael Greger, M.D.) 成為國際知名營養專家之前，曾經眼見祖母罹患心臟病被醫院通知病危，送回家等嚥下最後一口氣，卻因為改採「全食物蔬食」飲食後又多活了31年，這個親身經歷使他體認到「疾病來自飲

植物帶給人體純淨的力量

食習慣」。葛雷格醫師背後有一個龐大的科學團隊，花費十多年時間研究臨床營養學文獻，創立非營利網站「食物真相」(NutritionFacts.org)，希望將經過科學實證的蔬菜飲食科學介紹給社會大眾，在他的暢銷著作《食療聖經：【最新科學實證】用全食物蔬食逆轉15大致死疾病》提到：「疾病是我們選擇的結果，而非基因或老化必然的結局。」

小小的飲食改變，將大大改善健康，遠離癌症、逆轉中風、心臟病、高血壓與糖尿病等文明飲食引發的疾病，為自己創造健康的同時，社會減少醫療支出，對整體人類創造無形的利益。

食不用心，食而無味

把心帶回當下、仔細感受、保有意識，這些都是學習動物溝通不可或缺的日常練習。著名中醫師李宇銘博士在他的著作《根本飲食法》中談到：「怎麼吃，比吃什麼更重要。」我們天天都在飲食，卻未必覺知到自己正在飲食。

《大學》也提到「所謂修身在正其心者，身有所忿懥，則不得其正；有所恐懼，則不得其正；有所好樂，則不得其正；有所憂患，則不得其正。心不在焉，視而不見，聽而不聞，食而不知其味。此謂修身在正其心。」這段話的意思是，當我們的心隨著喜怒哀樂各種情緒飄蕩，心就不正了。心不正，就是心不在焉；心不在當下，感官自然很難發揮細膩的功能，這麼說來，「心在當下」就是修身。

我們總是想把生活的每一刻塞滿，盡可能得到最大的效益，所以邊吃飯邊看手機、看電視，一心多用的結果，導致不清楚吃進去哪些食物，嚐起來什麼味道，囫圇吞棗便結束了。食而不知其味聽起來似乎不要緊，可是如果以隨便的態度進食，除了難以吸收營養，無法享受食物的滋味、食物帶來的喜悅，就容易感到不滿足，形成想要吃更多來得到滿足的慾望循環。

因此，李宇銘醫師說，保有意識去用心飲食，即是「意食」。自古以來，各種文

化、宗教都提倡這樣的飲食觀，例如禪食、慢食、正念飲食等等。安靜的將覺知專注放在食物和品嚐的過程，細心咀嚼除了體會更細膩的食物滋味，有助於消化、促進健康之外，李醫師強調，以平靜的心來進食，透過食物，幫助我們認識自己的內心，更能進一步覺知飲食與自己的關係、我與自己的關係，甚至覺知我與天地萬物的關係。（保有意識的飲食練習，請參考第四章P.225）

選擇的力量

甘地說：「世界上最殘忍的武器，就是餐桌上的叉子。」儘管大量虐殺動物為食是此刻人類的主流文化，卻有越來越多人從中覺醒，選擇在生活中實踐真正的友善動物——尊重每一種動物，不因為自己的需求而虐待牠、奪取牠的生命，因為最簡單、最容易實踐愛護動物的方式就是零暴力的三餐，讓每一口食物不帶給其他生命苦難。

進食是與自己身體的交流，聆聽身體究竟需要什麼，感受食物對身體帶來何種細微的影響。如果活著是為了吃，貪而不足，飽食無度，進食就成為一種滿足口腹之慾的目的，這種目的會逐步發展成更深、更廣泛的慾望，最後可能被它吞沒；如果吃是為了活著，食物就成為一種輔助我們體會美麗生命的工具，以這些體驗來豐富和提升自己，甚至圓滿他人。

吃動物並非罪大惡極、不可饒恕的行為，生活在野外或比較原始的環境，不論狩獵或採集，大自然所供給的一切動物、植物，能讓人得到生存的基礎滿足。然而，21世紀多數的人類活在衣食無虞的年代，我們煩惱「下一餐在哪裡」並非是三餐不繼，反而因為有太多選項而難以抉擇。

經濟動物被系統性的大規模因禁，有如被關在巨大的集中營，虐待動物為食，無疑是人類文化的巨大陰影。我們能不能捫心自問，當今的飲食潮流究竟對企業、環境或健康有益嗎？

我們能否不盲目從眾，只因為大家這麼吃，所以我也這麼吃？是否不加思索就全然接受社會、文化的主流態度？

當你內心深處理解的生命價值與主流社會的價值不同時，你會怎麼做？面對「我喜歡你嚼起來的口感」與「你是一個生命」，你會因為害怕與眾不同而持續盲從，還是拿出勇氣，做出真正反應內心價值的行為呢？

到頭來，一切都回歸到「選擇」，正因為有太多選項，表示我們能在每一個消費決定之中，選出最有益身心健康、有益其他生命、有益整體環境、符合自己內心良知的選擇，是真正的一舉數得。

就如同威爾·塔托博士 (Dr. Will Tuttle) 所寫的《和平飲食》：「我們並非天性好掠奪，而是從出生被教養要吃得像個掠奪者。一旦從每日的飲食中除去了暴力，我們就能自然增加修復紛爭的能力，散發喜悅，成為孩子的慈悲典範。與大自然和諧相處的秘訣，就藏在我們的餐桌上。」

練習 2

我與食物的關係

我選擇吃什麼？	我為什麼吃這些食物？	學習過動物溝通，我對吃動物的看法或態度有哪些轉變？

許太太的經驗

成為動物溝通者之前，在我生命裡最大的轉折是母親的逝世，她的離世帶給我天崩地裂的衝擊，使我對生命有全然不同的感受，心中有太多的為什麼，促使我重新審思生命的意義。

原來，我所擁有的一切都不是恆常的，分離在毫無預警時出現，陰暗的天空發出隆隆的聲響，當雷從天上劈下那一刻，一切全變了。一想到母親已經不在身邊，看不見她，不能抱抱她，再也無法像以往那般互動，傷心的感覺就好像心破了一個巨大的洞，怎麼也補不起來。

走在路上看到外型與她相似的人，戴她以前常戴的軟帽子，讓我想起她；在廚房切菜時，就想到她曾經如何教我做菜，想起她細膩的廚藝。生活中的一切不斷提醒我她的蹤影。即便我理智上知道，媽媽是以不同的形式存在著，並非真的消失，龐大的失落感依舊揮之不去。

「得、失」一體兩面，失去母親，我得到真正認識生命的機會。母親的辭世促使我踏上向內探詢的旅程，療癒的路上，我開始靜心，也開始對除了寵物以外的所有動物，各種各樣的動物——住在家裡、家外、山上、農場等各地的動物，逐漸感到更深的同情和同理。

以前我很喜歡吃雞腿，某天當我正在享用自己煮的雞腿麵，突然想到如果有人吃著我的腿，還說很好吃，我應該會感到很難過吧。漸漸的，吃肉不再是一種享受，看著盤子裡的肉，我所見的盡是牠生命的樣貌，也讓我思考這些成為「食物」的動物，牠們的生命歷程是什麼，受到哪些對待，經過什麼過程、甚至哪些痛苦之後才來到我的盤子裡。

於是，我不再吃動物，藉由蔬食生活讓和平與愛充滿在每個日子裡，因為我想過一個沒有暴力的生活，除了不對他人暴力，也不對自己暴力（是的，我們很容易無意識的批判、攻擊自己），更不直接和間接對其他生命暴力。

因為愛動物，我想與動物做心靈層面的交流；因為愛所有的動物，我不願意吃動物。當我有意識的認知到雞鴨牛豬和住在家裡的貓狗無異，並且將所有的動物一視同仁，我內心深處的愛，與我所展現的行為越來越一致時，矛盾與衝突之間的拉扯逐漸減少，自然讓我更深刻體會生命的喜悅。

chapter 7

3
我們與地球

藍色星球的危急困境

萬物本一體,地球充滿各種精心美妙的設計,自然界存在一股令人崇敬的力量,草原、樹林、沙漠、曠野、冰雪,上至高山,下至深海,和諧的將所有動物、植物共同聯繫著,使牠/它們活躍在適合的環境與時間。人也是一種動物,曾經與其他動、植物和諧生活在一起,與繁榮的生態緊密連結,相依共生。

如今,大多數人住在高度人工的城市,失去與環境和其他生命共同體的聯繫,過著以個人需求為出發的日子,視野受到限縮,內在也難以感到平靜與和諧。工業革命以後,人走向主宰萬物的姿態,以毫無節制的手段搾取天然資源,追求擴張和成長。1900年地球總人口數量約20億,之後一百多年人口直線上升,21世紀初約80億,巨大的人口數量給地球帶來過度負擔,超載運作。

人類活動劇增的後果顯而易見,和1950年之前相較,全球淡水使用為當時三倍以上,能源使用上升四倍,肥料使用超過十倍。伴隨而來的生態衝擊,包括溫室氣體在大氣中的累積、海洋酸化,造成氣候危機。

地球第六次生物大滅絕正在進行中,世界最大環保組織世界自然基金會(World

Wildlife Fund，WWF）和倫敦動物學會（Zoological Society of London）合作，發現1970年到2016年，全球各地的哺乳類、鳥類、爬蟲類、兩棲類和魚類數量平均減少了68%。造成生物多樣性喪失的主要原因是過多開墾和浪費，地面上有1/3的土地都用來種植農作物或畜牧，75%被取用的淡水用來灌溉農地或餵養家畜。

我們可能都聽祖輩說過，在物質缺乏的年代，他們在空地養著幾隻雞，只有逢年過節的大日子才親自殺來吃，是多麼的稀有。反觀近幾十年來，地球人口暴增，畜牧業大量囚禁、宰殺牲畜，身為地球之肺的森林面積持續減少，最新研究指出，森林砍伐已經造成亞馬遜部分地區的碳排放量超過了碳捕獲量，全球最大的雨林正處於崩潰邊緣。森林被大量砍伐來種植穀物給牲畜吃，有錢的國家再吃這些牲畜，造成糧食短缺，甚至發生糧食分配不公平的飢荒。

萬物一體，
我們都是地球的一分子

全球超過10億的人口生活在飢餓中，令人震驚和可悲的是，世界糧食消費量的45％用於餵養牲畜，美國地區飼養的90億隻家畜所消耗的穀物，是美國人食用量的7倍。一行禪師曾說：「世界上每天有好幾萬個小孩因為缺乏食物而死，而我們飲食無度，還把穀物餵給動物吃以製造肉，我們是在吃這些小孩的肉。」

聯合國提出多項研究顯示畜牧業牲畜所排放的甲烷，就是促成地球溫室效應的首要元兇，更不用談畜牧、養殖業對地球珍貴的淡水資源造成不可計量的污染。飼養牲畜耗費的淡水量遠比種植蔬果來得多，畜牧業所需要的水已經超過人類整體的用水量，生產半公斤不到的牛肉居然需要大約6800公升的水，相當於一個成人半年沖澡消耗的水，是不是相當不可思議？

除了陸地，海洋也正面臨全面性的生態浩劫。許多研究證明不論魚蝦等各種水中動物，皆具備感受痛苦的生理結構，過度捕撈不只造成難以數計的海洋動物被捕殺，破壞性的捕撈機具不只捕海洋生物，連同將海床打撈殆盡，徹底摧毀海床的生態，再加上海水污染成為死區（Dead zone）；曾經稀少的海洋死區近年來在全球各地暴增，一旦海洋整體生態系統失衡，大量魚類死亡，海洋也將命在旦夕。如果地球上最大的碳吸收體海洋死亡，整個地球也活不了多久。

地球有能力提供每個人的需求，卻無法滿足所有人的慾望。社會價值告訴人們向外追求成功，熙熙攘攘，皆為利往；個人功利主義當道，人的慾望過度膨脹，為了利益成就在所不惜，為了金錢、超乎所需的物質，對大自然予取予求，代價是污染了空氣、水、土地。

世界各地的原住民對生命和環境的態度相當敬重，只取今日所需，保留環境給七個世代以後的人，伐木、採集、狩獵維持自然平衡，讓各種動物植物的生命持續延續，取之於環境的同時，照顧環境，尊重環境，因為他們深知不尊重環境，就等於不尊重自己，破壞環境等於破壞自己生存的機會。當空氣混濁、水不潔淨、土地無法耕種、動物植物匱乏凋零、生態失調，人類活著都有困難，遑論繁華興盛。

自由意志和創造力是上天賦予人最崇高且獨特的能力，讓生命有更高層次的開創和發展，然而，創造也可以是破壞，人類自以為是的扭轉自然運作，無可避免導致大自然反撲。

假如一個屋子的東邊房間失火，西邊房間淹水，坐在客廳的居住者一定會立即採取行動，拯救自己的房屋。此刻的地球就像這間房子那般危急，人類已經引發了氣候變遷，而且已經演變成國家和全球福祉的迫切威脅，生物多樣性崩壞、極端氣候、野火、洪災、瘟疫，在在警示地球環境已經被人類破壞失衡。

這個時候地球上的每個居民都應該捲起袖子，做些什麼來幫助自己的家，不論是隨手少用幾個塑膠袋，重複使用生活中的資源和物件，減量消費即等於減少垃圾，徹底實行回收，支持真正友善動物的飲食，和真正友善環境的低碳生活習慣。

我們可以創造美好，也可以創造混亂

轉變就在一念之間

環境問題難免讓人感到無力，以上關於地球現況的描述，可能多少讓你感到絕望，覺得一個人的力量實在有限，未來該怎麼辦？一個人看似做不了多少，可是只要每個人一起努力調整生活方式，不嫌麻煩多做點什麼，任何看似微小的動作，都能帶來正向循環，每一丁點的付出都能帶來充滿希望的力量。

瑞典環保少女葛莉塔・童貝里（Greta Thunberg）不吃動物，以減碳永續的生活方式實踐氣候正義，她持之以恆，努力不懈，大聲疾呼，希望世界看見地球命在旦夕，正視氣候變遷的科學、知識，呼籲世人積極採取正確的行動。童貝里出席歐盟總部比利時布魯塞爾的會議，擔任聯合國氣候行動高峰會青年代表，被提名諾貝爾和平獎，是史上最年輕的《時代雜誌》風雲人物；儘管不善言詞，她以強烈的動機，用自己的方式要求大人們重視此刻環境的衰敗正在對年輕人的未來造成毀滅性影響，要求所有人停止破壞環境，搶救環境。

一切都與氣候有關！所有一切，包括經濟、工作、糧食、生存的環境，還有我們的食衣住行、地球上的每個人、每個角落、每個層面都受到氣候變遷的影響。不久的將來，每個人都很可能成為氣候難民。童貝里對大眾說：「不要聽我說，聽科學家怎麼說！人類可以修復這個地球，但要快點開始，現在就要開始。地球失火了！眼前此刻，我們做了什麼或不做什麼，都會影響每個人的未來，以及他們的子女、孫子女的未來。而且不管今天做了什麼或不做什麼，未來的人都沒辦法改變。」

被稱為氣候少女、環保鬥士、氣候行動者的童貝里，十五歲開始為了氣候變遷每週五罷課，她告訴大人：「如果你不在意我在地球上的未來，那我何必在意我學業完成後的未來？」起初罷課行動只有她自己一個人，但愛地球的她並沒有因為這樣而氣餒，漸漸的，開始有帶著孩子的母親加入她，有其他的同學們一同加入氣候正義。

她的標語開始被翻譯成各國語言，她擁有決心及實際的行動開始受到世界各地的矚目，一股強大的力量透過網路傳到世界，喚醒了全球的環保意識，在五大洲都有年輕學生們為了地球加入週五罷課的行動，世界各地成千上萬的兒童和青少年正在追隨她的腳步，希望他們的罷課活動將促使立法者採取實際行動，以減輕全球暖化造成的危害。

傳統經濟學正在殺死地球，拼經濟讓人類壽命延長、居住條件變好，可是對氣候暖化和貧窮問題毫無對策。經濟學家凱特・拉沃斯（Kate Raworth）在她的

著作《甜甜圈經濟學》中，為此刻地球的困境提出了解方。過去七十多年來，經濟學一直圍繞著GDP或國家產值打轉，作為進步的衡量指標，可是GDP被用來合理化極度的所得、財富不均，以及自然生態前所未見的破壞。

此刻人類需要在地球生態的能力範圍之內，滿足所有人的人權，與其追求不斷增長的GDP，更應該從「追求成長」轉向「以繁榮為目標」。拉沃斯將人類福祉分為十二項：水、糧食、健康、教育、工作所得、和平正義、政治發聲、社會公平、性別公平、住房、人際網路、能源——這十二項平均分散於一個有如甜甜圈形狀的圓圈之中，甜甜圈的內圈是社會基底盤，外圈是生態天花板，上下之間就是對人類而言安全、正義的空間，能達到再生與分配的經濟。

這個永續健康的經濟模式在一些地方已經開始執行，可以使人過更好，同時又不破壞地球，達到平衡。拉沃斯說：「繁榮意味在平衡中達到幸福，我們都知道平衡對於身體的重要性，此刻正是將我們對於身體平衡的重要性，延伸至關注世界平衡的時候了。」

練習 3

不論 Reduce（減少）、Reuse（再利用）、Recycle（回收），選擇對環境友善的產品和永續的生活方法，或選擇低碳的植物性飲食，都能為環境帶來正向的影響。請寫下你願意為環境付出的行動計畫：

此刻你能為環境做什麼？	近期你能為環境做什麼？	不久的未來，你能為環境做什麼？

4
「如實」面對自己的內心

第五章談到「如實」對動物溝通師的重要性。當一個人的內在是穩定、健康的，自我價值不建構在渴望被肯定、被需要，真實接納自己，誠實面對自己的內在，便能如實傳達動物和照顧者雙方的心情想法，成為中性且穩定的溝通管道。

現在，我們想進一步鼓勵讀者，將這份「如實」的探照燈朝向你的心：面對各種不同的物種、不同的動物的時候，你的感受又是什麼呢？

逃避或面對？

因為學習動物溝通，打開向內看的機緣，向內探索的過程，逐漸增加智慧、清晰的覺知與分辨的能力。當這份「如實」的焦點放在自身的食衣住行與各種消費抉擇時，在各種生命體和環境的綜合考量下，你會做出什麼樣的決定？

也許以往的你不太關心寵物以外的動物，對實驗動物、經濟動物的現實處境不甚了解，讀完這章，相信能多少帶給你一些新知識。那麼，你會怎麼看待這些知識呢？

此刻你已經知道，地球上有數十億動物受到殘酷的對待，整體地球環境處於緊

繃、耗損，朝向衰敗；你會把頭轉向另一邊，假裝一切都沒事，還是願意包容自己過往的抉擇，但從現在起邁向轉變？

勇於直視內心，面對「如實」，更清楚知道是基於個人需要或為了滿足慾望，才做下各種選擇。因此，看待內心的每個選擇，是面對還是閃躲，是接納還是逃避，只有自己才曉得。

對多數人來說，坦然面對內心並不容易，甚至會感到不太舒服，瞥見心裡的疙瘩可能會習慣性跳開，或從旁邊繞過去，然後說服自己沒關係。然而，學習智慧的途徑不可避免的就是探究內心深處各層面向；而探索過程所得到的啟發，一定是生命中最大的寶藏，這些寶藏更是帶來源源不絕的幸福感的根基。

願意直面內心真實感受，就已經在提升自己的路上了。當你願意一步步真正如實看待自己的內心，養成如實的態度，在生活中實踐如實的心，處於動物溝通師的角色時，才能在每一個溝通之中如實面對案主與毛孩，為他們帶來優質的溝通服務。當你內外如一、所思所為都齊平，將成為一股為世界創造正向循環的影響力！

善良與尊重是人的天性

善良和同情是人的天性，藉由感同身受而憐憫、慈悲。善良無所不在，它是同情、關懷、喜悅、感激、慷慨，有如溫暖的光，照亮每個角落、每一個生命。

然而，當人感到壓迫、局限、恐懼或威脅，容易變得冷漠、自利，退回求生存的自我保護模式，這時善良和同情就被暫時關閉了。只要長期處在這種模式，很難關注自己的心、自己的感受，更別提有能力關心其他人、其他生命的感受。

尊重是平等、理解、欣賞、關懷；尊重是不批評、不傷害、不傲慢。這些優美的特質是人與生俱來的，換言之，尊重本是人最純真的能力。

天地萬物各自獨特，一棵樹上的每一片葉子都是獨特的，生活在同一文化環境

的人們，思想價值也不盡相同。很多動物外觀相似，卻有不同的性格，橘貓有深淺不同的毛色、花紋，有的個性親人熱情，有的緊張害羞，牠們毫不吝嗇展現自己獨有的樣貌，忠於本性，勇於做自己，這也是為何我們喜歡動物的原因。看到動物天真的本性，總令人生羨，覺得我們難以像牠們那般自在的做自己，我們內心渴望回到純真，卻和外在環境認同之間拉扯、糾葛，使我們離真心本性越來越遠。

人的成長過程透過模仿家人與環境來理解世界，往往為了得到認可，以為自己必須與他人相同，或他人應該與我相同才對，進而遺忘、甚至壓制自己原本的獨特性，盲目跟從社會環境，遠離天生具備的這些純真美麗的特質。

老子提倡「道生一，一生二，二生三，三生萬物」，世間萬物都源自於道，是道的具體顯現。莊子的〈齊物論〉探討「物我平等」，講求物我的同體，肯定萬物歸於平等，彼此欣賞，讓一切的美好顯現出來，在沒有分別的世界裡，能得到真正的自由、快樂。

張載的〈西銘〉提到：「民吾同胞，物吾與也。」一切都是天地所生，當人以真心本性，去除「我」見，遠離只從自己的角度看一切的心，則物無不齊，對立消解，真正認知人並不高於動物，兩者的地位是平等的。

每一個生命都有溫柔的心

只要認知到人與動物生而平等，這層和諧的關係必能推及至人與地球上所有物種的圓融無礙，讓萬物展現「是其所是」的自然本性。當人找回心中最純真優美的特質：理解、欣賞、關懷、不批評、不傷害、不傲慢，學習尊重自己的特色，就能學習尊重他人的獨特，進而尊重其他物種的獨具一格。

溫柔又持續的改變力量

珍‧古德博士(Dr. Jane Goodall)是英國生物學家、動物行為學家、人類學家和著名動物保育人士。1960年代是人類蓬勃發展的時刻，我們對黑猩猩的世界一無所知，26歲的珍‧古德隻身從英國前往坦尚尼亞研究黑猩猩。她憑著自己對野生動物的執著和熱情，帶著筆記本和望遠鏡，還有從小熱愛動物的一顆心，獨自投入一個全然陌生的動物世界。她在非洲叢林中每天觀察黑猩猩們，發現牠們擁有類似人類的複雜社會結構、豐富的情感，不再只是刻板印象中充滿野性的動物。

五十幾年來，珍‧古德博士的研究帶給人們重要的影響，促進人們正視黑猩猩亟需保育的現狀。在保育物種的同時，更不可忽略當地社區和環境的需求，唯有保存自然環境，增進當地人們的教育和正確培養更好的生活條件，這些保育物種才有生生不息的機會。

珍‧古德博士一直相信年輕一代可以突破藩籬，影響世界。她在1991年創立根與芽計畫(Roots & Shoots Program)，是全球最具影響力的青少年環境教育項目之一，有超過一百多個國家參與該計劃。她鼓勵年輕人成立小組，面對問題，利用科學找出方法並付諸行動。近年來，珍‧古德將她的全部時間巡迴於世界各地進行演講，宣導黑猩猩的行為，積極推廣環境保護，和全世界分享動物和自然環境所面臨的種種威脅，同時以溫柔的力量不斷鼓勵著大家。她的理念是：每一個人都是重要的一份子，每一個人都可以造成改變。

確實，每個人都有影響世界的力量，如果你喜愛動物，這份影響的力量是更加強大而有力的！

邁向光明與希望

想學習動物溝通，與同伴動物有更深層的交流，有很大一部分的動機是因為以慈愛對待牠、尊重牠，所以想要進一步理解和同理牠。

我們所需要的，只是找回那顆溫暖、憐憫、善良的心，把光帶入心中，黑暗的恐懼和壓迫自然會被照亮而消失，以善良的心對待自己。

心被滋潤了，自然能脫離利己的視角，將善良展現在具體的行動，化身在每日生活的大小抉擇，讓善良如泉水流向四方，滋潤身邊的人事物；讓尊重與同理傳遞至其他物種，為萬物帶來溫暖。

世界上的一切都是相連的，一個人的行為會造成漣漪般的影響。有意識支持整體環境的健康，支持其他物種的生命，都是為了讓自己能在地球上過著更健康、快樂的生活。

支持別人，就是支持自己，因為我們所創造的漣漪，終將回到自己身上。

儘管人性的美麗時常隱而不顯，人類意識在歷史上不斷進步的證據仍然比比皆是。兩個多世紀之前，受到歧視的黑奴得到解放，獲得平等自由的開始；一個多世紀之前，西方女性開始有投票權參與公共政治，女性權利逐漸提升；幾十年前在飛機上、餐廳裡抽菸的普遍現象，現在看來卻是落伍、不尊重大眾健康的行為。現今人們對性別平權、社會多元化等議題更加包容、接納，並且關懷不同物種和整體生態平衡，除了物質的滿足，進而追求心靈的提升。

有越來越多人在覺醒的路上，發展促進環保的科技、倡導環境的重要性，為數眾多的年輕人在全球各地為環境、為動物大力發聲，以每日付出的行動支持環保、支持動物。人類不屈不撓的精神推動覺醒的潮流，帶來光明的希望。也許兩百年後的人類回顧此刻，會覺得那時人們大量囚禁、剝削、殘殺動物的行為是如此落後，為經濟成長而摧殘大自然是如此不可思議。

我們都具有善良的念頭，幾乎所有人都認為自己是善良的、慈悲的，可是不見得能展現在每一個行為之中。如何有意識的做出善良、慈悲的行為，是我們特別需要去觀照的。甘地說：「快樂就是你所想、所說、所做是一致的。」如果善良和慈悲是我們的念頭，就該讓它與我們各方面的選擇與行為保持一致，喊著友善動物的口號，同時吃著雞鴨魚肉的矛盾也將會消失。

能真正展現一個人的，是他的選擇，選擇造就你未來身處的環境。珍‧古德博士經常說：「每個人每一天都對地球造成影響，而你，能決定帶來什麼影響。」你可以選擇帶來破壞的、暴力的影響，還是永續的、善良的影響。

從自己出發，為世界創造和諧

5
藉由動物溝通，離開人的視角

動物溝通最寶貴的精神之一，就是走出人類的觀點，從動物的視角看世界。

在短視近利、速度第一的時代，我能不能緩下來，脫離以人類為中心的思想，聆聽自己內在最真實的聲音？當我們已經活在物質豐沛的環境，如何以更尊重其他生命和尊重環境的方式做出日常選擇，著實是每個人的道德責任。

友善動物的方式千百種，你、我、每個人都能為遠在天邊、近在眼前的每一個動物做些什麼，為牠們的生命帶來喜悅，如同牠們不斷帶給我們的支持、陪伴和啟發。

藉由動物溝通，我們看見家裡貓狗寵物的視角，了解牠們的情緒、個性和喜好。身為作者，我們鼓勵各位將這份「離開人類視角」的精神，延伸至更多不同的動物，甚至是所有的動物身上；因為當我們願意踏出以自己為準的出發點，從牛、羊、雞、豬、鳥、魚、兔、鼠的角度來感受牠的觀點，同理牠們對於自己生命的看法，就有更多機會看見更寬廣的視野，培養更柔軟和包容的心。

學習動物溝通也是學習細膩的覺知，回到內在寧靜的狀態來感受自己、感受動物，進而感受身邊的人事物。只要將關鍵的「覺知」帶到生活各層面，保有覺知

去做任何一個決定，花點時間思考這個抉擇對你、對其他人、對其他生命或物種，還有整體環境帶來什麼影響，你將越來越不盲目從眾，因為你懷著寧靜且清晰的心，看見更深層、更廣大的意義，看見我們與動物都是一樣的，看見萬物本一體。

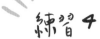

練習 4

相信你是喜愛動物的。請寫下你願意為動物付出的行動計畫：

此刻你能為動物做什麼？	近期你能為動物做什麼？	不久的未來，你能為動物做什麼？

本章重點整理

● 藉由動物溝通離開「人的視角」，看見所有的動物其實都一樣。

● 反思動物為何成為我們的食物，與我們選擇食物的習性。

● 我們都是地球的一份子，帶著影響力和創造力，我們能為自己與環境做什麼？

● 慈悲和善良是人的本質，需要我們有意識的將它們展現在行動上。

Chapter

8

讓愛與幸福無限延續

身為分享動物溝通的老師，我們想帶給學生的不只是動物溝通的技術，因為我們深刻體會到，如果一個人的內心不夠穩定，難免將失衡的情緒投射在他人身上，在溝通中做到同理和傾聽就更不容易了。

因此，本書分享許多建立健康、穩定的內在的方法，有些可能是你已經知道的，有些可能是你第一次接觸到的；無論熟悉與否，當你願意把所學的知識消化後，一步一步在生活中付諸實踐，透過一點一滴累積經驗，最後這些經驗會成為心靈的智慧，逐漸走向穩定的內在。有穩定的內在，自然有能力去同理和傾聽他人，進而體驗愛與幸福，成為促進正向溝通和散播幸福的管道。

1
同伴動物的啟發

許太太的經驗

伍迪是我在家旁邊公園撿回來的橘貓，撿到時牠大概四、五個月大，一臉呆萌樣，是撒嬌高手。這些年來，伍迪在家裡亂尿尿已經不是什麼新鮮事，我成為動物溝通師之後，牠依然我行我素，這種感覺就像訓導主任管不了自家孩子那般無奈啊。

牠亂尿的原因，不外乎要我的關注，或受到另一隻貓安娜言語霸凌後的發洩。把尿噴出來是釋放壓力和情緒的方法，舉凡餐桌、書桌、鞋子、地上、流理台、沙發，都有牠的痕跡，最令人痛苦的就是洗被尿過的棉被，某個冬天我經常洗棉被、晾棉被；牠噴尿，我罵牠，這麼日復一日。

「伍迪！！你為什麼又亂尿？！」
「你不陪我啊⋯⋯」
「我在忙啊！我不陪你，你就亂尿，很糟糕耶！」
「⋯⋯⋯⋯⋯」

火冒三丈時，我忍不住對牠大吼大叫，牠立刻躲起來，但沒幾分鐘又走過

對不起，我又忍不住了

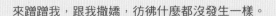

來蹭蹭我，跟我撒嬌，彷彿什麼都沒發生一樣。

讓人發怒又氣餒的情況反覆出現，不論我在家或外出，與伍迪諜對諜的心情從沒少過，一下擔心牠尿這裡，一下擔心牠尿那裡；有時候我提醒或警告牠不要亂尿，一顆心總是懸著，沒多久便急著到處檢查。

有一天半夜睡覺時，伍迪再度對著我的棉被尿尿，當我聽到液體噴到棉被的聲音，立刻彈起來。當時我氣到頭頂大概在冒煙了吧！彷彿能聽到腦袋裡的理智線斷掉，當下我終於能體會別人想把寵物丟掉的崩潰心情了。

我對著伍迪大吼：「你太過分了！我要把你丟掉！」我邊罵，邊傳送一個樹林的畫面，對牠說：「我要把你丟在山上！」牠居然用圓圓的大眼睛看著我，傻傻的問：「那你要一起來嗎？」

我怒火中燒，想要威脅牠，牠卻聽不懂，實在令人又氣又無奈。

我把棉被擦一擦，躺回去睡。就在快要睡著、半夢半醒的瞬間，我清醒的

腦袋裡出現一隻陌生的白底黑塊狀紋路的貓，牠很清晰的對我說：「如果你把伍迪丟掉，問題還會以其他方式回到你身邊。」話說完，貓就不見了。

牠的話給我當頭棒喝般的覺醒！原來問題不是伍迪，是我的心性呀！伍迪是老天派來磨練我的天使，是我必須要修的功課，老天知道我需要修練心性，如果把祂的使者丟了，祂一定會送其他能磨練我的事情來，那不如就好好修吧。

從此，我看待伍迪的心情大翻轉，畢竟牠不是人類，少了人類的理智，無法經由思考後果而改變行動，是一個心智上永遠長不大的小孩。當我不斷用自己覺得「合理」的方式來「管教」牠，其實違反動物溝通的「同理和尊重」，因為這不是牠，牠也真的做不到；這些要求不過是我單方面的立場，認為牠應該如此配合我的需求，滿足我的期待，讓我生活方便舒適些。

慢慢的，我比較能有耐心去面對亂尿這件事，並不是我投降了，而是比較能接受這個磨練，透過牠的激烈回應來檢視自己是否給予足夠的陪伴？滿足貓咪的需求，甚至檢視自己近期的情緒狀態。

家裡依然三天兩頭被亂尿，但至少我的棉被沒中招，少了洗棉被的痛苦，擦擦抹抹倒也還行。有一天我先生下班回來，坐在餐桌上隨手拿起洗好的葡萄吃，他問，葡萄怎麼是鹹的？會不會被貓偷尿了？我說不會吧，沒看到亂噴的痕跡，好像沒聞到味道。

當我走近餐桌，拿起把葡萄瀝乾的盆子時，才看到墊在下面的盤子裡全是黃黃的貓尿。當下我笑翻了，伍迪真是厲害，尿這麼準，幾乎沒噴到盆子

之外。我先生氣急敗壞:「伍迪你這尿尿鬼!害我吃到你的尿!」我們這麼嘲笑伍迪,也笑嚐到貓尿的先生,沒想到亂尿事件可以演變成歡樂。

第二天早上起床,伍迪很得意的跟我說:「昨晚你們睡覺時,我在客廳沒有亂尿喔,趕快稱讚我吧,不要只會罵我。」幾小時沒亂尿而已,這小子居然好意思來邀功。我仔細檢查環境,真的沒有發現尿痕,心裡頭翻著白眼,有點不情願的稱讚牠,先生也稱讚了牠。

沒多久之後,伍迪又亂尿在地板上了。

即使我從事動物溝通這個職業多年,同伴動物亂尿尿帶給我的還是不高興、不方便、不舒服。以往我在理智上明白必須接納伍迪敏感的獨特性,因為試著想改變牠,就像別人試著想改變我一樣困難。

理智上接受,和心裡頭真正做到接納並不容易,只有正視這些起伏的過程,一次又一次的練習,心境轉變的機會就不遠了。

動物一直是我們的老師,自己的寵物所帶來的啟發力道,遠勝於書本上的知識。當你跨越理智,把心打開一道縫隙去接納毛孩的獨特,看見牠想表達的是什麼,以及這份獨特的意義,將會發現自己不再以「要求」的態度來面對牠。

讓那道心門的縫隙逐漸張開,你會真正感到豁然開朗,對毛孩的愛裡,尊重和平等的態度比以往更提升,你們之間的關係將更和諧、自在。

2
愛與幸福

從古至今，無數的聖賢、歷史故事、民間傳奇、藝術文化的傳唱，與心理學派、科學家們，都在為愛找尋定義。到底什麼是愛？你我又該如何去愛？更是我們終其一生需要去學習、最貼近生命的課題。

什麼是愛？

愛是一個非常美麗的主題。我們都有感受愛的能力，偶爾會體驗到流動於宇宙間的無私的愛，可能是父母親傳遞的無私情感、同伴動物最真誠的陪伴、見證子女誕生，或欣賞動人的景色所帶來的感動，儘管是短暫的，感受到這些愛的當下，都能觸動我們的心，體會幸福和美好。

無論是西方思想、東方文明或深入人心的宗教，不難發現，它們不約而同都崇尚愛，並且具體表現在一種從個人的愛出發，走向利他的愛；到奉獻個人，走向愛世人、愛群體、愛自然萬物的神性之愛。

《聖經》充滿愛的教導：我們愛，因為神先愛我們。愛是恆久忍耐，又有恩慈，愛是不嫉妒，愛是不自誇，不張狂，愛是永不止息。有了虔敬，又要加上愛弟兄的心；有了愛弟兄的心，又要加上愛眾人的心。

從哲學角度，東方思想下的大哲學家有孔子推崇的仁義思想；老子《道德經》中的上善若水，水善利萬物而不爭；《易經》中的厚德載物，墨子的兼愛非攻，都遵循天地萬物自然，自愛利他。

西方哲學有柏拉圖先知真善美，是最崇高理想的愛，不愛肉體，愛上靈魂的永恆之愛。蘇格拉底賢者說：「真正的愛是愛美、愛秩序，而且是有節制而和諧的。」東羅馬帝國的精神導師魯米曾透過自我修行尋找「愛的真理」的精神思想，儘管他童年活在成吉思汗戰爭下的世代，卻用愛活出超越一切的智慧。

近代不乏有科學家談及愛的意義與本質。物理學家史蒂芬‧霍金曾說：「如果宇宙不是你所愛之人的家園，那這個宇宙也沒什麼值得探求的。如果你幸運找到真愛，記住，那非常珍貴，不要置之不理。」愛因斯坦曾說：「愛才是世界的本源。」在宇宙中存在著一種極其巨大的力量，至今科學還沒探索到合理的解釋；此力量包容並主宰一切，它存在於宇宙中的一切現象背後，然而只有非常少數的人類真正認識和體驗到它——這個宇宙的力量就是「愛」。

相親相愛、互相扶持是人性對愛的本能需求

心理學談到人性在愛與群體生活中對於歸屬感的需求。從哲學心理到科學心理、古典心理學派，至現實主義還有後現代，走向人本時代下的心理學大師們，更點出愛對於人與靈性動物的重要性。弗洛伊德，也是精神分析派創始人曾說：「當人的基本需要得到滿足之後，會產生被尊重的需要，被愛的需要。」亞伯林罕‧馬斯洛在1943年提出需求層次理論「愛與隸屬的需求」(the love and belonging needs)，說明人類有尋找朋友、愛人、兒童、親密關係的需求，甚至是社區的需求。

當代法國哲學家阿蘭‧巴迪歐 (Alain Badiou) 晚年曾說：「生活的最大悲劇不是人的死亡，而是他們停止去愛。」心理學大師榮格更提及：「當愛一切時，權力就不會存在了；當權力主宰一切的時候，愛就消失了。愛與權力互相為對方的見證」。

愛有非常多層次，一般人們所說的愛，與大眾媒體描述的愛，多半是一種激烈的情感狀態，來自於私我中難以被覺察的渴求、佔有、控制，是不穩定的，容易隨著時間或各種情況條件的消長而變化。

真正無條件的愛是不變動的，是永久的，就像陽光，不會挑選照耀的對象，不厚此薄彼。它不依賴外在，不會因為各種條件而起伏，也不來自於頭腦或理智，而是來自於心，從內心向外發散出來。無條件的愛是一種純淨無瑕的狀態，沒有立場，超越分別和對立，它能包容一切，給予支持、滋養、寬恕，也能提升他人，創造善的循環。

走出人的視角，走入動物的世界，在許多的紀錄片或是實驗中，可以發現無論是野生動物如大象、海豚、猩猩、老虎、猴子等等，還有在演化中成為多數人類的同伴動物的貓、狗、鸚鵡、兔子等，甚至是人類食物鏈中的經濟動物牛、羊、雞、鴨、豬、魚等，牠們也會出現同伴依附行為與依附需求，如同人類有著愛與隸屬和安全感的需求。

這也是為什麼人類從只求生存的基礎，提升到逐漸有機會走向更具思考的、充

滿愛的意識，並帶著對等的態度去看待其他生命與物種的慈悲與靈性的時代。這象徵了大環境與集體人類意識對於愛的定義，從個人主觀的愛、不只對應同物種的愛，到超越個人和物種，是更擴展的萬物之愛。

藉由宗教、哲學、科學、心理、人文，無論在文化的延續或科學的發展，愛被視為萬物生命與人類的核心，不單單只是情感的需求，更是廣大生命的源頭，宛如宇宙的本源、智慧的神性，沒有起始也沒有盡頭的循環傳遞著。

如何去愛？

既然愛是如此珍貴與重要的學習，那麼，我們應該如何去愛？如何去表達愛？

作家三毛曾說：「人活在世界上，最重要的是有愛人的能力，而不是被愛。我們不懂得愛人，又如何能被人所愛。」懂得如何去愛，是對自己的最大滋養。

藉由這句話讓我們認識到，愛並非單單是一種認知或情緒，也不是只用一個行為就能傳達的能力。愛是我們的本能，也需要透過學習、理解並且尊重的方式，才能懂得如何去愛。

從單一的愛，走向多元、跨物種的愛

談及愛就需要談及心。人透過眼耳鼻舌身去接觸這世界，去體會與感受一切，產生了意識的經驗與分別的認知，形成個人經驗下的各種觀點，藉由這些經驗，衍生出每個人主觀的認同、喜好、厭惡，以及愛與不愛的分別心。

意識層次決定我們分別心的薄厚，和能感受到多少、給予出何等品質的愛；一個人的心靈健康狀態會反映在他「愛的行為表現」，和能給予的「愛的質量」。舉例來說，我們不難在許多社會新聞中，發現「以愛為名」的各種狀況：因為一方的心靈帶有創傷導致無法信任所愛之人，在關係中投射了自我內在的不安感，所以想掌控另一方的行為，或做了極不尊重的決定或攻擊，以確保能掌控對方，並且認為這種掌控是因為愛。

我們往往不是故意用「以愛為名」的方式對待身邊的人，會不自覺這麼做，或多或少是成長經驗裡曾被如此對待，而無意識接收了這個方法，再這麼給了出去，給到身邊的家人、伴侶和同伴動物身上；認為「因為我愛你，所以我可以」幫你決定適合的選擇或安排，我的決定都是因為愛，所以你理所當然要能理解、接納我的用心才對！

無條件的愛與支持

柔穎的經驗

我曾在一個溝通案例中，聆聽到毛孩對照顧者那份無條件又堅定的愛。

照顧者是兩個毛孩子的媽媽，她為家裡年長的毛孩預約溝通。過程中，毛孩表達了自己陪著照顧者姐姐（毛孩看待飼主如同玩伴、姐姐的角色）從小女孩到長大、結婚再成為母親這份很珍惜、也真心愛著姐姐的心情。

在溝通的過程中，有好幾度我都能深刻感受到，從毛孩那頭的意念傳遞而來、彷彿即將滿溢的愛與情感。

作為照顧者，姐姐其實帶著深感抱歉的心情，因為在她婚後無法將年長的毛孩帶到身邊持續飼養，婚後的生活接連面臨到懷孕生產，加上婚後居住在不允許飼養寵物的公寓，基於種種生活環境的變化，迫使她必須將毛孩留在娘家，與牠分開，各自生活。

當我將照顧者的抱歉心意轉達給毛孩時，年長的牠除了回應對姐姐滿滿的愛與想念之外，還有因為無法在婚後持續陪在她身邊而感到十分抱歉與不捨。牠說當了媽媽的她很忙、很辛苦，沒有好好休息，很希望姐姐別擔心牠，要照顧好自己，而牠會一直等姐姐有空回家。

在動物溝通的實務經驗裡，這樣的案例比例是很高的，也讓我回想起小時候外婆家的狗狗，即便我們少有時間機會與牠相處，只有寒暑假期才能見一次面，每次久違的相聚時，牠總會用盡全身的力氣，搖晃著那短短的尾巴，盡牠所能跑到我們的身旁，迎接我們。

毛孩的愛，無論外在條件，無論照顧者是否有空陪伴，或好幾個月都在加班；即使前一秒鐘才挨罵，牠們總是在下一秒，又用自己的方式轉過頭來再次向家人撒嬌。牠們對於愛的展現遠遠超越了人類所謂「愛的極限」，這也是為什麼越來越多人對同伴動物開始不只停留於馴養，在情感面已經產生有如家人般的依附關係。

也許對很多人來說，「以愛為名」並不是容易覺察的事。如何保有健康的心靈，讓愛不變質也不成為索取情感的口號，不陷入為愛犧牲奉獻才是真愛的英雄情節、扮演拯救者的迷思？請不斷練習前幾章詳細介紹的自我照顧與自我覺察，看見自己真實的情感需求，好好做足愛自己的功課，不再將內在的不安或期待放在對方身上，也不將自己渴望被如何對待的心理寄託於關係中，等待對方滿足自己的渴望。

生命的種種過程，無非都是在提醒著你我如何去學習愛，辨識出愛的全貌。「愛」不只單單是自己喜歡的樣態，更多的是去接納所愛之人或事物本來的樣子，就好像我們喜愛毛孩的單純、可愛，也會面臨牠搗蛋闖禍的時候。

當我們只停留於喜歡的感覺、條件，或是原生家庭中形塑出對愛的渴望與投射，就會糾結於如果對方無法符合自己的期待，便開始質疑、放棄，選擇不再用愛來對待。在毛孩的身上，總是為人類做了最好的示範。

培養愛的能力，有效學習傳遞關愛

共情（empathy）是人類天生具有的能力，也可以藉由後天培養來強化。共情也譯作為同感、同理心、投情、同情心理，簡單指能設身處地理解他人的處境，是人與人交往中發生的一種積極的感覺能力；進一步則是指創造與對方對等的關係，因為對等而尊重，才有機會用開放的心，與他人共融。

共情甚至能更深一層去感受和理解他人的情緒、情感，與他人的交流中，彷彿可以進入到對方的思想觀點，甚至是精神境界，直達對方的內心世界——例如一見如故、遇見知音、將心比心——去體驗對方的感受。有些共情能力強大且有意識在這方面學習的人，除了能全然給出共感、同理之外，還能引導對方的感情作出恰當的反應與實質行為的展現。

共情這個概念，最初由20世紀人本主義的創始者之一，美國心理學家羅傑斯

（Carl Ransom Rogers）所提出。最初羅傑斯僅針對醫患關係的用詞，現在已經從醫患雙方擴展到幾乎一切人與人之間的關係了。

提升共情、共感能力，也是提升關愛能力的重要環節。當我們先產生共感的敏銳度，才能以對方感到舒服和被尊重的方式表達關愛，進而提升彼此的關係。

共情又細分為：
1. 認知的共感，彷彿能體會他人的觀點想法。
2. 情緒的共感，體會對方在陳述當下的心情與情緒。
3. 行為的共感，藉由某些相同的動作或經驗去體會對方的行為表達。
4. 生理的共感，藉由想像情境，或曾有相似經驗的身體生理現象來體會對方。

在追求速度和效果的時代，人們把耐心和好奇心拋到一邊，習慣趕快得到些什麼，只專注在自己的目標（像是手機螢幕或任何吸引注意力的東西），對別人的同理和共感能力就越來越薄弱，以致與人相處容易感到冷漠、疏離，甚至引發紛爭或不愉快。

其實在日常生活的各個時刻，都能用簡單的方式練習共情、共感，我們可以藉由以下的方法，培養一顆柔軟、溫暖的心。

● 1. 觀察與聆聽
在日常中對周邊環境的人事物保持好奇與開放的心，提起耐心去聆聽、去觀察對方或環境事件，嘗試感受所有正在發生的一切，並且不加入個人觀點的評論與分別。例如，當你坐公車或捷運時，放下手機，讓自己全然進入此刻身處的環境，用心觀察周邊人們正在做的事情，感受他們的心情，不給予任何批評。

● 2. 細膩的感受
當朋友告訴你，他正在經歷因為吃壞東西引發的腸胃炎，他的心情大受影響，變得消沉低落，原本排定的旅行被迫取消，因為腸胃非常不舒服，時不時感到疼痛，又拉肚子又嘔吐，整個人虛弱不堪，只能躺在床上或跑廁所。他在電話

上跟你訴苦，認為這都是那家餐廳的錯，害他精心規劃的旅程就這麼泡湯了，令人既生氣又無奈。

你聽到朋友描述的這些經歷，如果你願意靜下心來仔細聆聽，是不是彷彿也能體會到他正在感受的想法、情緒、行為和生理呢？

● 3. 不陷入對方的情境

不論我們已經能夠細膩感受對方，或正在學習細膩的感受，仍然要提醒自己保有意識，不要陷入對方的情境狀態。如果對方的情境是你恰巧也經歷過的心理困境，你發現自己可能不自覺像是掉入兔子坑一樣爬不出來，進入情緒旋渦，那麼，別忘了多複習前幾章不斷強調的自我照護、自我觀照和個人界限。

共情、共感是一種能自我掌控的能力，只要多加練習，就能達到收放自如的穩定性，別人與你相處起來，也能感受到那份被理解、被支持的力量。

如果將共感練習運用於日常互動與對話，來傳遞關愛、給予陪伴，能讓人感到無比的舒服和安心。

共感練習紀錄

這個練習最重要的地方，就是只去感受與記錄，不帶入任何自我的認知與評論，透過持續觀察與記錄，開發感受性與共感性的能力。而藉由這些能力的養成，才有機會走向感受他人的需要，以尊重的方式給予關愛。

為自己規劃一週當中的某些特定時刻，與某一個對象（人或同伴動物）相處，記錄下你所觀察到的對方的表情、心情、做了什麼行為。務必再寫下還未觀察對方之前自己的身心狀態，與觀察完對方之後自己的身心狀態。

觀察對象	觀察當下的 時間、環境、地點	觀察到的 表情、心情、行為

自我身心狀態	尚未進行觀察前的 心情、 感受、生理狀態	進行觀察後 記錄個人的心情、 情緒、生理狀態

共感練習的對象中,不論我們是協助者或被協助的那方,都是對等的關係

除次之外,我們還可以從下列這三大方向創造共感式對話:

● 1. 與對方產生共融同步性

對話時,在言語、情節故事、心理感覺或當下情緒與對方進行同步,提升對方的心理接納度,讓他覺得就算此時自己的狀態不太好,原來我們都是一樣的、是相近的。

● 2. 專注的聆聽

不試圖打斷對方的表述,並且藉由眼神或肢體動作,給予對方一種當下的支持,表示「我正在仔細聽你說」。

● 3. 認同式言語對話

認同當下的對方(也可能是同伴動物們)此刻出現這些行為或情緒的必要性,先認同對方的視角,再引導他/牠可能願意延伸的觀點或想法。

共感對話示範

當事人：這個好困難，我怎麼都學不會，感覺其他人都好厲害。

引導者（眼神專注與肯定）：我聽到你說自己都學不會，感覺其他人都好厲害，你是帶著哪種心情在說這句話呢？

當事人：我有點擔心、不安。

引導者：除了擔心不安的感覺，還有其他的感受嗎？

當事人：我覺得自己沒有信心，我沒有自信。

引導者：這種沒有信心的感覺是不是似曾相識？

當事人：我記得好像是小時候第一次算數學，同學一下就學會了，但我仍然不懂怎麼算。

引導者：是呀！那是小時候的事情，讓你有了同樣的心情，但現在的你已經長大了，出現過往情緒的時候，你可以如何協助自己呢？

當事人：我好像可以慢慢來，雖然跟別人比，我的速度是慢了一些，但我似乎堅持到最後就能完成。

引導者：很好哇，當你感覺到即便速度慢了一點，只要願意信任自己的堅持，就能帶著自己完成，你覺得這樣的自己如何呀？以及心情如何？

當事人：我好像覺得自己變得比較有信心，也沒那麼害怕了！

以上的對話範例，若能善用於生活中，在相處、溝通時進行共感同理的練習，並且協助對方整理出自己當下真實的感受，你也能藉由共感，帶給別人適切的關愛和力量。

愛的四種心態

如果要談「什麼是愛」，就不能不提到佛洛姆（Erich Fromm），在他的著作《愛的藝術》中提及愛是給予，是人身上的主動力量。在給予的過程中，人體會到強壯、富饒與能力。這種豐盈高漲讓人生氣勃勃，滿心快樂。

但真實進入愛裡，我們會經驗到不僅僅只有愛的給予——即便這是本能本質上的渴望——在關係中對於所愛之人，除了基礎愛的給予以外，這份愛更需要建構於相互關懷、理解尊重、責任歸屬、界線原則的四大心態，協助我們在任何愛的形式、互動相處模式上，找到更和諧的幸福感。

◉ 1. 相互關懷心態

人對於人、對於動物都會給予關心，在動物的世界中，也不乏物種不同卻會對幼小落單的動物們給予適當照護或援助的例子。生命在給予關懷與關懷他人的互動中，產生了一種被接納與存在的意義，進而產生被愛或愛人的經驗。

◉ 2. 理解尊重心態

對於所愛的對象，或是同伴關係互動中，保有獨立個人空間與特質上的尊重。

◉ 3. 責任歸屬心態

當我們真心愛著所愛的對象，必然會看見對方的需求而產生相對應的責任，例如物質、陪伴時間，甚至是心理情感的責任，需要給予有形或無形的付出。

◉ 4. 界限原則心態

在愛、關懷與責任之間，我們可能不自覺將它們轉變成掌控或無意識的壓迫與佔有，所以除了尊重以外，與人或同伴動物的關係中，界限更是需要我們帶著意識去適時調整。界限的主題在第六章（P.306）有詳細的介紹。

沒有限制的愛

愛是存在卻看不見的能量，是溫暖有力且能承載、療癒、接納一切的容器。

《小王子》一書中，小王子曾對狐狸說：「真正重要的東西，用眼睛是看不到的。」除了實質給出愛人的能力，我們還要學習如何辨識愛、理解並且接納愛，依循任何形式的心量，用心看見不同視角的愛，用適切的行動展現愛。

因為愛，我們會經驗到對於所愛之人或同伴動物們那份刻骨銘心的情感。存在主義心理治療大師歐文・亞隆（Irvin D. Yalom）在他的著作《死亡與生命手記》提到：「悲傷，是我們為敢愛所付出的代價。」因為愛與在乎終須伴隨離別時交織的悲傷失落，所以愛不單單只是用每個人所喜歡的樣態呈現，往往也不免出現你我所不習慣的、甚至是當下無法接納與適應的形式，需要抽絲剝繭，用心感受、看見它存在其中，並且藉由學習愛、探尋愛的經驗與過程之中，去體會愛有形與無形的種種呈現。

不論我們有多麼不同，都能給予彼此關愛、支持

柔穎的經驗

在我的動物溝通教學裡，多次在課堂上讓學生練習的動物導師「仔仔」，與飼主之間活出了跨越生死分離、延續彼此的愛的真實故事。

我與仔仔進行第一次溝通是多年前的事，當時的仔仔雖然已是一隻十多歲的柴犬，卻有著童顏笑容，和三、四歲左右的年輕心智，總是站得直挺挺，特別喜歡別人誇讚牠的帥氣；也因為牠開朗、充滿朝氣的性格，讓我在教學時情有獨鍾的邀請仔仔作為練習的動物導師。

每次陪伴學生連線練習，仔仔總是稱職的與學員們侃侃而談，大量傳遞許多牠生活中的點滴訊息，帶給許多屆學員第一次溝通成功的經驗和歡樂。

而隨著日子過去，不論心靈有多麼活潑開朗，仔仔終須得面臨身體老化、衰敗。在牠離世前一個多月的課堂練習，傳達給照顧者媽媽的話語是：「能成為媽媽的孩子是這輩子最幸福的事，雖然說再見的一天終究會來臨，我知道我們都會好好的。」

接下來的日子，仔仔的照顧者依舊細心呵護照料牠，盡力陪伴牠度過最後的終老時刻，也必須消化自己對仔仔即將離世的不捨與失落的心情。這是一個非常艱難，卻是每個生命、每個人與每段珍貴的關係裡，必然要面臨的愛的課題。

仔仔前往靈魂下一階段的旅程時，我被照顧者的愛深深感動，雖然仔仔不在身邊陪伴，但我看見照顧者沒有迴避思念與悲傷，也正視對牠的思念，將過去陪伴仔仔的時間與心力，轉換為對牠的祝福，不只是把自己限縮在擁有彼此的這段關係。她帶著依舊想念仔仔的心情，用行動將內在對牠的思念與愛，轉化為假日陪伴照護流浪動物的志工，將愛分享給其他生命。

這些悲傷、失落，卻又充滿愛的過程，絕非三言兩語能道出，而是需要願意有意識的去感受內在複雜的情緒，並且有耐心的陪伴自己，一點一點帶自己走過這些歷程，並在過程中完整愛的學習。

愛的樣態是擁有，愛的渴望是緊握，愛的失落是難捨，愛的為難是放手；也是因為愛，讓你我勇於面對難過。

愛是因為你我的重視，聚焦於你我的在乎，過程中所有的用心與費神都凸顯出愛的珍貴。我們總是期盼愛，認為依偎陪伴、擁有彼此才能真正感覺到愛，這樣只學習到愛的皮毛。

一行禪師曾說：「能夠愛那些可愛的人，那並不算是修行，那只是享受；能夠愛那些不容易愛的人，那才是真正的修行。」將自身的愛奉獻給窮人與神的德蕾莎修女，自幼在一個美滿的家庭中成長，之後選擇去異鄉服務更多生命的大愛路徑。1940年代，加爾各答湧入了數以萬計的難民，霍亂和麻瘋病等傳染病在街頭巷尾爆發，就像人間地獄般悲慘，教宗批准德蕾莎修女成立仁愛傳教修女會，讓她們在印度照顧低階層的病人和窮人。世界上最大的貧窮是沒有愛的堅定信念，德蕾莎修女開啟了一生的奉獻，為窮人救治疾病，在垂死之家讓窮人得以善終，半個世紀為悲苦之人竭力服務，直到終老的最後一刻。

臺灣藝人隋棠成為母親後，立志為兒童保護付出愛與關懷，不僅親身參與「蝴蝶朵朵」種籽講師的培訓，也走進學校宣導防治兒少性侵的議題，分享如何用繪本和孩子談自我保護。「因為有孩子吧！知道身心健康對他們的影響有多大、多重要。」隋棠說，在成為講師的路上，碰觸到一些真實的案例，嘗試接住一些墜落中的孩子，讓她驚覺朵朵的數量遠超乎想像，而能給孩子一張最溫柔、堅韌的保護網的人，是愛著孩子的我們，這也是將個人的愛擴張到更大的群體生活的表現！

在世界許許多多的角落裡，還有用愛去守護、見證一切並默默耕耘的人們，愛不只是喜歡跟輕鬆愉悅的感覺，更深的是因為愛其所愛，會面對責任與困難、失落與挫折，甚至面臨生離死別的無常。但唯一不變的是內在那份不限於己私或愛慾的愛，因為愛似乎能將種種艱難處境轉化成更大的力量，也凸顯出人性之中本具有的真善美。

喜悅與純淨的愛

愛的能力太薄弱是導致多數人類問題的根源，因為不知道如何去愛，在各種情緒激盪之下，人們終其一生都在追求安全感，不知道自己過得是一種以恐懼為導向的生活，害怕沒有足夠的財富、害怕不夠出色，所以投入慾望驅策的經濟體，因為沒有被意識到的恐懼，想藉由追尋外在成功來得到滿足和安全感。

我們可以試著淡化恐懼或增加愛與喜悅，只要喜悅變多，恐懼自然減少；當恐懼消退，喜悅自然擴大。所以，做任何決定時，你也許可以問問自己：我是因為愛，還是因為恐懼而想這麼做？如果你發現恐懼的成分居多，稍微靜下來思考或感受害怕的是什麼，就有機會逐漸淡化生活裡的畏怯，不被它牽著走。

愛有非常多層次，學習愛的路徑多半從個人的、小我的出發，追求世俗的愛、羅曼蒂克的愛，像是親情、愛情、友情與同伴動物之間的愛等等。儘管相較於大我的、無條件的愛，世俗的情愛屬於局限性的、有條件的，我們仍然能從中得到某種程度的快樂和滿足。如果你願意追尋更深層的、更穩定的幸福感，那麼，只有向內探詢的心靈成長，才能帶來這種喜悅。

一般人的意識多半在意識海洋的表層，隨著外在風雨起起伏伏，鮮少經驗到深層意識海洋的寧靜和穩定，以及沒有恐懼的愛與純淨的喜悅狀態；那是一種需要正確向內心探詢，回到心的本源處，來到一切意念源頭，感受最純淨意識的愛。這個本源即是宇宙的初始，萬物的動力，也是老子所說的「道」，禪宗指的「真心本性」，是佛性，也是神性。

這種來自內在的最高能量狀態，是一種妙不可言、本來就存在的、不變的無限寧靜，一旦體驗過便永難忘懷，就好像去過最美麗的桃花源，從那裡得到最深的安穩，並且清晰明白外在的一切都是常變的。

真正的喜悅源於內在，與外在常變的條件無關，當一個人接觸到內心深處本來就具備的純淨本質時，就有如安穩待在深海底，不論海面上的外在環境如何波

濤洶湧，生命裡得到什麼或失去什麼，那股喜悅寧靜的力量仍然如如不動，幸福感伴隨一生。

這種充滿喜悅寧靜、令人心滿意足的純淨意識狀態才是一個人真正的本質，當你觸碰到它，它會自然滋潤你的心。讓這份純淨的愛與幸福感流動在你的意念中，不刻意、不渴求、不期待、不責備的展現在所思所想、一舉一動，以文字、言語和行動傳遞給自己與身邊的人，以及所有的動物，散發至整體環境之間，一切都將走向和諧的循環。

當我們真心流露愛的意識，宇宙將以愛回應；當你盡其所能去愛所有人事物，愛的頻率也會加倍回到你身上。當我們願意向內探詢來提升自己的意識，回歸到宇宙基石的神性的那一刻，我們將深刻體會整個宇宙中的神性之愛，順應自然去看待地球上所有被創造出來的生命，在世間都有自己的位置和成長的目的──上天創造一隻螞蟻並賦予其意義，象徵萬物被創造於地球的那刻起，與人所存在的價值毫無二致。

每個人都是一個小宇宙，
也是宇宙的一部分，我們息息相連

原來創造和諧與幸福就在我們的心裡

也許此刻，你仍在學習情愛的層次，還不太明白自己和其他物種、生命之間的關係和意義，都沒有關係；當你閱讀這本書，試著想了解跨物種的心靈溝通，你就已經敞開你的心、你的愛。

向內學習是我們每一個人的本能與天性，也是認識自我內心價值與追求內在平靜、和諧的過程，這條路必須親身實踐，沒有捷徑。只要帶著願意探索的心，去認識自己、同理別人，不帶分別、批評去感受萬物的珍貴，就在學習愛、提升幸福的路上，就如同本書第一章所說的「當你的心有多寬廣，能感受到的世界就有多大」。

如果沒有真正從內在體會到愛，會期待他人（或毛孩）來滿足自我內在對於愛的渴求，這是需要，而不是愛。如果想要真正去愛身旁的人與毛孩，必須要先從照護自己開始，體會愛自己和尊重自己；經由照顧自己、觀照內心的過程中，有機會逐漸體會到內心真正的飽滿和滋養，找到內在油然而生的幸福感，才能將這份幸福感源源不絕給予他人（或毛孩）。

身為一個動物溝通師，除了將照顧者和毛孩的想法傳遞給彼此之外，當你開始向內探詢，體會到內在的穩定和飽滿的幸福感，自然能將這些感受流向照顧者和毛孩，為他們的關係創造和諧與幸福；當他們接收到和諧與幸福，也能為他們自己深化這份和諧，然後像漣漪一般，將和諧與幸福散播給更多的人和動物。當有更多人是和諧與幸福的，自然會影響社會環境。和諧與幸福就像不可或缺的陽光、空氣、水，有如美麗的樂音不斷往外擴散，分享到整個世界。

如果你願意，此刻你就可以開始，成為帶給自己與他人幸福感的溝通管道。

本章重點整理

● 與同伴動物相處的困難，都有機會帶來學習與智慧。

● 有意識去學習、理解和尊重，才能懂得如何去愛。

● 共情可以培養關愛的能力。

● 不斷在心靈上成長，逐漸從個體的和諧提升至群體的和諧與幸福。

閱讀完此書，不論你是否成為一個動物溝通師，或想認識動物溝通的動機是什麼，都創造了一個進入內在寧靜殿堂的機會，藉由這個機會認識自己是以敞開的心和對方交流，還是帶著某些限制或先入為主的觀點。因為想去理解對方，就會意識到「溝通」的必要，所以溝通本身也是需要學習的一環。藉由與身邊所有關係連結、溝通，我們會學習「傾聽」的重要。

傾聽、同理、溝通的背後，通常是對生命的愛與尊重；因為充滿了愛與尊重，隨之而來的是深深的在乎。即使有再多的愛，期待永不分離，終將面臨生命有一別，必須學習珍重再見。

意識到生命有限，便開啟一個向內學習的旅程，面對無常和因為失去而產生的痛苦，都有機會促使人向內觀照，打開更細膩的覺察，剝開層層情緒與生活的種種事件，如實看見自己，學習接納與尊重，支持自我的成長，逐步建立內在自我與健康和諧的關係。

一個人擁有健康和諧的內在狀態，自然會升起對其他生命物種的同理與尊重，是人類真善美的展現。越多人保有內在的健康和諧，散播出去的幸福感會使世界減少更多衝突與戰爭。

我們都渴望擁有幸福，只要保有健康、和諧的心，樂意分享幸福與喜悅，就能成為創造幸福的源頭。

如實理解愛！成為帶給生命幸福感的動物溝通師

作者	許太太與貓、陳柔穎（阿佛柔）
繪者	譚阿家畫畫 YogaTan
責任編輯	王斯韻
美術設計	黃祺芸
行銷企劃	洪雅珊
音檔協力	曾于珊、吳欣穎

發行人	何飛鵬
總經理	李淑霞
社長	張淑貞
總編輯	許貝羚
副總編	王斯韻

出版	城邦文化事業股份有限公司 麥浩斯出版
地址	104台北市民生東路二段141號8樓
電話	02-2500-7578
發行	英屬蓋曼群島商家庭傳媒股份有限公司城邦分公司
地址	104台北市民生東路二段141號2樓
讀者服務電話	0800-020-299
	（9：30 AM ～ 12：00 PM；01：30 PM ～ 05：00 PM）
讀者服務傳真	02-2517-0999
讀者服務信箱	csc@cite.com.tw
劃撥帳號	19833516

戶名	英屬蓋曼群島商家庭傳媒股份有限公司城邦分公司
香港發行	城邦（香港）出版集團有限公司
地址	香港灣仔駱克道193號東超商業中心1樓
電話	852-2508-6231
傳真	852-2578-9337

馬新發行	城邦（馬新）出版集團 Cite (M) Sdn Bhd
地址	41, Jalan Radin Anum, Bandar Baru Sri Petaling,
	57000 Kuala Lumpur, Malaysia.
電話	603-90563833
傳真	603-90576622
電子信箱	services@cite.my

製版印刷	凱林印刷事業股份有限公司
總經銷	聯合發行股份有限公司
地址	新北市新店區寶橋路235巷6弄6號2樓
電話	02-2917-8022
傳真	02-2915-6275
版次	初版一刷　2022年10月
定價	新台幣680元 港幣227元

國家圖書館出版品預行編目 (CIP) 資料

如實理解愛！成為帶給生命幸福感的動物溝
通師 / 許太太與貓、陳柔穎（阿佛柔）著. --
初版. -- 臺北市：城邦文化事業股份有限公
司麥浩斯出版：英屬蓋曼群島商家庭傳媒
股份有限公司城邦分公司發行, 2022.10
　面；　公分
ISBN 978-986-408-838-6（平裝）

1.CST: 寵物飼養 2.CST: 動物心理學

489.14　　　　　　　　　　　111011639

此刻，就開始記錄吧！

見證當選擇帶著愛時，我們為自己與整體環境所帶來的轉變。

1月

我為自己的身心做了....

我為動物做了....

我為環境做了....

2月

我為自己的身心做了....

我為動物做了....

我為環境做了....

3月

我為自己的身心做了....

我為動物做了....

我為環境做了....

4月

我為自己的身心做了....

我為動物做了....

我為環境做了....

5月

我為自己的身心做了....

我為動物做了....

我為環境做了....

6月

我為自己的身心做了....

我為動物做了....

我為環境做了....

7月

我為自己的身心做了....

我為動物做了....

我為環境做了....

8月

我為自己的身心做了....

我為動物做了....

我為環境做了....

9月

我為自己的身心做了....

我為動物做了....

我為環境做了....

10月

我為自己的身心做了....

我為動物做了....

我為環境做了....

11月

我為自己的身心做了....

我為動物做了....

我為環境做了....

12月

我為自己的身心做了....

我為動物做了....

我為環境做了....